当代杰出青年科学文库

流动与传热数值计算

——若干问题的研究与探讨

宇 波 著

科学出版社

北 京

内 容 简 介

本书介绍了笔者近十年教学和科研中积累的对流动与传热数值计算若干问题的一些认识,包括网格生成、方程离散、格式性质、多重网格、收敛准则和POD低阶模型等。

本书适用于高等院校和科研单位的研究生、工程技术人员和研究人员,也可作为能源动力、石油化工等相关专业的计算流体力学与传热学课程的参考用书。

图书在版编目(CIP)数据

流动与传热数值计算:若干问题的研究与探讨/宇波著. —北京:科学出版社,2015.9
（当代杰出青年科学文库）
ISBN 978-7-03-045594-9

Ⅰ.①流…　Ⅱ.①宇…　Ⅲ.①流体力学-数值计算②传热-数值计算
Ⅳ.①O35②TK124

中国版本图书馆 CIP 数据核字(2015)第 209883 号

责任编辑:万群霞　乔丽维 / 责任校对:桂伟利
责任印制:吴兆东 / 封面设计:陈　敬

科学出版社 出版
北京东黄城根北街 16 号
邮政编码:100717
http://www.sciencep.com

北京厚诚则铭印刷科技有限公司 印刷
科学出版社发行　各地新华书店经销

*

2015 年 9 月第 一 版　　开本:720×1000　1/16
2022 年 1 月第五次印刷　　印张:13 1/2
字数:265 000
定价:128.00元
（如有印装质量问题,我社负责调换）

序

　　中国石油大学(北京)的宇波教授,十余年来潜心钻研传热与流动的数值模拟方法及其应用,在讲授《数值传热学》课程的同时,对数值方法的本身做了许多有益的改进与发展,遂总结成这本书。我有幸参与了其中部分问题研究过程中的讨论,宇波教授也曾在我的研究组做过 5 年多的研究,对他的为人治学印象深刻,于是当宇波教授嘱我写序时,我就不揣冒昧欣然命笔了。

　　我在通读全书后,发现该书有以下三个特点。

　　(1) 从数值模拟的全过程看,内容相对完整全面。宇波教授在十余年的研究中,从通用控制方程的改进、非结构化网格铺切法的完善,对流项离散格式的性质分析、求解代数方程的多重网格方法使用中的注意事宜,一直到数值解迭代求解的收敛标准和分析误差的基准解,都有自己独到的见解与发展。就通用控制方程的改进而言,宇波教授所提出的改进形式将几十年来在传热与流动数值模拟中曾经广泛采用的形式中存在的困惑一扫而光,我在自己的研究生教育及计算程序中已加以采用,效果良好。且该书所介绍的内容大都是作者自己的研究成果,这是相当难能可贵的。

　　(2) 注意将新方法应用于工程实际问题的求解。对工程技术领域的研究者来说,数值方法只是我们解决问题的一种有力工具,最好的方法如果不与实际工程问题的求解相结合就失去了它的意义。目前,将传热与流动数值模拟结果直接应用于现场生产的指导存在一个根本的问题就是数值模拟所费的时间远远高于在线指导所允许的时间,解决这个矛盾的一种有效方法就是采用数学中的最佳正交分解方法(POD)。通俗地说,这种方法是通过预先离线计算实际问题中可能遇到的多种工况的速度场与温度场,利用数学方法从大量计算结果的样本中提炼出满足最小二乘意义上的最优基函数,通过基函数的线性组合可以迅速预测某个计算工况的速度场与温度场,从而满足在线指导生产过程的需要。该书对 POD 方法做了基本的介绍,然后对将 POD 方法应用于导热和对流问题中存在的问题做了有效地改进。

　　(3) 适合我国能源等相关学科的研究生教育。在该书的附录中给出了全书各章的随堂测试题,这是宇波教授教学经验的结晶,对其他教师会有很好的参考价值,也为读者检测自己掌握的程度提供了一种方法。

我在高兴地看到我国传热与流动的数值模拟方法得到普遍使用和重视的同时,也注意到了一种“泛化”的倾向:只注重机械地使用商业软件(只要选择方法与模型,启动开关,就能得出结果)而轻视对基本数值方法及其物理意义的学习和理解。如果我们的学生,特别是研究生只是会使用这些软件(绝大部分是国外开发的软件),而不注重对方法本身的理解与研究,那么我们国家的研究生水平最多只能是二流的。我高兴地看到有一批像宇波教授那样的学者,仍然在数值方法的领域不断耕耘,并及时写出总结,既促进了学科的发展,也有利于研究生的学习,这是值得称道的。

该书虽然不是长篇巨著,但从上面所说的 3 个特点可以看出,对我国广大的读者而言,只要具备关于流动与传热数值模拟的基本知识,阅读本书就一定能够收到事半功倍的效果,这对促进我国流动与传热过程的数值求解乃至物理问题的数值求解及其应用事业的发展会起到重要的作用。

西安交通大学教授

中国科学院院士

陶文铨

2015 年 8 月于西安

前　言

　　理论分析、实验研究和数值模拟是当代科学研究相辅相成的三大手段,在流动与传热的研究方面也不例外。流动与传热的数值计算作为多学科的交叉,在探索未知领域、促进科技发展和保障国防安全等方面具有不可替代的作用。本书主要总结了笔者从2005年4月至今在中国石油大学(北京)讲授《数值传热学》的一些教学心得及若干科研成果,希望能给读者提供一些参考。

　　本书共6章,前五章主要讨论流动与传热数值计算的主流方法之一——有限容积法,具体内容如下。第1章讲述生成非结构化四边形网格的铺砌法,主要包括对传统铺砌法不足的分析及在此基础上提出的改进技术;第2章主要围绕方程离散过程中的若干问题进行研究,包括通用控制方程的形式、圆柱坐标和极坐标下导热方程的离散、非结构化网格的计算性能、附加源项法和动量插值方法的实施等;第3章主要讨论非稳态离散方程的相容性和稳定性、对流扩散方程的守恒性与非守恒性及有界格式的稳定性、计算精度与效率问题;第4章主要对几何多重网格和代数多重网格方法的实施及其中涉及的若干关键问题进行研讨;第5章提出一种基于规正余量的收敛标准,并给出规则区域和非规则区域上若干问题的基准解;第6章主要探讨在直角坐标系和贴体坐标系下导热和对流换热问题的POD-Galerkin低阶模型。此外,本书附录还给出了笔者教学中设计的随堂测试题及编程训练题。

　　能够完成此书,首先要感谢我的恩师——西安交通大学陶文铨院士二十年来对我的循循引领和悉心指导,正是他的知遇之恩、提携之情和鼓励之意鞭策我在流动与传热数值计算的领域里不断前行。我还要感谢这些年与我合作过并对我多有指导和帮助的美国宾夕法尼亚大学Churchill院士、日本九州大学尾添纮之教授与日本东京理科大学川口靖夫教授等。当然,我还要感谢我的研究生王艺(现在的同事)、李旺、禹国军、王敏、李瑞龙、韩东旭、王鹏、赵宇、刘人玮、李敬法、张文华、汤雅雯和章涛等对本书的帮助。最后,我要深深地感谢我的夫人张萍女士。结婚十八年以来,她一直默默地承担几乎所有家务,孝敬老人,教育子女,构筑了一个温暖的家,成为我安心研究最坚实的后盾。

　　本人的研究工作一直得到国家自然科学基金委的大力支持,特别感谢国家杰出青年科学基金项目(项目编号:51325603)和国家自然科学基金重点项目(项目编号:51134006)的资助。同时感谢中国石油大学(北京)2012 年"研究生教育质量与创新工程"项目的支持。

不才学识浅陋,难免会有不足,望读者不吝批评指正,在此深表谢意!

宇　波

2015 年 5 月

于中国石油大学(北京)

Email:yubobox@vip.163.com

目　　录

序

前言

第1章　非结构化四边形网格铺砌法 ……………………………………… 1

　1.1　非结构化四边形网格生成技术概述 ………………………………… 1

　　1.1.1　间接法 …………………………………………………………… 1

　　1.1.2　直接法 …………………………………………………………… 2

　1.2　改进的非结构化四边形网格铺砌法 ………………………………… 3

　　1.2.1　传统铺砌法的基本原理 ………………………………………… 3

　　1.2.2　传统铺砌法的实施步骤 ………………………………………… 3

　　1.2.3　改进铺砌法的步骤及关键技术 ………………………………… 9

　1.3　改进的铺砌法实例及性能分析 ……………………………………… 19

　　1.3.1　网格生成实例 …………………………………………………… 19

　　1.3.2　算法性能分析 …………………………………………………… 21

　1.4　小结 …………………………………………………………………… 24

　参考文献 …………………………………………………………………… 24

第2章　控制方程的离散 ………………………………………………… 27

　2.1　通用控制方程 ………………………………………………………… 27

　　2.1.1　现有通用控制方程的局限性分析 ……………………………… 28

　　2.1.2　通用控制方程的新形式 ………………………………………… 28

　　2.1.3　物理问题与结果分析 …………………………………………… 29

　2.2　基于局部解析解的圆柱坐标系导热方程的离散 …………………… 32

　　2.2.1　基于局部解析解的圆柱坐标系导热方程的离散 ……………… 32

　　2.2.2　物理问题与结果分析 …………………………………………… 36

　2.3　坐标变换思想在圆柱坐标系和球坐标系导热方程中的应用 ……… 38

　　2.3.1　基于坐标变换的圆柱坐标系导热型方程及其离散 …………… 38

　　2.3.2　基于坐标变换的球坐标系导热型方程及其离散 ……………… 39

　　2.3.3　物理问题与结果分析 …………………………………………… 40

　2.4　非结构化三角形网格内外节点布置方式比较研究 ………………… 42

　　2.4.1　非结构化三角形网格内外节点布置方式比较 ………………… 43

　　2.4.2　物理问题与结果分析 …………………………………………… 46

2.5 非结构化三角形和四边形网格内节点法计算性能研究 ·············· 49

　　2.5.1 计算精度和收敛速度的理论分析 ·············· 50

　　2.5.2 物理问题与结果分析 ·············· 51

2.6 二维圆柱坐标系下对流扩散方程的非结构化网格离散方法 ·············· 53

　　2.6.1 圆柱坐标系下三角形网格界面面积矢量及控制容积计算方法 ·············· 53

　　2.6.2 物理问题与结果分析 ·············· 57

2.7 实施边界条件的二阶附加源项法 ·············· 59

　　2.7.1 附加源项法的实施方法 ·············· 59

　　2.7.2 物理问题与结果分析 ·············· 61

2.8 与时间步长无关的动量插值方法 ·············· 63

　　2.8.1 Rhie-Chow 动量插值 ·············· 63

　　2.8.2 Choi 动量插值 ·············· 66

　　2.8.3 与时间步长无关的动量插值 ·············· 66

　　2.8.4 物理问题与结果分析 ·············· 68

2.9 小结 ·············· 69

参考文献 ·············· 70

第3章 离散方程与对流差分格式的性质 ·············· 73

3.1 边界和物性参数显式处理引起的相容性问题 ·············· 73

　　3.1.1 内点采用隐式格式、边界显式处理的相容性分析 ·············· 73

　　3.1.2 待求变量采用隐式格式、物性采用显式更新的相容性分析 ·············· 74

　　3.1.3 物理问题与结果分析 ·············· 75

3.2 守恒型与非守恒型方程离散计算性能对比 ·············· 77

　　3.2.1 计算精度对比 ·············· 77

　　3.2.2 稳定性对比 ·············· 78

　　3.2.3 计算效率及稳健性对比 ·············· 80

3.3 有界格式的稳定性、截差精度与计算效率 ·············· 80

　　3.3.1 有界格式的稳定性证明 ·············· 81

　　3.3.2 有界格式的截差精度 ·············· 85

　　3.3.3 有界格式的计算效率 ·············· 89

3.4 小结 ·············· 90

参考文献 ·············· 90

第4章 多重网格方法 ·············· 92

4.1 几何多重网格实施步骤及注意事项 ·············· 92

　　4.1.1 几何多重网格的实施步骤 ·············· 92

　　4.1.2 几何多重网格实施中的注意事项 ·············· 95

4.2　CS 格式余量限定算子构建的守恒原理 ················· 96
　　4.2.1　问题的提出 ···································· 96
　　4.2.2　积分型和微分型离散方程最优余量限定算子 ·········· 98
　　4.2.3　满足能量不平衡量等量传递的余量限定算子 ········· 100
4.3　求解非线性问题的多重网格延拓松弛方法 ············· 100
　　4.3.1　多重网格延拓松弛方法 ························· 100
　　4.3.2　物理问题与结果分析 ·························· 101
4.4　代数多重网格简介及注意事项 ····················· 104
　　4.4.1　代数多重网格与几何多重网格的区别 ············· 104
　　4.4.2　代数多重网格的实施步骤 ······················ 104
　　4.4.3　代数多重网格实施中的注意事项 ················ 106
4.5　基于局部信息优先原则的网格粗化策略 ··············· 109
　　4.5.1　经典网格粗化策略的不足 ······················ 109
　　4.5.2　基于局部信息优先原则的网格粗化策略 ··········· 111
　　4.5.3　物理问题与结果分析 ·························· 113
4.6　小结 ·· 117
参考文献 ··· 118

第 5 章　收敛标准和基准解 ····························· 121
5.1　基于规正余量的收敛标准 ························· 121
　　5.1.1　影响余量大小的因素分析 ······················ 121
　　5.1.2　基于规正余量的收敛标准 ······················ 124
　　5.1.3　物理问题与结果分析 ·························· 125
5.2　规则计算区域上若干流动与传热问题的基准解 ········· 130
　　5.2.1　物理问题与计算条件 ·························· 131
　　5.2.2　基准解 ···································· 133
5.3　非规则计算区域上若干流动与传热问题的基准解 ········· 143
　　5.3.1　物理问题与计算条件 ·························· 144
　　5.3.2　基准解 ···································· 145
5.4　小结 ·· 151
参考文献 ··· 151

第 6 章　POD 低阶模型及其应用 ························· 153
6.1　POD 简介 ····································· 153
　　6.1.1　POD 基函数 ································· 153
　　6.1.2　样本矩阵 ·································· 156
　　6.1.3　谱系数 ···································· 156

6.2 导热 POD-Galerkin 低阶模型 …………………………………… 157

    6.2.1 直角坐标下导热 POD-Galerkin 低阶模型 ………………… 157

    6.2.2 基于贴体坐标的导热 POD-Galerkin 低阶模型 …………… 169

6.3 对流换热 POD-Galerkin 低阶模型 ……………………………… 175

    6.3.1 直角坐标下的对流换热 POD-Galerkin 低阶模型 ………… 175

    6.3.2 基于贴体坐标的对流换热 POD-Galerkin 低阶模型 ……… 180

6.4 小结 ……………………………………………………………… 188

参考文献 …………………………………………………………… 189

附录 ………………………………………………………………… 191

附录 1 随堂测试题 ……………………………………………… 191

    附录 1.1 控制方程、边界条件及计算区域的离散 …………… 191

    附录 1.2 离散方程的误差与物理特性 ………………………… 193

    附录 1.3 扩散方程的离散 ……………………………………… 194

    附录 1.4 对流扩散方程的离散 ………………………………… 195

    附录 1.5 压力速度耦合求解算法 ……………………………… 198

    附录 1.6 离散方程的求解 ……………………………………… 198

    附录 1.7 贴体坐标与非结构化网格 …………………………… 199

附录 2 编程训练题及要求 ……………………………………… 200

    附录 2.1 编程训练题 …………………………………………… 200

    附录 2.2 编程训练要求 ………………………………………… 203

    附录 2.3 编程训练答辩要求 …………………………………… 203

第1章　非结构化四边形网格铺砌法

网格的合理设计和高质量生成是进行数值模拟的前提条件,也是影响后续数值计算效率和计算结果精度的决定性因素之一[1,2]。随着工程实际问题所涉及的计算区域趋向复杂化和不规则化,如何提高网格对复杂几何形状的计算区域的适应能力和灵活性,同时减少网格生成过程中的人工工作量,对数值传热学和计算流体力学的进一步推广应用具有非常重要的意义[3]。非结构化四边形网格相对于非结构化三角形网格具有更好的性能,因而越来越受到重视。本章首先简要介绍非结构化四边形网格生成技术,尤其是目前普遍采用的铺砌法,然后详细阐述笔者对传统铺砌法中网格尺寸的控制和交叉情况判断及处理所做的改进工作。

1.1　非结构化四边形网格生成技术概述

依据网格节点的几何拓扑关系,流动与传热数值计算常用的网格可分为结构化网格与非结构化网格。与结构化网格相比,非结构化网格因其具有节点几何拓扑关系灵活、便于控制网格尺寸分布、易于实现局部加密和自适应处理等优点,更适用于复杂不规则区域的网格剖分。

在二维非结构化网格自动生成的研究中,应用最为广泛的两类网格是三角形网格和四边形网格。目前,三角形网格的生成技术已趋于成熟,而四边形网格的自动生成技术还不够完善,而且研究人员一般认为,在网格数目相同的情况下,高质量四边形网格的计算精度和效率要优于三角形网格[4,5],Yu 等[6]从误差分析的角度给出了三角形网格和四边形网格在获得相同计算精度时二者网格数的定量关系,基于收敛过程的本质,提出网格尺寸是影响收敛速度的主要因素。研究结果表明,四边形网格在计算精度和收敛速度方面均优于三角形网格。因此,对复杂不规则区域快速生成高质量的非结构化四边形网格已成为非结构化网格生成技术研究领域中的热点和难点。

自 20 世纪 80 年代以来,经过 30 余年的发展,非结构化四边形网格生成技术已经取得了长足的进步,国内外研究人员提出了多种不同的方法进行网格剖分,一般来说,这些方法可以分为间接法和直接法两大类。

1.1.1　间接法

当采用间接法进行非结构化四边形网格生成时,计算区域首先用三角形网格进行离散,之后再通过不同的方法将三角形网格转化成四边形网格。Lo[7]提出了一种通过删除相邻三角形网格的公共边从而生成四边形网格的算法,这种方法实施较为简便,但无法保证所有三角形网格都能转化成四边形网格。在此基础上,Lee 和 Lo[8]提出了针对 Lo[7]先前算法的改进方法,引入了局部三角形网格分裂和交换的操作,避免了残余三角形网格的出现。类似地,将三角形网格转化为全四边形网格的算法也被 Johnston 等[9]所提出。此外,Zhu 等[10]提出了一种前沿推进的间接算法,在推进前沿的同时将两个三角形网格合并生成一个四边形网格。Petersen[11]和 Merhof 等[12]还分别提出了基于网格分级和区域分块思想的非结构化四边形网格间接生成算法。

采用间接法时,四边形网格在已生成的三角形网格上获得,可以实现较好的网格尺寸控制,并且由于三角形网格生成技术已非常成熟,使得间接法的健壮性很令人满意。但通过间接法得到的四边形网格和直接法生成的网格相比,质量普遍较差,这也使得间接法不如直接法应用广泛。

1.1.2 直接法

直接法是对计算区域直接生成四边形网格而不预先生成三角形网格的算法,一般可归为两类。第一类方法称为"区域分解法"(domain decomposition method),这类方法通过一定的规则将计算区域逐级细分至简单区域从而生成四边形网格,Baehmann 等[13]、Talbert 和 Parkinson[14]、Tam 和 Armstrong[15]及 Joe[16]分别提出了具有代表性的此类算法。这类方法通过区域递归分解可以提高网格的生成速度,但健壮性和边界附近的网格质量都不理想。

第二类方法称为"前沿推进法"(advancing front method),这类方法是从布置在计算区域边界上的初始节点开始生成新网格,逐渐向区域内部推进直至整个区域都被四边形网格铺满。Zhu 等[10]较早开始了这方面的工作,之后 Blacker 和 Stephenson[17]提出了名为"铺砌法"(paving method)的算法,该方法是从计算区域的外部向内部逐行生成四边形网格,直至整个区域被离散完毕。铺砌法具有生成网格边界吻合性好、不规则节点数量少、网格间拓扑关系稳定等优良特性[17],在提出后得到了广泛的重视和应用。

然而,传统的铺砌法同样存在一些不足之处。由于缺乏明确数学理论的支持,铺砌法在生成非结构化四边形网格的过程中不可避免地会遇到网格重叠或网格边距离过近的情况,传统方法在处理这些情况时,需要遍历所有的网格生成边,所以计算效率较低。另外,对于不同边界初始节点密度相差很大的情况,如何保证网格尺寸的均匀过渡也是铺砌法面临的一大难题。尽管很多研究人员都对上述两个问题提出了自己的解决办法,但大部分方法都有其自身的局限性。由此看来,开发可靠的高质量非结构化四边形网格生成方法仍是一项具有挑战性的课题[18]。

由上述可见,在控制网格整体尺寸分布和高效交叉判断处理等方面,传统的铺砌法还存在较大的改进空间。笔者提出了不同于以往研究者的改进思路和实施方法[19,20],实现了复杂计算区域的高质量非结构化四边形网格剖分,下面对这一工作予以介绍。

1.2　改进的非结构化四边形网格铺砌法

1.2.1　传统铺砌法的基本原理

铺砌法是一种直接生成非结构化四边形网格的前沿推进法,该算法具体实施时不必事先生成三角形网格或在计算区域内部布置节点,而是根据固定边界上初始离散节点的位置直接生成四边形网格单元,向计算区域内部层层推进,直至整个区域被四边形网格填满,如图1.2.1所示。

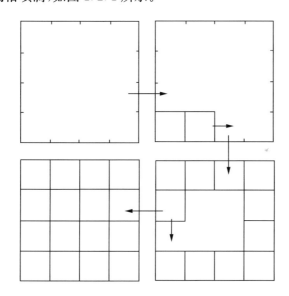

图1.2.1　铺砌法生成网格基本过程

1.2.2　传统铺砌法的实施步骤

由于缺乏数学理论的支持,加上非结构化四边形网格自身复杂的拓扑特性,铺砌法采取了一系列严格控制的步骤来保证网格生成的质量和整个过程的稳定性,在详细阐述铺砌法具体的实施步骤前,有必要对其中涉及的特定术语及注意事项进行简要介绍。

　　在采用铺砌法生成非结构化四边形网格前,首先要确定计算区域固定边界的数量和其上固定节点的几何位置信息。若计算区域为单连通区域,则只有一条固定边界;若计算区域为多连通区域,则存在多条边界,并且可以根据各边界的相对位置进一步将其划分为内部固定边界和外部固定边界,如图1.2.2所示。一旦初始的固定边界确定,在整个非结构化四边形网格生成过程中,固定边界上节点的位置和彼此间的连通关系均保持不变。

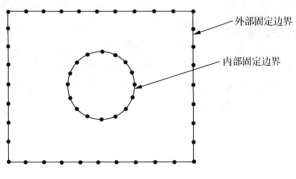

图 1.2.2　边界分类

　　对于某一计算区域,一般只有一条外部固定边界,内部固定边界可以有多条,为了保证网格生成过程的顺利进行,固定边界上的节点之间不能交叉并且每条边界要完全封闭。外部固定边界上的节点一般按照逆时针方向布置,而内部固定边界上的节点一般按照顺时针方向布置,并且所有的内部固定边界都要在外部固定边界内闭合,各固定边界彼此之间也不能存在任何交叉的情况。

　　在实际的网格生成过程中,算法操作的是铺砌边界,铺砌边界的形状随着网格的生成而不断变化,初始的铺砌边界也就是最初的固定边界,随着非结构化网格不断生成,铺砌边界就会逐渐远离其自身所在的固定边界。和固定边界类似,铺砌边界也分为内部铺砌边界和外部铺砌边界,外部铺砌边界从外部固定边界出发,沿逆时针方向在其上生成网格,而内部铺砌边界从内部固定边界出发,沿顺时针方向在其上生成网格。

　　在各个边界上的节点也可以根据其所在边界的性质进行分类,固定边界上的节点通常称为固定节点,铺砌边界上的节点则称为动态生成节点,每个铺砌边界上的节点都有一个内角值,这个内角是由连接当前节点和其前后两个节点的两条线段所构成的,如图1.2.3所示。此外,应注意生成全四边形的计算网格时需保证每条铺砌边界上的网格节点数都必须为偶数。

　　在熟悉铺砌法的基本术语后,下面将对铺砌法的主要实施步骤作进一步的介绍。

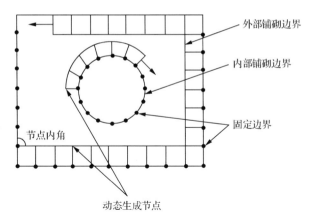

图 1.2.3　节点及其内角

1）输入初始条件

需要输入的初始条件主要包括内外固定边界的数量,各个边界的尺寸或形状,各个边界上所要布置的固定节点数量、密度及方式。

2）离散固定边界

根据输入的初始条件,在各个固定边界上生成初始固定节点,并储存各固定节点的编号和坐标信息。这些节点的坐标位置和彼此间的连通关系在网格生成的整个过程中都不会改变。常用的布置固定节点的方法主要有均匀布点法和非均匀布点法两种。

（1）均匀布点法主要适用于不需要进行局部加密的网格生成情况,生成的各个网格尺寸基本相同。布点时某一边界上的应布点数 N 将边界长度 L 分为 $N-1$ 份,步长即为 $\dfrac{L}{N-1}$,所有节点在该边界上均匀分布。

（2）非均匀布点法主要适用于需要进行局部加密的网格生成情况,这在实际问题中更为常见,例如,数值模拟埋地热油管道的热力影响区域时,距离管壁较近的土壤温度梯度较大,要求的计算精度相对于其他区域也就更高,所以管道附近的土壤区域网格布置得要更细密一些,这时需要采用等差法或等比法进行非均匀布点。

3）网格生成边的分类与选取

如图 1.2.4 所示,在生成新网格前,每一段铺砌边界上的网格生成边通常根据 Owen 等[21]提出的 Q-Morph 法中的标准进行分类和状态值标定。网格生成边的状态值取决于其首末两个网格节点的内角值,并会决定接下来该条边采取何种方式生成新网格。

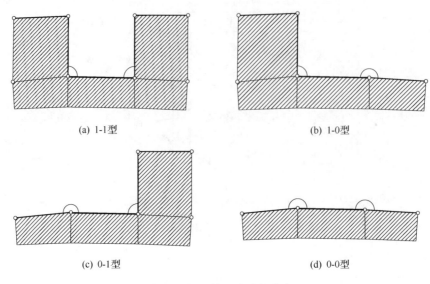

(a) 1-1型　　　　　　　　　　　　　　　(b) 1-0型

(c) 0-1型　　　　　　　　　　　　　　　(d) 0-0型

图 1.2.4　网格生成边的分类

4）新网格生成

在新网格生成前,新节点会首先生成。新节点是由铺砌边界上的网格节点生成的,一般以相邻三点为基础,并以一定的角度和方向在目标区域内部投射而成。由于区域形状的不规则性,节点的内角值会存在比较大的差异,不同的内角值对应于不同的新节点生成算法,所以首先要进行节点的角度计算与分类。

假设新节点的生成是以当前边界上相邻的三点 N_{i-1}、N_i、N_{i+1} 为基础进行的,令节点 N_i 的内角为 α,节点 N_{i-1} 到节点 N_i 的距离为 d_1,节点 N_i 到 N_{i+1} 的距离为 d_2,则利用余弦定理计算出 N_i 的内角值 α 后,通常采用下面的方法对节点进行分类[17]:①终止节点 $0° < \alpha \leqslant 135°$;②边界节点 $135° < \alpha \leqslant 225°$;③角节点 $225° < \alpha \leqslant 315°$;④转节点 $315° < \alpha \leqslant 360°$。

分类完毕后,针对不同类型的节点采取相应的算法生成新节点,具体步骤可采用传统铺砌法[17]或 Q-Morph 法[21]中的步骤,图 1.2.5(a)～图 1.2.5(d)依次表示终止节点、边界节点、角节点和转节点生成新节点的方法,下面就对这四种情况逐一进行简单介绍。

（1）终止节点生成新节点。

由于终止节点本身内角值较小,如果以其为基点生成新节点,很有可能会出现小角度情况,给后续处理带来麻烦,所以一般采用的做法是遇到终止节点不生成新节点而是直接连接已经存在的两个节点形成一个四边形单元。如图 1.2.5(a)所示,N_i 为一终止节点,N_{i-1} 和 N_{i+1} 分别为 N_i 的前一节点和后一节点,直接连接 N_{i-1} 生成的新节点 N_j 与 N_{i+1} 即可封闭形成一个新的四边形单元。

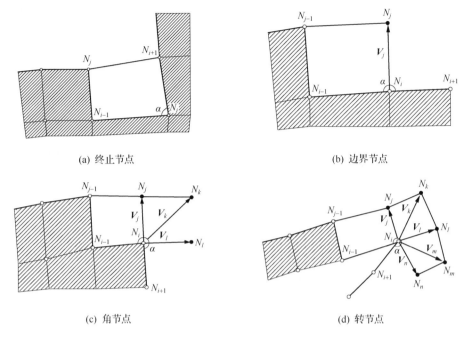

(a) 终止节点　　　　　　　　　　　　(b) 边界节点

(c) 角节点　　　　　　　　　　　　(d) 转节点

图 1.2.5　网格生成边的节点分类

（2）边界节点生成新节点。

如图 1.2.5(b)所示，N_{i-1}、N_i、N_{i+1} 三点处于当前的铺砌边界上，并由 N_i 生成新节点 N_j，构成一个新的四边形单元。新节点的位置由向量 V_j 确定，向量的角度在当前铺砌边角度旋转的基础上平分 N_i 的内角 α，其长度由式(1.2.1)计算：

$$|V_j| = \frac{d_1 + d_2}{2\sin(\alpha/2)} \tag{1.2.1}$$

计算出向量长度 $|V_j|$ 后，根据向量角度和简单的三角函数运算就可以确定新节点的坐标值，这步处理对于其他情况下生成新节点都适用。

（3）角节点生成新节点。

如图 1.2.5(c)所示，N_{i-1}、N_i、N_{i+1} 生成了三个新节点 N_j、N_k、N_l，同时形成了两个四边形单元。新节点的位置由三个向量 V_j、V_k、V_l 确定，以 N_{i-1}、N_i 为端点的铺砌边顺时针旋转到 V_j、V_k、V_l 的角度分别为 $\alpha/3$、$\alpha/2$、$2\alpha/3$，向量各自的长度由式(1.2.2)计算：

$$|V_j| = \frac{d_1 + d_2}{2\sin(\alpha/3)}, \quad |V_k| = \sqrt{2}\,|V_j|, \quad |V_l| = |V_j| \tag{1.2.2}$$

（4）转节点生成新节点。

如图 1.2.5(d)所示，由 N_{i-1}、N_i、N_{i+1} 生成五个新节点 N_j、N_k、N_l、N_m、N_n，同

时形成了三个四边形单元。五个新节点的位置分别由向量 $\boldsymbol{V}_j$、$\boldsymbol{V}_k$、$\boldsymbol{V}_l$、$\boldsymbol{V}_m$、$\boldsymbol{V}_n$ 确定，以 N_{i-1}、N_i 为端点的铺砌边顺时针旋转到 $\boldsymbol{V}_j$、$\boldsymbol{V}_k$、$\boldsymbol{V}_l$、$\boldsymbol{V}_m$、$\boldsymbol{V}_n$ 的角度分别为 $\alpha/4$、$3\alpha/8$、$\alpha/2$、$5\alpha/8$、$3\alpha/4$，向量各自的长度由式(1.2.3)计算：

$$|\boldsymbol{V}_j| = \frac{d_1 + d_2}{2\sin(\alpha/4)}, \quad |\boldsymbol{V}_k| = \sqrt{2}\,|\boldsymbol{V}_j|, \quad |\boldsymbol{V}_l| = |\boldsymbol{V}_j|,$$

$$|\boldsymbol{V}_m| = |\boldsymbol{V}_k|, \quad |\boldsymbol{V}_n| = |\boldsymbol{V}_j| \tag{1.2.3}$$

最后值得说明的一点是，由于不规则区域形状的复杂性，在网格生成过程中不可避免地会出现铺砌边界倾斜的情况，这时如果不及时调整新网格的生成方向，会造成网格畸形从而影响整体质量，所以生成新网格前必须计算铺砌边的倾斜角度，并把这个因素考虑到后续的节点生成中去，即"在当前铺砌边角度旋转的基础上确定向量方向"。

5) 交叉或距离过近情况的判断与处理

由于铺砌法生成四边形网格的特殊性，在生成过程中经常会出现铺砌边界与自己或者其他铺砌边界相交的情况，如果不及时进行处理，会造成后续生成的网格质量极差甚至会导致网格最终生成失败，所以当一条网格边生成后，就必须对它的位置进行检测，以防它和其他网格边交叉或距离过近。当上述两种情况被检测出后，相应的处理就会立即被执行以保证局部网格生成的质量。

6) 预处理

在生成每个新网格前或一层新网格生成后都需要进行预处理，主要目的是检测网格边夹角过小或网格尺寸悬殊的情况并对这些畸形情况进行及时处理。

7) 网格生成回路的闭合

当前网格生成回路中如果没有自由网格生成边，即进行回路的闭合操作。

8) 拓扑优化

当整个计算区域被四边形网格离散完毕后，将进行一系列拓扑优化的操作，通过改变节点间的连接方式来提高网格的整体质量。

9) 光顺优化

当全部网格生成完毕或在网格生成过程中进行了畸形情况的处理，整体网格或局部网格都要经过光顺优化的操作来进一步提高网格的生成质量。其中局部光顺优化是指每生成一层新的网格单元后都要对该层网格进行光顺优化处理，修匀各个网格位置的同时使下一层次的铺砌边界过渡更加平滑，为接下来网格的生成打好基础；整体光顺优化是指在所有网格生成完毕后，对网格全体进行光顺优化处理，遍历所有内部节点若干次，可以较大幅度地提升网格整体质量。

现在普遍采用的网格光顺优化技术是拉普拉斯光顺处理(laplacian smoothing)，其基本原理是保持节点间的连通关系不变，将内部节点的位置移动到由其

相邻节点组成的多边形形心位置,以此达到优化每个单元形状的目的。拉普拉斯光顺计算式为

$$x_i = \frac{1}{K_i} \sum_{j=1}^{K_i} x_j, \quad y_i = \frac{1}{K_i} \sum_{j=1}^{K_i} y_j \tag{1.2.4}$$

式中,下标 i 表示某一节点的编号;K_i 表示与节点 i 相连的节点数目;j 是与 i 相连的节点编号;x_j 和 y_j 是节点 j 的坐标值。

在改进铺砌法的实施过程中,上述的关键步骤或模块将被反复调用直至网格全部生成完毕。由于以往的文献对铺砌法中的一些步骤已经做了详细的探讨,本章接下来将着重阐述仍有较大改进空间的部分,如网格尺寸的合理控制、交叉或距离过近情况的高效检测与处理、进一步增强的预处理及拓扑优化等环节。

1.2.3　改进铺砌法的步骤及关键技术

1. 网格尺寸的控制

为了保证最终生成网格尺寸的光滑、均匀过渡,许多学者都对如何进行网格尺寸的控制进行了研究。Owen 等[21]提出的 Q-Morph 法通过利用背景三角形网格中的局部拓扑信息,将三角形网格逐步推进转化成全四边形网格。这种方法引入了一系列步骤来优化选择三角形合成的顺序,最终生成的网格具有良好的整体尺寸分布并且边界附近的网格质量较高。然而,Q-Morph 法及其他依赖于背景网格的方法因为算法较为复杂,且两套不同类型网格交替使用,使得程序的健壮性有待进一步提高。Lo[7]、Lee 和 Lo[8]、Cheng 和 Topping[22]分别发展了能够实现内部网格尺寸均匀过渡的算法,但这类算法在边界附近会留有大量不规则节点,会对后续的数值计算造成非常不利的影响。Garimella 等[23]和 Chen 等[24]分别发展了利用局部坐标系和参数空间来控制网格生成尺寸的方法,并将其推广到三维曲面上非结构化四边形网格的生成领域。但每生成一个网格时都需要进行大量计算,所以这种方法在运行效率方面还存在改善的空间。Park 等[25]通过插入虚拟节点的方法来实现网格尺寸的控制,但节点的插入仅限于固定边界的范围内,对最终网格整体的质量影响不明显。

与以往的研究成果不同,笔者发展的改进铺砌法不依赖于背景网格,而是通过一系列紧密联系的步骤综合考虑已生成网格的尺寸来控制后续网格的生成过程。虽然改进算法沿用了传统铺砌法中的部分处理措施,但是在此基础上也引入了一些新的特性,使得最终生成的网格在边界附近具有很高的质量,在保证网格整体尺寸均匀过渡的同时提高了网格生成的效率[19,20]。

1) 当前网格生成回路的尺寸分布控制

网格生成的首要步骤是从当前网格生成边上生成新的节点以构成新的网格边。

如图 1.2.5 所示,每条网格生成边上的首末节点都可根据其内角值 α 的大小而分为四类,即终止节点($0°<\alpha\leqslant135°$),边界节点($135°<\alpha\leqslant225°$)、角节点($225°<\alpha\leqslant315°$)和转节点($315°<\alpha\leqslant360°$)。当某一节点为终止节点时将没有新的节点生成,而对于其他的三种节点,就需要生成一个或多个新节点,进而构成新的网格边,最终形成新的网格,由此可见,新节点的位置对于网格生成尺寸的控制具有关键的作用。

以当前网格生成回路的尺寸分布控制为例,如图 1.2.6 所示,在生成一个新网格前,改进算法会以当前的网格生成边为起点,分别向生成回路的上游和下游搜索含有终止节点的网格边,并将搜索到的网格边的尺寸作为生成新网格时的重要参考依据。

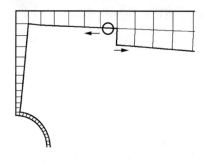 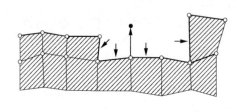

(a) 搜索包含终止节点的网格边　　　　　　(b) 新生成网格边的尺寸控制

图 1.2.6　当前网格生成回路上的尺寸分布控制

具体来说,当在上游和下游分别第一次搜索到含有终止节点的网格边时即停止搜索,记录下这两条网格边的尺寸大小(分别记作 L_1 和 L_2)及这两条网格边各自到当前网格生成边的距离(分别记作 d_1 和 d_2)。根据这些数据,可以通过式(1.2.5)计算得到即将生成网格边的一个参考长度值 L:

$$L = L_1 \frac{d_2}{d_1+d_2} + L_2 \frac{d_1}{d_1+d_2} \qquad (1.2.5)$$

与物理中的引力概念类似,搜索到的网格边距离当前网格生成边越近,其尺寸大小对新网格的生成影响越大。所以改进算法采用距离权重来控制新网格的生成尺寸,以使网格的生成过程能够充分考虑到已有网格的情况并实现尺寸的均匀光滑过渡。此外,根据传统的铺砌算法,利用当前网格生成边和其下一条网格生成边的尺寸及相关节点的分类,可以得到即将生成网格边的另一个参考长度值 L_0。在确定新网格边的实际长度前,需要先比较 L 和 L_0 的相对大小,当 $L/L_0>1.5$ 或 $L_0/L>1.5$ 时意味着若仅考虑 L 和 L_0 中的一者,新生成的网格尺寸有可能与已生成的网格间存在较大程度的悬殊。所以当 $L/L_0>1.5$ 或 $L_0/L>1.5$ 时,新网格边的实际长度需要通过计算 L 和 L_0 的代数平均值得到,否则将直接采用参考长度值 L 进行计算。

在实际问题中,大部分的网格生成回路都包含至少两个或更多的终止节点,但也存在不含有终止节点的回路情况,这时将无法在当前网格生成边的上游和下游搜索到满足条件的网格边,对此新网格边的生成尺寸就完全依赖于当前网格生成边和其下一条网格生成边的尺寸及相关节点的分类来确定。

2) 其他网格生成回路的尺寸分布控制

与单连通区域不同,在对多连通区域进行非结构化网格生成时,如果仅考虑当前网格生成回路上的网格尺寸分布而忽略其他网格生成回路的情况,将会使得从不同边界出发生成的网格彼此间尺寸存在较大差异,特别是当不同回路相遇时,这种尺寸上的差异将严重影响后续网格生成的质量。

改进铺砌法为了处理上述可能发生的情况,在生成新网格时综合考虑了不同网格生成回路上已生成网格的尺寸分布,即在网格生成过程中记录下每条网格生成回路的平均网格尺寸,在生成新网格时将其尺寸与其他回路的网格尺寸平均值进行比较,如果当前网格的尺寸已经超过其他回路网格尺寸平均值的 1.5 倍以上,就要终止当前回路的网格生成而转入其他回路,以便缩小不同回路生成网格间的尺寸差距。

然而,当不同的网格生成回路本身相距较近时,上面所阐述的过程将无法及时地对不同回路网格间的尺寸差异进行有效的调整,对此笔者引入了更为有效和及时的处理方法。如图 1.2.7(a)所示,两条不同的回路上网格尺寸具有较大的差异并且回路间距离较近,这时一个特殊的网格将自动生成并作为"楔子"插入其中一条回路中,以迅速消除不同网格间的尺寸差异,如图 1.2.7(b)所示。值得指出的是,如果算法中的检测模块判定这种尺寸差异并不严重,程序将继续正常的网格生成过程以使不规则的内部节点尽量远离计算区域的固定边界,从而保证在以后的数值计算过程中边界附近的网格具有更高的质量。

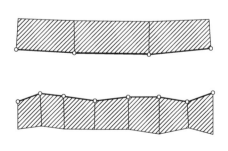

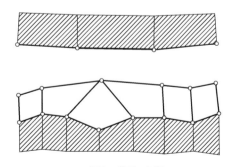

(a) 不同回路间网格尺寸差异过大　　　　　　　　(b) 插入"楔子"网格

图 1.2.7　考虑其他网格生成回路的尺寸分布控制图

3) 优化回路闭合过程

当一条网格生成边包含两个终止节点($0° < \alpha \leqslant 135°$)时,传统的铺砌法会直接

以这条网格边为中心形成一个新的网格而不会生成任何新的节点或网格边。对此改进的铺砌法采用了更加精细的处理措施,当终止节点的内角值介于 100°和 135°时[图 1.2.8(a)],可以认为此时终止节点的内角值已经非常接近于边节点(135°<α≤225°)内角值的界限了,如果传统铺砌法的处理可以保证在下一条网格边处形成新的终止节点,则直接按照传统方法进行操作。但如果这种直接闭合形成新网格的操作会使下一条网格生成边的状态转为 0-0 型[图 1.2.8(b)],则需要将当前的终止节点作为边节点进行处理,生成一个新的网格以提高局部网格的质量。

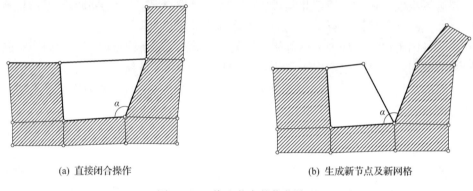

　　(a) 直接闭合操作　　　　　　　　　　　　(b) 生成新节点及新网格

图 1.2.8　终止节点的优化处理

2. 交叉情况的检测与处理

1) 局部交叉情况检测

最初的铺砌法从固定边界开始以层为单位由外向内逐层生成非结构化四边形网格,White 和 Kinney[26]提出了逐个而不是逐层生成网格的做法来提高网格整体的质量,这也被后来的大多数研究人员所采纳。但对于网格生成中常见的不同网格交叉或距离过近的情况(统称为"交叉情况"),传统的方法在检测时需要遍历整个网格生成回路上所有的网格生成边,这无疑大大增加了程序运行时的计算量,降低了网格生成的效率。Owen 等[21]提出的 Q-Morph 法基于背景网格可以将交叉情况的检测限定在局部范围内进行,但背景网格的应用使得这种做法会带来尺寸空间失效的问题,并影响最终生成的非结构化四边形网格的质量。为此,需要发展不依赖背景网格的局部交叉判断算法。

　　通过分析不难发现,网格交叉情况最容易在网格生成回路的转角处出现,这也意味着,新生成的网格和与其交叉的旧网格相距并不远。在此基础上,改进的铺砌法借鉴了数学中"二分法"的思想来使交叉情况的检测发生在局部较小的范围内。每生成完一个新网格后,以当前网格生成边为中间位置,整个网格生成回路被平均分为上游和下游两部分,接下来先从上游最靠近当前网格边的位置开始检测交叉情况,若检测到则马上进行相应的处理;若遍历完上游所有的网格边仍没有结果,则返回中间位置开始遍历检测下游的所有网格边,由于交叉的网格间距离一般较近,这种做法能够节省大约一半的计算时间。特别是当计算区域的几何形状非常复杂时,交叉情况将大量出现,由此带来的计算效率提升还是相当可观的。

在采用"二分法"的思想进行局部交叉情况检测时,若上游没有检测到结果,则需要快速返回当前网格生成边(也就是回路的中间位置)开始下游网格边的遍历检测,为了能够高效地实现这一过程,改进的铺砌法在程序编制时采用"指针链表"来提高交叉检测的效率。另外,在编程时采用"指针"代替"数组"储存网格边的信息可以快速地进行网格边的增加或删减,有利于高效地进行网格生成质量的调整和优化。

作为网格生成的载体,网格生成边本身具有首末节点编号、生成状态、所属网格编号等多项性质,在程序中采用了"数据结构体"来储存与之相关的所有变量信息,既容易形成对网格生成边的整体化概念,也便于后续的程序升级和优化维护。

2) 交叉情况的高效处理

在检测到交叉情况后需要尽快对其进行相应处理,通常的处理方法都需要对网格边进行不同程度的合并或拆分,在这一过程中不同网格和节点间的拓扑连接关系需要进行更新,加上网格生成回路的重新定义和划分,单个交叉情况的处理实际上要消耗大量的计算资源。

如前所述,交叉情况通常发生在网格生成回路的转角位置,对此大多数文献中仍然采用传统的方法进行处理,这无形中增加了许多不必要的计算,降低了算法的效率。改进的铺砌法在检测到交叉情况时,首先会计算交叉网格间相隔的网格边数量,如果相隔网格边数量为3,则意味着交叉情况出现在网格生成回路的转角位置(图 1.2.9),此时可以直接生成一个新网格来完成交叉处理,从而免去了网格边的合并或拆分步骤,一定程度上提高了交叉处理的效率。

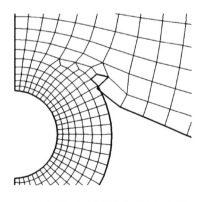
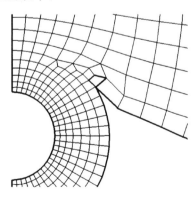

(a) 出现在生成回路转角位置的交叉情况　　　　　(b) 直接生成新网格进行交叉处理

图 1.2.9　交叉情况的高效处理

　　当交叉情况发生在相距较远的网格间时,网格边的合并和拆分将变得不可避免,这种情况下文献中通常的做法是生成新的网格边来分割或连接现有的网格生成回路。为了最终生成全四边形网格,每条网格生成回路都必须包含偶数个的网格生成边,所以在进行回路的重新定义和划分前需对潜在的回路网格边数事先进行计算和预判。如果计算重新划分后的网格生成回路都包含偶数个网格边[图 1.2.10(a)和图 1.2.11(a)],则按照预先设想的方式生成一条新的网格边连接不同的网格回路或将同一条网格回路一分为二。另一方面,如果事先计算后发现按照预先设想的方式生成新网格边会导致重新定义的回路包含奇数个网格边,对于这种情况,则需要首先在交叉发生的位置生成一个新的节点[图 1.2.10(b)和图 1.2.11(b)],然后以这个节点为中心生成两条新的网格边来保证重新定义后的回路都包含偶数个网格边。这种以新网格边来合并或拆分网格生成回路的做法在以往的大部分文献中被广泛采用,但网格回路重新定义后新网格边的两侧网格生成的方向恰好相反,这在程序实际的运行过程中会产生一些无法预计的问题,影响网格生成过程的稳定性。实践检验表明,通过上述方法生成的网格质量并不能令人满意。

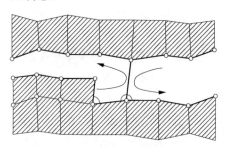 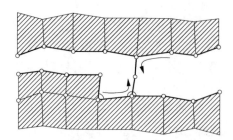

(a) 新回路网格生成边为偶数时直接连接　　　　(b) 新回路网格生成边为奇数时需插入新节点

图 1.2.10　处理生成回路合并或拆分的传统方法(操作边状态为 1-0 型)

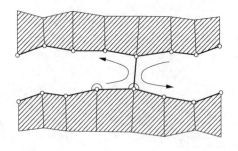 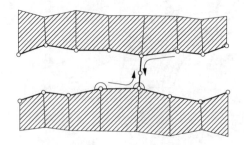

(a) 新回路网格生成边为偶数时直接连接　　　　(b) 新回路网格生成边为奇数时需插入新节点

图 1.2.11　处理生成回路合并或拆分的传统方法(操作边状态为 0-0 型)

在改进的铺砌法中,一个新的网格代替原来的网格边在交叉发生的位置生成以合并或拆分原有的网格生成回路。在图1.2.12(a)所示的例子中,当前回路上的三个相邻节点和位于对面不同回路上的一个节点相连接形成一个新的公共网格,在图1.2.12(b)所示的另一个例子中,相对的两条不同回路中各有两个节点被选出并共同构成新的四边形网格。与传统方法类似,在实际连接前仍然需要事先计算出回路重新定义后其上的网格边数量,来避免奇数个网格边情况的出现。此时采用生成新网格来合并或拆分回路的优势就会得到体现,只需要移动新网格边的连接位置就可以很方便地使各条回路上的网格边数目满足要求,为了尽可能地提高网格生成的质量,在重新连接前会先对不同移动方式后网格的质量进行评估,并会最终选择网格质量最优的对应方式进行网格的重新连接,如图1.2.13所示。

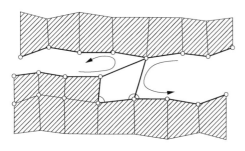
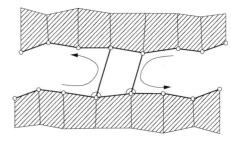

(a) 网格生成边状态为1-0型　　　　　　　(b) 网格生成边状态为0-0型

图1.2.12　对生成回路合并或拆分的改进方法(新回路网格生成边为偶数)

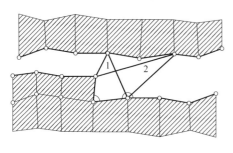
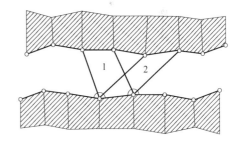

(a) 网格生成边状态为1-0型　　　　　　　(b) 网格生成边状态为0-0型

图1.2.13　对生成回路合并或拆分的改进方法(新回路网格生成边为奇数)

3. 前处理与拓扑优化

1) 前处理

四边形网格的生成缺乏成熟数学理论的支撑,所以网格生成的整个过程都需要进行精确地控制,为了实现这一目的,及时进行网格生成的前处理来消除一些畸形情况对后续网格生成的不利影响就显得非常必要。常见的畸形情况主要包括网格间夹角过小、相邻网格间尺寸相差过大及两者并存的情况等,处理这些问题改进的铺砌法沿用了传统的做法,通过缝合、过渡缝合和分裂缝合等手段消除已出现的畸形情况,提高网格的生成质量。具体的分类和处理过程如下。

(1) 单一内角值过小。

如图 1.2.14 所示,设图中圆框内相邻网格间的夹角为 α,当 $\alpha<45°$ 并且相邻两条边中长边长度小于短边长度的 2 倍时,则认为单一内角值过小,处理方法是将图中标示出的两条边及相应节点进行融合,闭合内角值过小的部分。

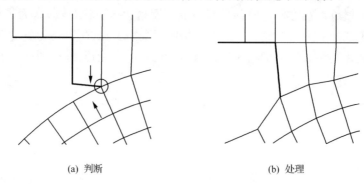

(a) 判断   (b) 处理

图 1.2.14 单一内角值过小情况

(2) 内角值过小与相邻边尺寸相差过大并存。

如图 1.2.15 所示,当 $\alpha<45°$ 并且相邻两条边中长边长度大于短边长度的 2 倍时,则认为内角值过小与相邻边尺寸相差过大并存,处理方法是取长边的中点生成两条新边,将原有的一个网格单元剖分成两个网格单元,并改变节点之间的连接关系,之后进行局部光顺优化提高网格质量。

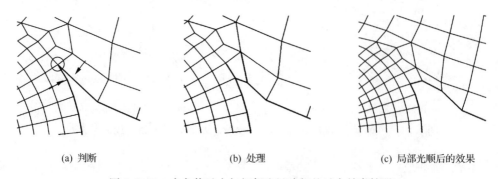

(a) 判断   (b) 处理   (c) 局部光顺后的效果

图 1.2.15 内角值过小与相邻边尺寸相差过大并存情况

(3) 单一相邻边尺寸相差过大。

如图 1.2.16 所示,当 $45°<\alpha<135°$ 且相邻两条边中长边长度大于短边长度的 2 倍时,被认为单一相邻边尺寸相差过大,处理方法是连接长边中点和原有网格对

角线的中点生成四条新边,将原有的一个网格单元剖分成三个网格单元,并改变节点之间的连接关系,之后进行局部光顺优化提高网格质量。

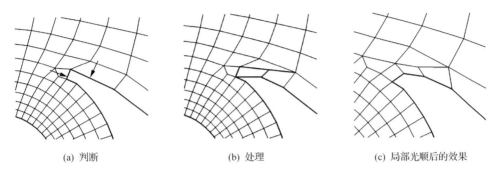

(a) 判断　　　　　　　　(b) 处理　　　　　　　　(c) 局部光顺后的效果

图 1.2.16　单一相邻边尺寸相差过大情况

2）拓扑优化

另外,在计算区域被非结构化四边形网格完全剖分完毕后,局部还会不可避免地存在一些质量较差的网格,这时需要进行有针对性的拓扑优化操作来进一步提高网格的整体质量。这些操作通过删去或合并一些单元来减少不规则节点数量,使绝大多数节点与 4 个网格单元相连,平均节点内角值达到 90°,为后续的数值计算建立良好的基础。改进的铺砌法通过综合以往的研究成果[27]优选出易于实施并且对网格整体质量有明显提升作用的拓扑优化方法,主要分为以下四类。

（1）去孤立节点。

当检测出某一节点只有两个邻点时,则删除这个节点,将包含该节点的两个网格单元合并为一个,并更新周围节点间的连接关系,如图 1.2.17 所示。

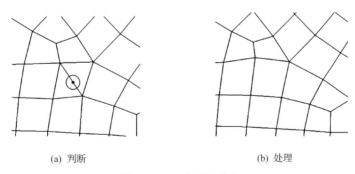

(a) 判断　　　　　　　　　　　　　　(b) 处理

图 1.2.17　去孤立节点

（2）节点合并。

当检测出同一网格中的两个对角节点各自都只有三个邻点时,则将这两个节点合并为一个,删除它们所在的网格单元,并更新周围网格单元包含的节点编号和其他节点间的连接关系,如图 1.2.18 所示。

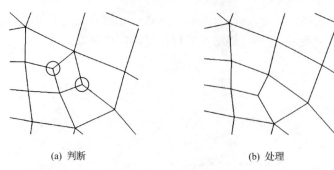

(a) 判断   (b) 处理

图 1.2.18 节点合并

（3）四二变换。

当检测出彼此相连的两个节点各自都只有三个邻点时，则删除这两个节点和两个网格单元，选择最优的连接方式重新划分剩余的网格，并更新剩余两个网格单元包含的节点编号和周围节点间的连接关系，如图 1.2.19 所示。

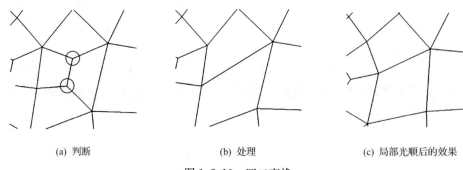

(a) 判断   (b) 处理   (c) 局部光顺后的效果

图 1.2.19 四二变换

（4）节点分裂。

当检测出某一节点含有六个邻点时，则将该节点分裂成两个独立的节点，生成一个新的网格单元，并更新周围节点间的连接关系，局部光顺后可以发现这部分的网格质量得到了显著改善，如图 1.2.20 所示。

(a) 判断   (b) 处理   (c) 局部光顺后的效果

图 1.2.20 节点分裂

通过这些优化技术的综合应用,网格中的不规则节点数量极大地减少,网格的整体质量也随之提高。最后,采用拉普拉斯光顺技术对各个网格的位置做进一步的调整,使其更加符合数值计算用网格的要求。

1.3　改进的铺砌法实例及性能分析

1.3.1　网格生成实例

基于改进的非结构化四边形网格铺砌算法,笔者采用 Fortran 语言开发了相应的网格生成程序,并对几种不同的计算区域进行了非结构化网格剖分,以此来检验算法和程序的各项性能,如图 1.3.1～图 1.3.4 所示。对于同一计算区域,还采用了著名的 CFD 前处理软件 Gambit 中的铺砌法模块进行非结构化四边形网格生成,以期通过对比两种不同的网格生成结果进一步说明改进算法的各项特性。

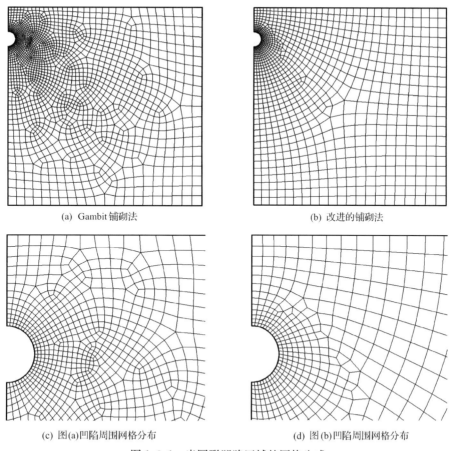

(a) Gambit 铺砌法　　　　　　　　　(b) 改进的铺砌法

(c) 图(a)凹陷周围网格分布　　　　　(d) 图(b)凹陷周围网格分布

图 1.3.1　半圆形凹陷区域的网格生成

　　图 1.3.1 所示的半圆形凹陷区域为一非对称单连通域,可用于埋地热油管道周围土壤热力影响区域的数值计算,图 1.3.1(a)为 Gambit 软件采用传统铺砌法的网格生成结果,图 1.3.1(b)为改进算法的网格生成结果。直观来看,改进后的网格整体排列层次非常清晰,不规则节点数量明显减少。

　　图 1.3.2 所示的为一尺寸变化剧烈的区域,区域上部边界的节点密度约为左下角边界密度的 10 倍,通过网格生成结果可以看出,改进的算法可以在保证大多数网格质量较高的前提下使边界的尺寸差异快速地向区域内部传递,实现较高程度的局部加密,而 Gambit 生成的网格在区域内部过于密集,无法很好地实现局部加密。

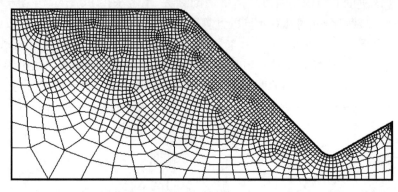

(a) Gambit 铺砌法

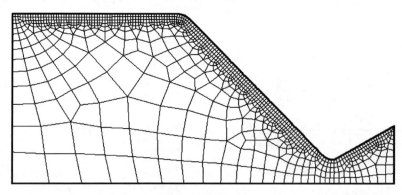

(b) 改进的铺砌法

图 1.3.2　尺寸剧烈变化区域的网格生成

　　图 1.3.3 和图 1.3.4 是对复杂多连通区域进行网格剖分的结果,改进算法的特点得到了更加明显的体现,生成网格单元的层次较为清晰,不同边界尺寸分布得到了较好的过渡,并且局部加密的部分网格质量很高。而 Gambit 生成的网格过于密集,空间填充性较差,会造成后续进行数值计算时程序运行速度降低,此外在区域内部存在着较多分布不规则的微小加密区域,使网格整体的尺寸过渡显得不

够平滑。

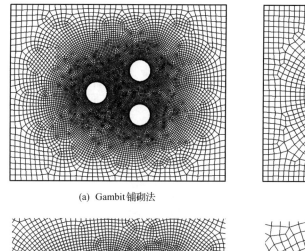
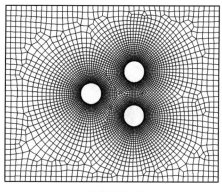

(a) Gambit铺砌法　　　　　　　　　　　(b) 改进的铺砌法

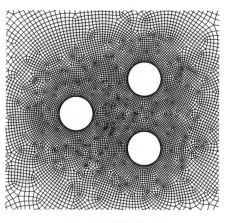
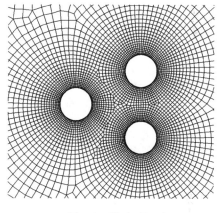

(c) 图(a)中心附近网格分布　　　　　　　　(d) 图(b)中心附近网格分布

图 1.3.3　三圆形腔区域网格生成

Gambit 软件所采用的传统铺砌法是利用背景网格进行网格整体尺寸分布的控制,并对边界形状变化较大的区域多通过插入"楔子"来抹平这种变化,与之相对应,改进算法则利用已生成的网格进行整体尺寸的控制,避免了两套网格系统带来的编程复杂性和不稳定性。另外,改进的铺砌法通过每个网格生成前和每层网格生成后的有效预处理实现了边界平滑过渡或融合,尽量使不规则节点出现在距离边界较远的位置,也使边界上的尺寸分布能够尽快传递到区域内部。

1.3.2　算法性能分析

1. 网格生成质量

在对图 1.3.1～图 1.3.4 所示的不规则区域采用基于改进铺砌算法开发的程

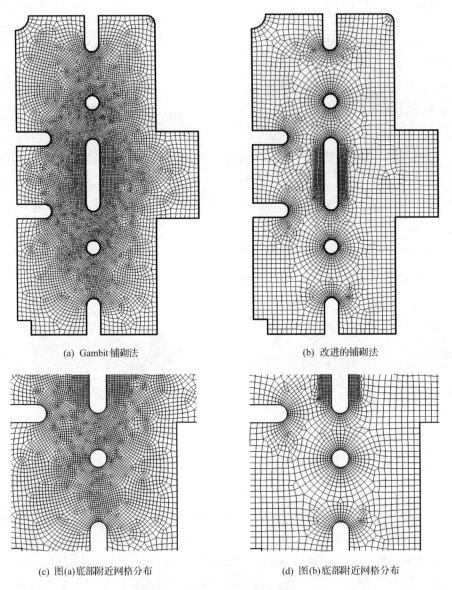

(a) Gambit 铺砌法　　　　　　　　　　　(b) 改进的铺砌法

(c) 图(a)底部附近网格分布　　　　　　　(d) 图(b)底部附近网格分布

图 1.3.4　复杂多连通区域网格生成

序和 Gambit 软件中铺砌法模块进行网格剖分的基础上,用最重要的网格质量参数 EquiAngle(Q_{EAS})[28]作为标准,对两种算法生成的网格质量进行了对比(Gambit 中的传统铺砌方法记作 GPaving,改进的铺砌方法记作 IPaving),对比结果如表 1.3.1 所示。

表 1.3.1 IPaving 法与 GPaving 法生成的非结构化四边形网格比较

区域形状	方法	网格数及占总数比例						网格总数
		$Q_{EAS}=$ 0~0.1	$Q_{EAS}=$ 0.1~0.2	$Q_{EAS}=$ 0.2~0.3	$Q_{EAS}=$ 0.3~0.4	$Q_{EAS}=$ 0.4~0.5	$Q_{EAS}=$ 0.5~1	
半圆形凹陷区域 (图1.3.1)	GPaving	845 (56.15%)	400 (26.58%)	122 (8.11%)	128 (8.50%)	9 (0.60%)	1 (0.07%)	1505
	IPaving	775 (77.89%)	174 (17.49%)	28 (2.81%)	9 (0.90%)	9 (0.90%)	0	995
尺寸剧烈变化区域 (图1.3.2)	GPaving	1575 (64.92%)	428 (17.64%)	191 (7.87%)	205 (8.45%)	24 (0.99%)	3 (0.12%)	2426
	IPaving	479 (50.26%)	269 (28.23%)	126 (13.22%)	65 (6.82%)	10 (1.05%)	4 (0.42%)	953
三圆形腔区域 (图1.3.3)	GPaving	6857 (68.01%)	1818 (18.03%)	599 (5.94%)	803 (7.96%)	5 (0.05%)	0	10082
	IPaving	4015 (90.12%)	300 (6.73%)	82 (1.84%)	44 (0.99%)	14 (0.31%)	0	4455
复杂多连通区域 (图1.3.4)	GPaving	5991 (61.67%)	2139 (22.02%)	747 (7.69%)	825 (8.49%)	13 (0.13%)	0	9715
	IPaving	3077 (68.94%)	871 (19.52%)	355 (7.95%)	117 (2.62%)	43 (0.96%)	0	4463

EquiAngle(Q_{EAS})是考虑网格单元四边内角并通过式(1.3.1)计算得到的歪斜度,取值为 0~1,越接近 0 表明网格单元质量越好,0 表示网格单元为正方形,质量最好,1 表示网格单元质量最差。

$$Q_{EAS} = \max\left[\frac{\theta_{max}-\theta_e}{180°-\theta_e}, \frac{\theta_e-\theta_{min}}{\theta_e}\right] \quad (1.3.1)$$

式中,θ_{max} 为网格单元四边夹角的最大值;θ_{min} 为网格单元四边夹角的最小值;θ_e 为夹角参考值,对于四边形网格取 90°。

通过表 1.3.1 可以看出,采用改进算法生成的网格,四个实例都有 50% 以上的网格接近正方形(Q_{EAS}=0~0.1),同时极少存在偏离正方形程度较大的网格(Q_{EAS}>0.5)。对于半圆形凹陷区域和复杂多连通区域,接近或达到最优质量等级的网格数占网格总数的比例分别由 GPaving 方法生成网格的 56.15% 和 61.67% 增加到 77.89% 和 68.94%;而对于三圆形腔在与 GPaving 方法生成网格总数相差较大的情况下,接近正方形的网格数量非常接近,占网格总数比例则增加到了

90.12%;对尺寸变化剧烈的区域进行网格剖分,虽然采用改进算法得到高质量网格所占比例不及 Gambit 生成的结果,但考虑到改进算法生成网格数量只有 Gambit 生成网格数量的三分之一且能够实现较高程度的局部加密,改进算法仍具有其独特的优势和吸引力。

2. 网格生成速度

改进算法在交叉判断时借鉴了数学"二分法"的思想并结合指针链表进行双向检测,优化交叉处理,提高了程序执行的效率。表 1.3.2 给出了对于半圆形凹陷区域、尺寸剧烈变化区域、三圆形腔区域和复杂多连通区域采用改进算法生成非结构化四边形网格所需的 CPU 时间,程序采用 CVF6.5 进行编译,在 CPU 主频 2.83GHz、内存 2GB 的环境下运行。

表 1.3.2　IPaving 法生成网格所需时间

区域形状	网格总数	CPU 时间/s
半圆形凹陷区域	995	0.25
尺寸剧烈变化区域	953	0.36
三圆形腔区域	4455	13.65
复杂多连通区域	4463	16.15

1.4　小　　结

本章阐述了一种能够快速生成高质量非结构化四边形网格的改进铺砌算法,提出了不依赖背景网格而是通过已生成的网格控制后续网格尺寸的方法,借鉴了数学"二分法"的思想,结合数据结构体和双向指针链表提高交叉判断和处理的效率及稳定性,并综合以往研究成果中各项畸形网格处理和拓扑优化技术来提高网格的整体质量。基于该算法开发了相应的程序,对多个不规则区域进行了网格剖分,通过与商业软件生成网格的结果进行对比可以看出,笔者提出的改进算法能够快速高效地进行网格剖分,生成网格单元的排列层次非常清晰,网格空间填充度高,并且可以较好地实现局部加密和边界尺寸的快速传递与过渡。

参 考 文 献

[1] Baker T J. Mesh generation: Art or science?. Progress in Aerospace Sciences, 2005, 41(1): 29-63.

[2] Yan C, Yu J, Xu J L, et al. On the achievements and prospects for the methods of computational fluid dynamics. Advances in Mechanics, 2011, 41(5):562-589.

[3] 陶文铨. 计算传热学的近代进展. 北京:科学出版社,2000.

[4] 王瑞利,姚彦忠,林忠,等.一种新的非结构四边形网格生成方法及软件.计算物理,2007,24(1):13-18.

[5] Kraft P. Automated remeshing with hexahedral elements:Problems, solutions and applications. Proceedings of the 8th International Meshing Roundtable, Sandia National Laboratories, 1999:357-367.

[6] Yu G J, Yu B, Sun S Y, et al. Comparative study on triangular and quadrilateral meshes by a finite-volume method with a central difference scheme. Numerical Heat Transfer, Part B: Fundamentals, 2012, 62(4): 243-263.

[7] Lo S H. Generating quadrilateral elements on plane and over curved surfaces. Computers &Structures, 1989, 31(3): 421-426.

[8] Lee C K, Lo S H. A new scheme for the generation of a graded quadrilateral mesh. Computers & Structures, 1994, 52(5): 847-857.

[9] Johnston B P, Sullivan J M, Kwasnik A. Automatic conversion of triangular finite element meshes to quadrilateral elements. International Journal for Numerical Methods in Engineering, 1991, 31(1): 67-84.

[10] Zhu J Z, Zienkiewicz O C, Hinton E, et al. A new approach to the development of automatic quadrilateral mesh gene-ration. International Journal for Numerical Methods in Engineering, 1991, 32(4): 849-866.

[11] Petersen S B, Rodrigues J M C, Martins P A F. Automatic generation of quadrilateral meshes for the finite element analysis of metal forming processes. Finite Elements in Analysis and Design, 2000, 35(2): 157-168.

[12] Merhof D, Grosso R, Tremel U, et al. Anisotropic quadrilateral mesh generation: An indirect approach. Advances in Engineering Software, 2007, 38(11): 860-867.

[13] Baehmann P L, Wittchen S L, Shephard M S, et al. Robust, geometrically based, automatic two-dimensional mesh generation. International Journal for Numerical Methods in Engineering, 1987, 24(6): 1043-1078.

[14] Talbert J A, Parkinson A R. Development of an automatic, two-dimensional finite element mesh generator using quadrilateral elements and Bezier curve boundary definition. International Journal for Numerical Methods in Engineering, 1990, 29(7): 1551-1567.

[15] Tam T K H, Armstrong C G. 2D finite element mesh generation by medial axis subdivision. Advances in Engineering Software and Workstations, 1991, 13(5): 313-324.

[16] Joe B. Quadrilateral mesh generation in polygonal regions. Computer-Aided Design, 1995, 27(3): 209-222.

[17] Blacker T D, Stephenson M B. Paving: A new approach to automated quadrilateral mesh generation. International Journal for Numerical Methods in Engineering, 1991, 32(4): 811-847.

[18] Blacker T. Automated conformal hexahedral meshing constraints, challenges and opportunities. Engineering with Computers, 2001, 17(3): 201-210.

[19] 赵宇,宇波.一种改进的非结构化四边形网格铺砌算法.工程热物理学报,2013,34(4): 728-732.

[20] Zhao Y, Yu B, Tao W. An improved paving method of automatic quadrilateral mesh generation. Numerical Heat Transfer, Part B: Fundamentals, 2013, 64(3): 218-238.

[21] Owen S J, Staten M L, Canann S A, et al. Q-Morph: An indirect approach to advancing front quad meshing. International Journal for Numerical Methods in Engineering, 1999, 44(9): 1317-1340.

[22] Cheng B, Topping B H V. Improved adaptive quadrilateral mesh generation using fission elements. Ad-

vances in Engineering Software, 1998, 29(7): 733-744.

[23] Garimella R V, Shashkov M J, Knupp P M. Triangular and quadrilateral surface mesh quality optimization using local parametrization. Computer Methods in Applied Mechanics and Engineering, 2004, 193 (9): 913-928.

[24] Chen X M, Cen S, Long Y Q, et al. Membrane elements insensitive to distortion using the quadrilateral area coordinate method. Computers & Structures, 2004, 82(1): 35-54.

[25] Park C, Noh J S, Jang I S, et al. A new automated scheme of quadrilateral mesh generation for randomly distributed line constraints. Computer-Aided Design, 2007, 39(4): 258-267.

[26] White D R, Kinney P. Redesign of the paving algorithm: Robustness enhancements through element by element meshing. 6th International Meshing Roundtable, Sandia National Laboratories, 1997: 323-335.

[27] Canann S A, Tristano J R, Staten M L. An Approach to combined laplacian and optimization-based smoothing for triangular, quadrilateral, and quad-dominant meshes. 7th International Meshing Roundtable, Sandia National Laboratories, 1998: 479-494.

[28] Dhanasekharan K M, Kokini J L. Design and scaling of wheat dough extrusion by numerical simulation of flow and heat transfer. Journal of Food Engineering, 2003, 60(4): 421-430.

第 2 章 控制方程的离散

控制方程的离散是流动与传热数值计算中的重要内容之一。本章围绕方程离散过程中的若干问题进行研究,包括通用控制方程的形式、圆柱坐标和球坐标下导热方程的离散、非结构化网格的计算性能、附加源项法和动量插值方法等。下面对上述内容分别予以介绍。

2.1 通用控制方程

为了提高编程效率、增强程序的通用性,数值传热学中常采用如下通用控制方程[1-8],

$$\frac{\partial(\rho\phi)}{\partial t} + \nabla \cdot (\rho U\phi) = \nabla \cdot (\Gamma_\phi \nabla\phi) + S_\phi \qquad (2.1.1)$$

式中,ϕ 为通用变量;ρ 为密度;Γ_ϕ 为广义扩散系数;U 为速度矢量;S_ϕ 为广义源项。这一通用控制方程的形式在流动与传热的数值计算中被广泛采用,对 2010 年发表在 *International Journal of Heat and Mass Transfer* 期刊上的论文进行统计,发现应用守恒型方程的 163 篇论文中有 71 篇文章采用了方程(2.1.1)的形式,约占 44%。

表 2.1.1 给出了二维直角坐标下层流对流换热采用上述常用通用控制方程描述时各变量的含义。然而,应用该方程计算稳态方腔自然对流(左右壁面存在温差、上下壁面绝热、无内热源、介质为物性变化的乙醇)时,发现左右壁面流进和流出的热量值并不相等,这与能量守恒原理相矛盾。在文献[9]中,笔者对此问题进行了详细的分析,指出能量守恒得不到满足的原因是该通用控制方程形式不适用于比热容 c_p 变化的情况,且为解决这一问题提出了一种通用控制方程的新形式。

表 2.1.1　各控制方程采用常用的通用控制方程形式时的相应变量的含义

方程	ϕ	ρ	Γ_ϕ	S_ϕ
连续性方程	1	ρ	0	0
动量方程(x 方向)	u	ρ	μ	$\rho f_x - \dfrac{\partial p}{\partial x}$
动量方程(y 方向)	v	ρ	μ	$\rho f_y - \dfrac{\partial p}{\partial y}$
能量方程	T	ρ	λ/c_p	S_T/c_p

注:T 为温度;u、v 分别为 x、y 方向上的速度分量;μ 为黏度;λ 为导热系数;c_p 为定压比热容;f_x、f_y 分别为 x、y 方向的质量力分量;p 为压力;S_T 为内热源项。

2.1.1　现有通用控制方程的局限性分析

根据经典传热学教材[10,11]，二维直角坐标系下守恒型能量方程为

$$\frac{\partial(\rho c_p T)}{\partial t} + \frac{\partial(\rho c_p u T)}{\partial x} + \frac{\partial(\rho c_p v T)}{\partial y} = \frac{\partial}{\partial x}\left(\lambda \frac{\partial T}{\partial x}\right) + \frac{\partial}{\partial y}\left(\lambda \frac{\partial T}{\partial y}\right) + S_T$$

$$(2.1.2)$$

而表 2.1.1 中的能量方程为

$$\frac{\partial(\rho T)}{\partial t} + \frac{\partial(\rho u T)}{\partial x} + \frac{\partial(\rho v T)}{\partial y} = \frac{\partial}{\partial x}\left(\frac{\lambda}{c_p} \frac{\partial T}{\partial x}\right) + \frac{\partial}{\partial y}\left(\frac{\lambda}{c_p} \frac{\partial T}{\partial y}\right) + \frac{S_T}{c_p} \quad (2.1.3)$$

比较上述两个方程可知，当 c_p 为常数时，方程(2.1.3)与方程(2.1.2)等价；当 c_p 不为常数时，两者显然不等价。将方程(2.1.3)变形得

$$\frac{\partial(\rho c_p T)}{\partial t} + \frac{\partial(\rho c_p u T)}{\partial x} + \frac{\partial(\rho c_p v T)}{\partial y} = \frac{\partial}{\partial x}\left(\lambda \frac{\partial T}{\partial x}\right) + \frac{\partial}{\partial y}\left(\lambda \frac{\partial T}{\partial y}\right) + S_T + S_f$$

$$(2.1.4)$$

式中，$S_f = \frac{1}{c_p}\left[\rho c_p T \frac{\partial c_p}{\partial t} + \left(\rho c_p u T - \lambda \frac{\partial T}{\partial x}\right)\frac{\partial c_p}{\partial x} + \left(\rho c_p v T - \lambda \frac{\partial T}{\partial y}\right)\frac{\partial c_p}{\partial y}\right]$，其含义相当于在方程(2.1.2)中人为添加了一个假的内热源。

要保证方程(2.1.3)和方程(2.1.2)等价，必需满足 $S_f = 0$。显然，在 c_p 不为常数时 $S_f = 0$ 在任何情况下恒成立是不可能的。当 c_p 值在计算中变化较大，如受温度影响或计算区域中存在流固耦合区域时，假的内热源不能忽略，误用方程(2.1.3)会导致计算结果误差大，甚至失真。因此，对于 c_p 变化的问题，应慎用方程(2.1.3)。

2.1.2　通用控制方程的新形式

为保证 c_p 变化时也能得到符合物理意义的数值解，笔者提出了通用控制方程的新形式：

$$\frac{\partial(\rho_\phi \phi)}{\partial t} + \nabla \cdot (\rho_\phi \boldsymbol{U} \phi) = \nabla \cdot (\Gamma_\phi \nabla \phi) + S_\phi \qquad (2.1.5)$$

式中，ρ_ϕ 为广义密度。表 2.1.2 给出了二维直角坐标下层流对流换热采用通用控制方程的新形式描述时各变量的含义。对比表 2.1.2 和表 2.1.1 可以看出，能量方程用通用控制方程的新形式来描述时，密度为广义密度，扩散系数不再为广义扩散系数，而是符合物理意义的导热系数。

表 2.1.2　各控制方程采用通用控制方程新形式时相应变量的含义

方程	ϕ	ρ_ϕ	Γ_ϕ	S_ϕ
连续性方程	1	ρ	0	0
动量方程(x 方向)	u	ρ	μ	$\rho f_x - \dfrac{\partial p}{\partial x}$
动量方程(y 方向)	v	ρ	μ	$\rho f_y - \dfrac{\partial p}{\partial y}$
能量方程	T	ρc_p	λ	S_T

2.1.3　物理问题与结果分析

　　为了说明流体介质 c_p 值变化较大时应采用通用控制方程的新形式,研究了如图 2.1.1(a)所示的方腔自然对流。对 $l=0.1\text{m}$ 和 0.01m 两种情况进行计算,其中 $T_h=50℃$,$T_c=10℃$。腔内流动介质为乙醇,其主要物性参数见表 2.1.3。

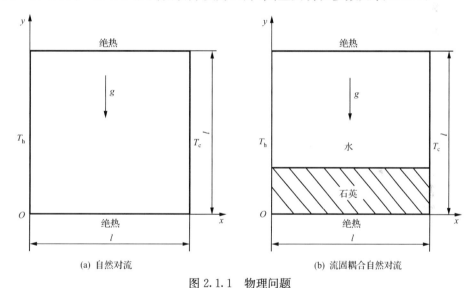

(a) 自然对流　　　　　　　　　　　(b) 流固耦合自然对流

图 2.1.1　物理问题

T_h、T_c 分别为高温边界和低温边界的温度;l 为方腔长度,g 为重力加速度

表 2.1.3　物性参数表

介质	ρ /(kg/m³)	c_p /[J/(kg·℃)]	导热系数 λ /[W/(m·℃)]	μ /(Pa·s)	β(热膨胀系数) /(1/℃)
乙醇	797.9	$0.0407T^2+$ $6.349T+2231$	$0.185-2.66\times$ $10^{-4}T$	$2\times10^{-7}T^2-$ $3.08\times10^{-5}T+$ 1.7×10^{-3}	1.1×10^{-3}
水	998.23	4181.8	0.5984	1.002×10^{-3}	6.9×10^{-5}
石英	2180	750	1.38	$+\infty$	

注:表中乙醇的物性表达式适用范围为 0~60℃。

图 2.1.2 对比了采用两种通用控制方程形式计算得到的等温线,图中虚线和实线分别为采用方程(2.1.1)和方程(2.1.5)的计算结果(下同),可以看出两者明显不同。表 2.1.4 给出了单位时间内通过方腔左右壁面的总热量 Q,从中可以发现,采用方程(2.1.1)求解时,左右两侧 Q 不相等,这种能量的不守恒是由假源项造成的;而采用方程(2.1.5)求解时,左右两侧 Q 相等,能量守恒。表 2.1.5 给出了采用方程(2.1.1)求解时方腔左右壁面热流密度的偏差,可以看出,采用方程(2.1.1)形式热流密度的最大相对偏差接近 10%,显然这种偏差在工程实际中是不能忽视的。因此,在比热容值变化比较大的流动与传热问题中,应该选用通用控制方程的新形式。

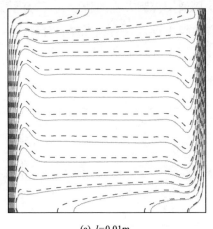

(a) $l=0.01\text{m}$　　　　　　　　　　　　　(b) $l=0.1\text{m}$

图 2.1.2　自然对流等温线对比图

表 2.1.4　自然对流问题左右壁面热量对比

算例	方程(2.1.1)		方程(2.1.5)	
	$Q_{x=0}/\text{W}$	$Q_{x=l}/\text{W}$	$Q_{x=0}/\text{W}$	$Q_{x=l}/\text{W}$
$l=0.01\text{m}$	103	89	96	96
$l=0.1\text{m}$	625	542	581	581

表 2.1.5　自然对流问题采用常用的通用控制方程形式时热流密度的相对偏差

算例	左侧壁面热流密度相对偏差/%		右侧壁面热流密度相对偏差/%	
	平均	最大	平均	最大
$l=0.01\text{m}$	7.8	9.3	6.9	8.1
$l=0.1\text{m}$	7.8	9.6	6.9	8.4

注:相对偏差是指相对方程(2.1.5)计算结果的偏差。

为说明计算区域中 c_p 值存在突变时应采用通用控制方程的新形式,下面研究了如图 2.1.1(b)所示的存在流固耦合的自然对流。对 $h=0.002$m 和 0.004m 两种情况进行计算,其中 $l=0.01$m,$T_h=70℃$,$T_c=10℃$。流体介质为水,固体为石英,其主要物性参数如表 2.1.3 所示。

从图 2.1.3 的等温线图中可以看出,采用两种形式的通用控制方程对流固耦合自然对流进行整体求解所得到计算结果有明显的差异。同样,对左右壁面的 Q 和热流密度进行了对比,结果如表 2.1.6 和表 2.1.7 所示。可见当比热容在空间上发生突变时,采用通用控制方程的新形式能保证能量守恒,而以往常用的通用控制方程并不能保证能量守恒。

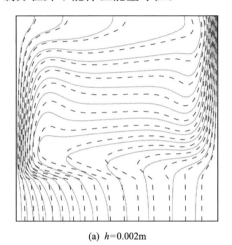 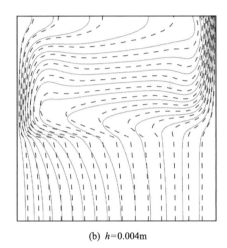

(a) $h=0.002$m   (b) $h=0.004$m

图 2.1.3 流固耦合自然对流等温线对比图

表 2.1.6 流固耦合自然对流问题左右壁面热量对比

算例	方程(2.1.1)		方程(2.1.5)	
	$Q_{x=0}$/W	$Q_{x=l}$/W	$Q_{x=0}$/W	$Q_{x=l}$/W
$h=0.002$m	155	215	202	202
$h=0.004$m	127	184	170	170

表 2.1.7 流固耦合自然对流问题中采用常用通用控制方程形式时热流密度的相对偏差

算例	左侧壁面热流密度相对偏差/%		右侧壁面热流密度相对偏差/%	
	平均	最大	平均	最大
$h=0.002$m	21.4	56.1	14.1	37.4
$h=0.004$m	21.1	54.6	12.9	23.1

对上述问题进一步分析可知,采用方程(2.1.1)整体求解时,在流固耦合的边

界上必有 $\dfrac{\lambda_\mathrm{f}}{c_{p_\mathrm{f}}}\left(\dfrac{\partial T}{\partial y}\right)_\mathrm{f}=\dfrac{\lambda_\mathrm{s}}{c_{p_\mathrm{s}}}\left(\dfrac{\partial T}{\partial y}\right)_\mathrm{s}$ 式中，λ_f 为流体导热系数；c_{p_f} 为流体定压比热容；

λ_s 为固体导热系数；c_{p_s} 为固体定压比热容。由于 $c_{p_\mathrm{f}}\neq c_{p_\mathrm{s}}$，导致 $\lambda_\mathrm{f}\left(\dfrac{\partial T}{\partial y}\right)_\mathrm{f}\neq$

$\lambda_\mathrm{s}\left(\dfrac{\partial T}{\partial y}\right)_\mathrm{s}$，即此边界上热流不相等，能量守恒得不到满足，这与物理过程相违背，

必然会得到没有物理意义的解。这一现象最早是由文献[12]提出的，同时文献指出，在采用整体求解方法求解流固耦合区域时，固体与流体区中的导热系数采取各自的实际值，固体区域的比热容则采用流体区的比热容，以保证在流固耦合边界上热流相等，这一处理方法得到了一定的采纳[13]。然而采用方程（2.1.5）整体求解时，无需做特殊处理，在流固耦合边界上 $\lambda_\mathrm{f}\left(\dfrac{\partial T}{\partial y}\right)_\mathrm{f}=\lambda_\mathrm{s}\left(\dfrac{\partial T}{\partial y}\right)_\mathrm{s}$ 自动满足，这体现了通用控制方程新形式的优越性。

对组分扩散和湍流对流换热问题，亦需采用通用控制方程新形式，相应参数如表 2.1.8 所示。

表 2.1.8　组分扩散和湍流能量方程采用通用控制方程新形式时相应变量的含义

方程	ϕ	ρ_ϕ	Γ_ϕ	S_ϕ
组分扩散方程	ρc_s	1	D_s	S_s
湍流能量方程	T	ρc_p	$c_p\left(\dfrac{\mu}{Pr}+\dfrac{\mu_t}{Pr_T}\right)$	S_T

注：c_s 为组分 s 的体积浓度；ρc_s 为组分 s 的质量浓度；S_s 为组分 s 的源项；D_s 为组分 s 的扩散系数；Pr 为普朗特数。

综上可知，流动与传热数值计算中常采用的基于广义扩散系数的通用控制形式有一定的局限性，在比热容随温度发生变化时及比热容在空间上发生突变时，能量守恒得不到满足，可能导致计算结果失真甚至错误，而采用基于广义密度的通用控制方程的新形式能保证能量的守恒。

2.2　基于局部解析解的圆柱坐标系导热方程的离散

当内外半径比较小时，在计算条件类似的情况下圆柱坐标系导热问题达到相同计算精度所需要的网格数比直角坐标下导热问题要多[14]，导致这种现象的原因是圆柱坐标下导热面积沿径向 r 方向变化。为改善圆柱坐标导热问题的收敛特性，笔者发展了一种基于局部解析解的有限容积离散方法[14]，此种离散方法在使用较少节点的情况下，可获得高精度的数值解。下面简要介绍这一方法。

2.2.1　基于局部解析解的圆柱坐标系导热方程的离散

二维圆柱坐标系导热问题稳态控制方程为

$$\frac{\partial}{\partial x}\left(\lambda\,\frac{\partial T}{\partial x}\right)+\frac{1}{r}\,\frac{\partial}{\partial r}\left(r\lambda\,\frac{\partial T}{\partial r}\right)+S=0 \tag{2.2.1}$$

式(2.2.1)等式两边同乘以 r，并将其在如图 2.2.1 所示的控制容积 P 上积分得(其中源项 S 不进行线性化处理)

$$r_P\left(\lambda\,\frac{\partial T}{\partial x}\Big|_e-\lambda\,\frac{\partial T}{\partial x}\Big|_w\right)\Delta r_P+\left(r\lambda\,\frac{\partial T}{\partial r}\Big|_n-r\lambda\,\frac{\partial T}{\partial r}\Big|_s\right)\Delta x_P+r_P\Delta x_P\Delta r_P S_P=0 \tag{2.2.2}$$

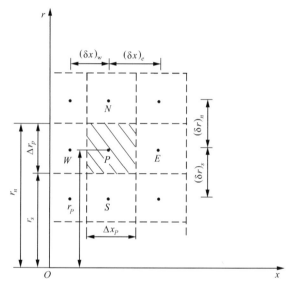

图 2.2.1　控制容积示意图

e、w、s、n 分别表示控制容积 P 的东、西、南、北四个界面；P、W、E、N、S 分别表示所研究的控制容积中心及与其相邻的四个控制容积的中心；δx、δr 分别表示相邻两个控制容积的中心沿 x 和 r 方向的距离；Δx、Δr 分别表示控制容积东西界面和北南界面的距离。

对比直角坐标系和圆柱坐标系的导热方程可发现，在径向 r 方向的导热面积不同，导致热流密度受 r 的影响。考虑采用局部解析解的方法来提高径向 $\lambda\,\frac{\partial T}{\partial r}\Big|_n$、$\lambda\,\frac{\partial T}{\partial r}\Big|_s$ 项的精度。将方程(2.2.1)变化为如下形式：

$$\frac{\partial}{\partial r}\left(r\lambda\,\frac{\partial T}{\partial r}\right)+rS^*=0 \tag{2.2.3}$$

式中，$S^*=\dfrac{\partial}{\partial x}\left(\lambda\,\dfrac{\partial T}{\partial x}\right)+S$。

在控制容积 P 和控制容积 N 的 r 方向对式(2.2.3)分别进行积分并整理得

$$\lambda_P\,\frac{\partial T}{\partial r}=\lambda_P\left(-\frac{1}{2}\,\frac{S_P^*}{\lambda_P}r+\frac{C_1}{r}\right) \tag{2.2.4}$$

$$T = -\frac{1}{4}\frac{S_P^*}{\lambda_P}r^2 + C_1\ln r + C_2 \tag{2.2.5}$$

$$\lambda_N\frac{\partial T}{\partial r} = \lambda_N\left(-\frac{1}{2}\frac{S_N^*}{\lambda_N}r + \frac{C_3}{r}\right) \tag{2.2.6}$$

$$T = -\frac{1}{4}\frac{S_N^*}{\lambda_N}r^2 + C_3\ln r + C_4 \tag{2.2.7}$$

式中，λ_P 为控制容积 P 的导热系数；λ_N 为控制容积 N 的导热系数；C_1、C_2、C_3、C_4 分别为常数。

由式(2.2.4)和式(2.2.6)得到的界面 r_n 处的热流密度应相等，即

$$-\lambda_P\left(-\frac{1}{2}\frac{S_P^*}{\lambda_P}r_n + \frac{C_1}{r_n}\right) = -\lambda_N\left(-\frac{1}{2}\frac{S_N^*}{\lambda_N}r_n + \frac{C_3}{r_n}\right) \tag{2.2.8}$$

由式(2.2.5)和式(2.2.7)得到的界面 r_n 处的温度也应相等，即

$$-\frac{1}{4}\frac{S_P^*}{\lambda_P}r_n^2 + C_1\ln r_n + C_2 = -\frac{1}{4}\frac{S_N^*}{\lambda_N}r_n^2 + C_3\ln r_n + C_4 \tag{2.2.9}$$

由式(2.2.5)和式(2.2.7)可知 T_P 和 T_N 分别为

$$T_P = -\frac{1}{4}\frac{S_P^*}{\lambda_P}r_P^2 + C_1\ln r_P + C_2 \tag{2.2.10}$$

$$T_N = -\frac{1}{4}\frac{S_N^*}{\lambda_N}r_N^2 + C_3\ln r_N + C_4 \tag{2.2.11}$$

联立式(2.2.8)~式(2.2.11)，可得 C_1、C_2、C_3 和 C_4，将其代入式(2.2.8)得

$$\lambda\frac{\partial T}{\partial r}\bigg|_n = \frac{1}{r_n}\frac{\frac{1}{2}\lambda_N S_P^*\left[r_n^2\ln\frac{r_P}{r_n} + \frac{1}{2}(r_n^2 - r_P^2)\right] + \frac{1}{2}\lambda_P S_N^*\left[r_n^2\ln\frac{r_n}{r_N} + \frac{1}{2}(r_N^2 - r_n^2)\right] + \lambda_P\lambda_N(T_N - T_P)}{\lambda_N\ln\frac{r_n}{r_P} + \lambda_P\ln\frac{r_N}{r_n}} \tag{2.2.12}$$

同理可得

$$\lambda\frac{\partial T}{\partial r}\bigg|_s = \frac{1}{r_s}\frac{\frac{1}{2}\lambda_P S_S^*\left[r_s^2\ln\frac{r_s}{r_s} + \frac{1}{2}(r_s^2 - r_S^2)\right] + \frac{1}{2}\lambda_S S_P^*\left[r_s^2\ln\frac{r_s}{r_P} + \frac{1}{2}(r_P^2 - r_s^2)\right] + \lambda_S\lambda_P(T_P - T_S)}{\lambda_P\ln\frac{r_s}{r_S} + \lambda_S\ln\frac{r_P}{r_s}} \tag{2.2.13}$$

将式(2.2.12)和式(2.2.13)代入方程(2.2.2)并移项整理得

$$a_P T_P = a_W T_W + a_E T_E + a_S T_S + a_N T_N + b \tag{2.2.14}$$

其中

$$a_P = a_E + a_W + a_N + a_S$$

$$a_W = \frac{r_P \lambda_{Pw} \Delta r_P}{(\delta x)_w}, \quad a_E = \frac{r_P \lambda_{Pe} \Delta r_P}{(\delta x)_e}, \quad a_S = \frac{\lambda_S \lambda_P \Delta x_P}{\lambda_P \ln \dfrac{r_s}{r_S} + \lambda_S \ln \dfrac{r_P}{r_s}},$$

$$a_N = \frac{\lambda_P \lambda_N \Delta x_P}{\lambda_N \ln \dfrac{r_n}{r_P} + \lambda_P \ln \dfrac{r_N}{r_n}}$$

$$b = \Delta x_P (b_1 - b_2) + r_P \Delta x_P \Delta r_P S_P$$

$$b_1 = \frac{\dfrac{1}{2} \lambda_N S_P^* \left[r_n^2 \ln \dfrac{r_P}{r_n} + \dfrac{1}{2}(r_n^2 - r_P^2) \right] + \dfrac{1}{2} \lambda_P S_N^* \left[r_n^2 \ln \dfrac{r_n}{r_N} + \dfrac{1}{2}(r_N^2 - r_n^2) \right]}{\lambda_N \ln \dfrac{r_n}{r_P} + \lambda_P \ln \dfrac{r_N}{r_n}}$$

$$b_2 = \frac{\dfrac{1}{2} \lambda_P S_S^* \left[r_s^2 \ln \dfrac{r_S}{r_s} + \dfrac{1}{2}(r_s^2 - r_S^2) \right] + \dfrac{1}{2} \lambda_S S_P^* \left[r_s^2 \ln \dfrac{r_s}{r_P} + \dfrac{1}{2}(r_P^2 - r_s^2) \right]}{\lambda_P \ln \dfrac{r_s}{r_S} + \lambda_S \ln \dfrac{r_P}{r_s}}$$

$$S_P^* = S_P + \frac{\lambda_{Pe} \dfrac{T_E - T_P}{(\delta x)_e} - \lambda_{Pw} \dfrac{T_P - T_W}{(\delta x)_w}}{\Delta x_P}$$

$$S_N^* = S_N + \frac{\lambda_{Ne} \dfrac{T_{NE} - T_N}{(\delta x)_e} - \lambda_{Nw} \dfrac{T_N - T_{NW}}{(\delta x)_w}}{\Delta x_P}$$

$$S_S^* = S_S + \frac{\lambda_{Se} \dfrac{T_{SE} - T_S}{(\delta x)_e} - \lambda_{Sw} \dfrac{T_S - T_{SW}}{(\delta x)_w}}{\Delta x_P}$$

式中, a_P、a_W、a_E、a_S 和 a_N 分别为节点 P、W、E、S 和 N 对应的离散系数; b 表示离散方程的代数源项; 下标 Pw、Nw、Sw、Pe、Ne 和 Se 分别表示控制容积 P、N 和 S 的 e 界面和 w 界面; 下标 NE、NW、SE 和 SW 分别表示控制容积 N 和 S 的右边和左边相邻的点。

应用上述离散方法时,在边界上也应考虑基于解析解的离散过程,下面以北边界为例给出其表达式。对于第一类边界条件,有

$$\lambda \frac{\partial T}{\partial r}\bigg|_n = \frac{\dfrac{1}{2} S_P^* \left[r_n^2 \ln \dfrac{r_P}{r_n} + \dfrac{1}{2}(r_n^2 - r_P^2) \right] + \lambda_P (T_N - T_P)}{r_n \ln \dfrac{r_n}{r_P}} \tag{2.2.15}$$

对于第二类边界条件,有

$$\lambda \frac{\partial T}{\partial r}\bigg|_n = q \qquad (2.2.16)$$

$$T_N = \frac{qr_n \ln \frac{r_n}{r_P} - \frac{1}{2}S_P^* \left[r_n^2 \ln \frac{r_P}{r_n} + \frac{1}{2}(r_n^2 - r_P^2) \right]}{\lambda_P} + T_P \qquad (2.2.17)$$

式中,q 为热流密度。

对于第三类边界条件,有

$$\lambda \frac{\partial T}{\partial r}\bigg|_n = h_f(T_f - T_N) \qquad (2.2.18)$$

$$T_N = \frac{\lambda_P T_P + \ln \frac{r_n}{r_P} r_n h_f T_f - \frac{1}{2}S_P^* \left[r_n^2 \ln \frac{r_P}{r_n} + \frac{1}{2}(r_n^2 - r_P^2) \right]}{r_n h_f \ln \frac{r_n}{r_P} + \lambda_P} \qquad (2.2.19)$$

式中,h_f 为对流换热系数。

2.2.2 物理问题与结果分析

为了说明基于局部解析解的方法在内外半径比 r_1/r_2 较小时具有较大优势,以图 2.2.2 所示的二维圆柱坐标稳态导热问题为例,对常用的二阶中心差分格式有限容积法(方法 1)和基于局部解析解的离散方法(方法 2)的计算精度和计算速度进行对比。其中,$\lambda = 0.1 \text{W}/(\text{m} \cdot \text{℃})$,$S = (10 + 1.5T) \text{W}/\text{m}^3$。分别对内外半径比 r_1/r_2 为 0.01 和 0.1 两种情况进行计算,r 方向和 x 方向采用相同的均分网格离散,对比结果如图 2.2.3~图 2.2.5 所示。为了便于对比,取 300×300 网格上

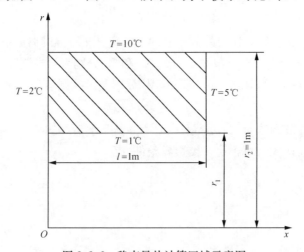

图 2.2.2　稳态导热计算区域示意图

的解为网格无关解,并定义平均绝对误差 $E = \dfrac{1}{N_{\text{网格}}} \sum\limits_{N=1}^{N_{\text{网格}}} |T_c - T_b|$,式中,$N_{\text{网格}}$ 为

网格数;T_c 为计算值;T_b 为网格无关解。在后续的计算结果分析中,若无特殊说明,所用平均误差均指上述的平均绝对误差。图中 X、R 均为无量纲长度,定义分别为 $R = \dfrac{r - r_1}{r_2 - r_1}$,$X = \dfrac{x}{l}$。式中,$r$、$x$ 是变量;l 为计算区域长度。

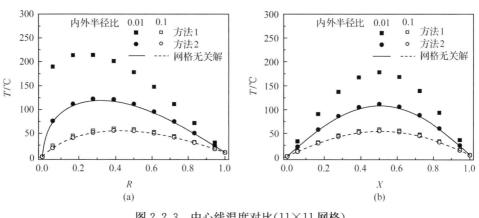

图 2.2.3　中心线温度对比(11×11 网格)

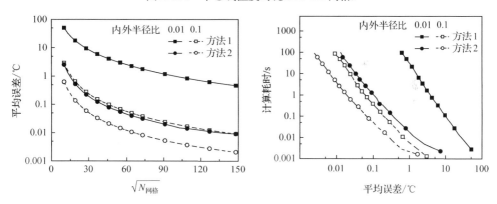

图 2.2.4　平均误差对比　　　　图 2.2.5　计算耗时与平均误差的关系

从图 2.2.3 可明显看出,当内外半径比为 0.01 时,方法 2 得到的温度分布与网格无关解吻合良好,而方法 1 与网格无关解差异显著;当内外半径比为 0.1 时,两种方法的结果均接近网格无关解,但方法 2 仍优于方法 1。图 2.2.4 比较了两种方法在不同网格下的平均误差,结果显示,网格数较小时方法 2 明显优于方法 1,随着网格数的增加,两种方法的差异逐渐缩小。将不同网格数下的平均误差与计算时间置于图 2.2.5 中,从图中可以看出,虽然方法 2 的离散表达式比方法 1 复杂,相同网格下方法 2 比方法 1 计算耗时稍长,但达到相同计算精度时,方法 2 所

需计算耗时比方法 1 少,当内外半径比为 0.01 时尤为明显。

从以上对比可看出,在内外半径比较小时,基于局部解析解的离散方法计算精度优于二阶中心差分有限容积法。

2.3　坐标变换思想在圆柱坐标系和球坐标系导热方程中的应用

2.2 节提出了一种基于局部解析解的圆柱坐标系导热问题的离散格式,在相同计算精度下,该格式与二阶中心差分格式相比所需网格数少,但其不足之处是离散表达式较复杂,编程相对繁琐[14]。为克服这一不足,将坐标变换思想应用于圆柱坐标系中,将圆柱坐标系导热方程转化为类似于直角坐标下导热方程的形式,从而得到表达式简洁且精度较高的离散方程[15,16]。在此基础上,进一步将该思想应用于球坐标系导热方程中[17]。

2.3.1　基于坐标变换的圆柱坐标系导热型方程及其离散

下面以三维圆柱坐标系稳态导热方程为例来说明坐标变换的思想。观察和对比三维圆柱坐标系导热方程[式(2.3.1)]和直角坐标系导热方程[式(2.3.2)]:

$$\frac{\partial}{\partial x}\left(\lambda\frac{\partial T}{\partial x}\right)+\frac{1}{r}\frac{\partial}{\partial r}\left(r\lambda\frac{\partial T}{\partial r}\right)+\frac{1}{r}\frac{\partial}{\partial\theta}\left(\frac{1}{r}\lambda\frac{\partial T}{\partial\theta}\right)+S=0 \qquad (2.3.1)$$

$$\frac{\partial}{\partial x}\left(\lambda\frac{\partial T}{\partial x}\right)+\frac{\partial}{\partial y}\left(\lambda\frac{\partial T}{\partial y}\right)+\frac{\partial}{\partial z}\left(\lambda\frac{\partial T}{\partial z}\right)+S=0 \qquad (2.3.2)$$

可见,若将式(2.3.1)中的 $\left(r\lambda\frac{\partial T}{\partial r}\right)$ 项作为一个整体处理,则式(2.3.1)与式(2.3.2)类似。由 $\frac{\mathrm{d}r}{r}=\mathrm{d}(\ln r)$ 可得

$$\lambda r\frac{\partial T}{\partial r}=\lambda\frac{\partial T}{\partial\ln r} \qquad (2.3.3)$$

将式(2.3.3)代入式(2.3.1)得

$$\frac{\partial}{\partial x}\left(\lambda\frac{\partial T}{\partial x}\right)+\frac{1}{r^2}\frac{\partial}{\partial\ln r}\left(\lambda\frac{\partial T}{\partial\ln r}\right)+\frac{1}{r^2}\frac{\partial}{\partial\theta}\left(\lambda\frac{\partial T}{\partial\theta}\right)+S=0 \qquad (2.3.4)$$

若将 $\ln r$ 看成一个新坐标方向 Y,则通过变换的思想,得到如下圆柱坐标系导热方程的新形式:

$$\frac{\partial}{\partial x}\left(\lambda\frac{\partial T}{\partial x}\right)+\frac{1}{r^2}\frac{\partial}{\partial Y}\left(\lambda\frac{\partial T}{\partial Y}\right)+\frac{1}{r^2}\frac{\partial}{\partial\theta}\left(\lambda\frac{\partial T}{\partial\theta}\right)+S=0 \qquad (2.3.5)$$

式(2.3.5)两边同乘以 r^2，并采用二阶中心差分有限容积法[4]对式(2.3.5)离散并整理得(其中源项 S 不进行线性化处理)

$$a_P T_P = a_E T_E + a_W T_W + a_N T_N + a_S T_S + a_U T_U + a_D T_D + b \quad (2.3.6)$$

式中,

$$a_P = a_W + a_E + a_N + a_S + a_U + a_D, \quad b = r_P^2 S_P \Delta x \, \Delta Y \Delta \theta$$

$$a_W = \frac{\lambda_w r_P^2 \Delta Y \Delta \theta}{(\delta x)_w}, \quad a_E = \frac{\lambda_e r_P^2 \Delta Y \Delta \theta}{(\delta x)_e}, \quad a_N = \frac{\lambda_n \Delta x \, \Delta \theta}{(\delta Y)_n}$$

$$a_S = \frac{\lambda_s \Delta x \, \Delta \theta}{(\delta Y)_s}, \quad a_U = \frac{\lambda_u \Delta x \, \Delta Y}{(\delta \theta)_u}, \quad a_D = \frac{\lambda_d \Delta x \, \Delta Y}{(\delta \theta)_d}$$

式中,下标 U、D 分别表示控制容积 P 的前后控制容积的中心,下标 u、d 分别表示控制容积 P 的前后界面。

可以看出,上述离散表达式与直角坐标系下的离散表达式类似,比 2.2 节中基于局部解析解的离散表达式简洁。

2.3.2　基于坐标变换的球坐标系导热型方程及其离散

将上述坐标变换思想应用到球坐标系导热方程中,球坐标系稳态导热型方程为

$$\frac{1}{r^2} \frac{\partial}{\partial r}\left(\lambda r^2 \frac{\partial T}{\partial r}\right) + \frac{1}{r^2 \sin\theta} \frac{\partial}{\partial \theta}\left(\lambda \sin\theta \frac{\partial T}{\partial \theta}\right) + \frac{1}{r^2 \sin^2\theta} \frac{\partial}{\partial \varphi}\left(\lambda \frac{\partial T}{\partial \varphi}\right) + S = 0$$

$$(2.3.7)$$

在 r 方向和 θ 方向进行如下坐标变换:

$$X = -\frac{1}{r} \quad (2.3.8)$$

$$Y = \ln\left(\left|\tan\frac{\theta}{2}\right|\right) \quad (2.3.9)$$

对式(2.3.8)和式(2.3.9)分别求偏导,得

$$dX = \frac{1}{r^2} dr \quad (2.3.10)$$

$$dY = \frac{1}{\sin\theta} d\theta \quad (2.3.11)$$

将式(2.3.10)和式(2.3.11)代入式(2.3.7)中,得

$$\frac{1}{r^4} \frac{\partial}{\partial X}\left(\lambda \frac{\partial T}{\partial X}\right) + \frac{1}{r^2 \sin^2\theta} \frac{\partial}{\partial Y}\left(\lambda \frac{\partial T}{\partial Y}\right) + \frac{1}{r^2 \sin^2\theta} \frac{\partial}{\partial \varphi}\left(\lambda \frac{\partial T}{\partial \varphi}\right) + S = 0$$

$$(2.3.12)$$

式(2.3.12)为球坐标系导热型方程的新形式。值得注意的是,新坐标 Y 在某些位置不连续,如 $\theta = \pi$ 时, $\tan(\pi^-/2) \rightarrow +\infty$, $\tan(\pi^+/2) \rightarrow -\infty$,意味着 Y 坐标值均趋于无穷大。为保证 Y 坐标方向的连续性和单调性,进行数值计算时可将其写为分段函数的形式;同时为了避免 Y 在 $\theta = k\pi(k=0,1)$ 点处出现无穷大的情况,可将其在该位置断开,如在 $[0,2\pi)$ 角度 Y 可写成如下表达形式:

$$Y = \begin{cases} \ln\left(\tan\dfrac{\varepsilon_1}{2}\right), & 0 \leqslant \theta \leqslant \varepsilon_1 \\[2mm] \ln\left(\tan\dfrac{\theta}{2}\right), & \varepsilon_1 < \theta < \pi - \varepsilon_2 \\[2mm] \ln\left(\tan\dfrac{\pi-\varepsilon_2}{2}\right), & \pi - \varepsilon_2 \leqslant \theta \leqslant \pi + \varepsilon_3 \\[2mm] -\ln\left(-\tan\dfrac{\theta}{2}\right) + \ln\left(-\tan\dfrac{\pi+\varepsilon_3}{2}\right) + \ln\left(\tan\dfrac{\pi-\varepsilon_2}{2}\right), & \pi + \varepsilon_3 < \theta < 2\pi - \varepsilon_4 \\[2mm] -\ln\left(-\tan\dfrac{2\pi-\varepsilon_4}{2}\right) + \ln\left(-\tan\dfrac{\pi+\varepsilon_3}{2}\right) + \ln\left(\tan\dfrac{\pi-\varepsilon_2}{2}\right), & 2\pi - \varepsilon_4 \leqslant \theta < 2\pi \end{cases}$$

$$(2.3.13)$$

式中,ε_1、ε_2、ε_3、ε_4 为正的一小角度值。

式(2.3.12)两边同乘以 $r^4 \sin^2\theta$,并采用二阶中心差分有限容积法将式(2.3.12)离散整理得(其中源项 S 不进行线性化处理)

$$a_P T_P = a_W T_W + a_E T_E + a_S T_S + a_N T_N + a_U T_U + a_D T_D + b \quad (2.3.14)$$

式中

$$a_P = a_W + a_E + a_S + a_N + a_U + a_D, \quad b = r_P^4 (\sin^2\theta)_P S_P \Delta X \Delta Y \Delta\varphi$$

$$a_E = \frac{(\sin^2\theta)_P \lambda_e \Delta Y \Delta\varphi}{(\delta X)_e}, \quad a_W = \frac{(\sin^2\theta)_P \lambda_w \Delta Y \Delta\varphi}{(\delta X)_w}, \quad a_N = \frac{r_P^2 \lambda_n \Delta X \Delta\varphi}{(\delta Y)_n}$$

$$a_S = \frac{r_P^2 \lambda_s \Delta X \Delta\varphi}{(\delta Y)_s}, \quad a_U = \frac{r_P^2 \lambda_u \Delta X \Delta Y}{(\delta\varphi)_u}, \quad a_D = \frac{r_P^2 \lambda_d \Delta X \Delta Y}{(\delta\varphi)_d}$$

2.3.3 物理问题与结果分析

1. 圆柱坐标系下坐标变换方法的计算精度与计算效率分析

为了说明基于坐标变换的圆柱坐标系离散方程能获得较高精度的解且具有较高的计算效率,对 2.2 节算例进行计算,并与基于局部解析解的离散方程的计算结果进行对比,结果见图 2.3.1～图 2.3.3。图中方法 1 和方法 2 分别表示基于局部解析解的离散方法和基于坐标变换的方法。

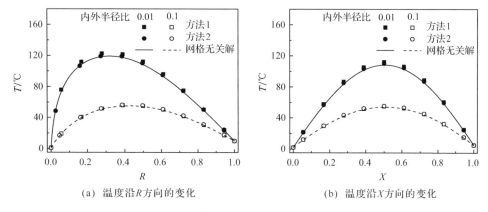

(a) 温度沿 R 方向的变化　　　　(b) 温度沿 X 方向的变化

图 2.3.1 中心线温度对比(11×11 网格)

R 为 r 方向的无量纲数

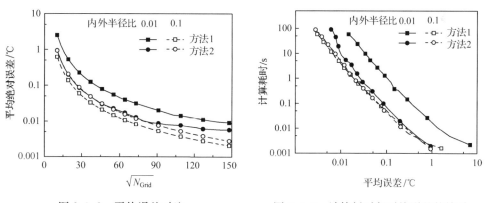

图 2.3.2 平均误差对比　　　　图 2.3.3 计算耗时与平均误差的关系

从图 2.3.1 可看出,方法 2 和方法 1 得到的温度分布都与网格无关解吻合良好。图 2.3.2 比较了两种方法在不同网格下的平均误差,结果显示方法 2 与方法 1 精度相当。将不同网格数下的平均误差与计算时间置于图 2.3.3 中,从图中可以看出当内外半径比较小时,方法 1 计算耗时比方法 2 多;随着内外半径比增大,达到相同误差时两种方法所需的计算耗时趋于相同。由于方法 1 的离散表达式比方法 2 复杂,相同网格下方法 1 必然比方法 2 计算耗时稍长。

2. 球坐标系下坐标变换方法的计算精度分析

采用球坐标系原始导热方程(方法 1)和经坐标变换后的导热方程(方法 2)计算表 2.3.1 所给算例,计算结果如图 2.3.4 所示。由图可见,方法 2 的数值计算精度高于方法 1,在较少计算网格数下就可获得较高精度的数值解。

表 2.3.1　计算条件

导热系数	源项	边界条件		计算区域
0.1W/(m·℃)	(10+2T) W/m³	$T_W=0℃, T_E=10℃, T_S=2℃$	$T_N=8℃, T_U=1℃, T_D=5℃$	$r\in[0.01\text{m},1.0\text{m}], \varphi\in[0,2\pi)$ $\theta\in[\pi/10, 9\pi/10]$

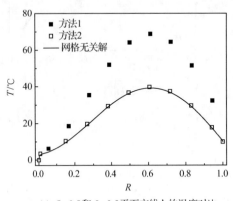

(a) Θ=0.5和Φ=0.5平面交线上的温度对比

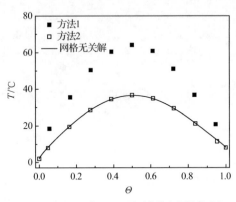

(b) R=0.5和Φ=0.5平面交线上的温度对比

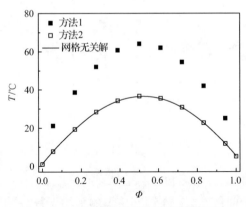

(c) R=0.5和Θ=0.5平面交线上温度对比

图 2.3.4　温度分布对比图(11×11×11 网格)

$$\Theta=(\theta-\theta_1)/(\theta_2-\theta_1);\quad \Phi=(\varphi-\varphi_1)/(\varphi_2-\varphi_1)$$

综上可知,采用坐标变换后的导热方程求解内外半径比较小的导热问题比未经处理的原始方程的计算精度高。

2.4　非结构化三角形网格内外节点布置方式比较研究

有限容积法可以采用两种节点布置方法,即内节点法和外节点法。有研究表明,对于一维问题,外节点法的离散误差小于内节点法,但对于二维问题,采用四边形网格时,两种节点布置方式几乎得出完全相同的结果[18]。文献中鲜有对非结构化三角形网格内外节点法计算性能的对比研究,笔者对此问题进行了分析[19]。

2.4.1 非结构化三角形网格内外节点布置方式比较

二维稳态对流-扩散问题的通用控制方程为

$$\nabla \cdot (\rho U \phi) = \nabla \cdot (\Gamma_\phi \nabla \phi) + S_\phi \qquad (2.4.1)$$

该方程的积分形式为

$$\oint_A \rho U \phi \mathrm{d}A = \oint_A (\Gamma_\phi \nabla \phi) \cdot \mathrm{d}A + \int_{CV} S_\phi \mathrm{d}V \qquad (2.4.2)$$

式中,V 为控制容积体积;A 是面积矢量。

将式(2.4.2)在如图 2.4.1 所示的任意多边形网格的控制容积上离散可得

$$\sum_{j=1}^N \int_{A_j} (\rho U \phi - \Gamma_\phi \nabla \phi) \cdot \mathrm{d}A = \int_{V_{P_0}} S_\phi \mathrm{d}V \qquad (2.4.3)$$

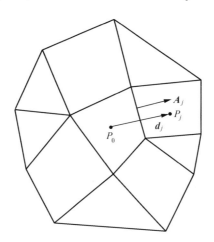

图 2.4.1 任意二维控制容积示意图

在控制容积的 j 界面,对流项的离散形式为

$$C_j = \int_{A_j} (\rho U \phi) \cdot \mathrm{d}A = (\rho U \phi)_j \cdot A_j = F_j \phi_j \qquad (2.4.4)$$

式中,F 表示对流通量;A_j 为控制容积第 j 个界面的面积矢量。

不同的离散格式 ϕ_j 的取值不同,对于非结构化网格,ϕ_j 常用二阶迎风和中心差分格式计算。对于中心差分格式,$\phi_j = g_{P_0} \phi_{P_0} + (1 - g_{P_0}) \phi_{P_j}$,式中 g_{P_0} 为 P_0 和 P_j 的权重系数。对于二阶迎风格式,当 $F_j \geqslant 0$ 时,$\phi_j = \phi_{P_0} + \nabla \phi_{P_0} \cdot (r_j - r_{P_0})$,反

之，$\phi_j = \phi_{P_j} + \nabla\phi_{P_j} \cdot (\boldsymbol{r}_j - \boldsymbol{r}_{P_j})$。

扩散项的离散形式为

$$D_j = -\int_{A_j} \Gamma_\phi \nabla\phi \cdot \mathrm{d}\boldsymbol{A} = -\Gamma_{\phi_j} \nabla\phi_j \cdot \boldsymbol{A}_j \tag{2.4.5}$$

式中，$\boldsymbol{A}_j = A_j \boldsymbol{n}_j$ 为控制容积第 j 个界面的面积矢量；$\boldsymbol{n}_j$ 为第 j 个界面的法向向量。

j 界面的扩散总通量 D_j 可分解成沿 P_0 指向 P_j 方向的法向扩散分量与垂直于此方向的交叉扩散分量[20]，即

$$D_j = D_j^n + D_j^c \tag{2.4.6}$$

其中

$$D_j^n = \Gamma_{\phi_j} \left(\frac{\phi_{P_j} - \phi_{P_0}}{d_j} \frac{\boldsymbol{d}_j}{d_j} \right) \cdot \boldsymbol{A}_j \tag{2.4.7}$$

$$D_j^c = \Gamma_{\phi_j} \left((\nabla\phi)_j - (\nabla\phi)_j \cdot \frac{\boldsymbol{d}_j}{d_j} \cdot \frac{\boldsymbol{d}_j}{d_j} \right) \cdot \boldsymbol{A}_j \tag{2.4.8}$$

式中，$\boldsymbol{d}_j$ 为控制容积节点 P_0 指向 P_j 的方向矢量；d_j 为向量 $\boldsymbol{d}_j$ 的模；D_j^n 和 D_j^c 分别为 j 界面法向扩散分量与交叉扩散分量。

源项离散为

$$\int_{V_{P_0}} S_\phi \mathrm{d}V = S_{\phi_{P_0}} V_{P_0} \tag{2.4.9}$$

把式(2.4.4)~式(2.4.6)及式(2.4.9)代入式(2.4.3)，界面上的值采用延迟修正处理，可得通用控制方程的离散形式[20]：

$$a_{P_0} \phi_{P_0} = \sum_{j=1}^{N} a_j \phi_{P_j} + b \tag{2.4.10}$$

式中

$$a_j = \frac{\Gamma_{\phi_j}}{d_j^2} (\boldsymbol{d}_j \cdot \boldsymbol{A}_j) + (\max(F_j, 0) - F_j) \tag{2.4.11}$$

$$a_{P_0} = \sum_{j=1}^{N} a_j \tag{2.4.12}$$

$$b = \sum_{j=1}^{N} \left[\begin{array}{l} \Gamma_{\phi_j} \left((\nabla\phi)_j - (\nabla\phi)_j \cdot \dfrac{\boldsymbol{d}_j}{d_j} \cdot \dfrac{\boldsymbol{d}_j}{d_j} \right) \cdot \boldsymbol{A}_j - (\phi_j - \phi_{P_0}) \max(F_j, 0) \\ + (\phi_j - \phi_{P_j}) \max(-F_j, 0) \end{array} \right] + S_{\phi_{P_0}} V_{P_0} \tag{2.4.13}$$

以上离散方程适用于任意多边形网格，为离散方程的一般形式。数值计算的精度与截断误差、舍入误差有关，其中截断误差占主导作用。当截断误差相同时，

计算精度相当。因此要分析计算精度,应分析离散方程的截断误差。由于交叉导数项的存在,很难分析离散方程的截断误差。为简单起见,下面分析网格为完全正交的 N 边形网格 ($\boldsymbol{d}_j \cdot \boldsymbol{A}_j = d_j A_j$,交叉导数项为零)且采用二阶中心差分格式离散对流项时离散方程的截断误差。

在完全正交的网格上,有 $D_j = 0$,上述离散方程的对流项和扩散项可写成如下形式:

$$\sum_{j=1}^{N} \rho_j \boldsymbol{U}_j \cdot \boldsymbol{n}_j \phi_j \frac{A_j}{\Delta V} - \sum_{j=1}^{N} \Gamma_j \frac{\frac{\phi_{P_j} - \phi_{P_0}}{d_j} A_j}{\Delta V}$$

$$= \sum_{j=1}^{N} \rho_j \boldsymbol{U}_j \cdot \boldsymbol{n}_j \frac{\phi_{P_0} + \phi_{P_j}}{2} \frac{A_j}{\Delta V} - \sum_{j=1}^{N} \Gamma_j (\phi_{P_j} - \phi_{P_0}) \frac{A_j}{d_j \Delta V} \quad (2.4.14)$$

为分析内外节点法的截段误差,将 ϕ_{P_0} 和 ϕ_{P_j} 在界面 j 处进行泰勒展开,即

$$\phi_{P_0} = \phi_j - \frac{\partial \phi}{\partial x_j} \frac{d_j}{2} + \frac{1}{2} \frac{\partial^2 \phi}{\partial x_j^2} \left(\frac{d_j}{2}\right)^2 - \frac{1}{6} \frac{\partial^3 \phi}{\partial x_j^3} \left(\frac{d_j}{2}\right)^3 + O\left(\left(\frac{d_j}{2}\right)^4\right)$$

$$(2.4.15)$$

$$\phi_{P_j} = \phi_j + \frac{\partial \phi}{\partial x_j} \frac{d_j}{2} + \frac{1}{2} \frac{\partial^2 \phi}{\partial x_j^2} \left(\frac{d_j}{2}\right)^2 + \frac{1}{6} \frac{\partial^3 \phi}{\partial x_j^3} \left(\frac{d_j}{2}\right)^3 + O\left(\left(\frac{d_j}{2}\right)^4\right)$$

$$(2.4.16)$$

式中,O 为截断误差。

将式(2.4.15)和式(2.4.16)代入式(2.4.14)得

$$\sum_{j=1}^{N} \rho_j \boldsymbol{U}_j \cdot \boldsymbol{n}_j \frac{\phi_{P_0} + \phi_{P_j}}{2} \frac{A_j}{\Delta V} - \sum_{j=1}^{N} \Gamma_j \frac{\frac{\phi_{P_j} - \phi_{P_0}}{d_j} A_j}{\Delta V}$$

$$= \sum_{j=1}^{N} \rho_j \boldsymbol{U}_j \cdot \boldsymbol{n}_j \phi_j \frac{A_j}{\Delta V} - \sum_{j=1}^{N} \Gamma_j \frac{\partial \phi}{\partial x_j} \frac{A_j}{\Delta V}$$

$$+ \sum_{j=1}^{N} \rho_j \boldsymbol{U}_j \cdot \boldsymbol{n}_j \frac{d_j^2 A_j}{8 \Delta V} \frac{\partial^2 \phi}{\partial x_j^2} - \sum_{j=1}^{N} \Gamma_j \frac{d_j^2 A_j}{24 \Delta V} \frac{\partial^3 \phi}{\partial x_j^3} \quad (2.4.17)$$

对有限容积而言,精度主要取决于 j 界面值 ϕ 和其梯度 $\nabla \phi$ 的逼近情况,用 $\frac{\phi_{P_0} + \phi_{P_j}}{2}$ 逼近 ϕ_j 和用 $\frac{\phi_{P_j} - \phi_{P_0}}{d_j}$ 逼近 $\left.\frac{\partial \phi}{\partial x}\right|_j$ 所产生的截断误差项都和几何参数 $\frac{d_j^2 A_j}{\Delta V}$ 密切相关。

当采用内节点法,控制容积为正三角形时,如图 2.4.2(a)所示,离散方程(2.4.17)中 $d_j = \sqrt{3} a_T/3, A_j = a_T, \Delta V = \frac{\sqrt{3}}{4} a_T^2$,其中 a_T 为正三角形边长;当采用

外节点法,控制容积为正六边形网格时,如图 2.4.2(b)所示,$d_j = a_T, A_j = \sqrt{3}a_T/3, \Delta V = \frac{\sqrt{3}}{2}a_T^2$。将内节点法和外节点法的 d_j、A_j 和 ΔV 代入与几何参数相关的截差系数 $\frac{d_j^2 A_j}{8\Delta V}$ 和 $\frac{d_j^2 A_j}{24\Delta V}$ 中可知,两者截差系数之比为 $\left(\frac{d_j^2 A_j}{8\Delta V}\right)_{内} : \left(\frac{d_j^2 A_j}{8\Delta V}\right)_{外} = \left(\frac{d_j^2 A_j}{24\Delta V}\right)_{内} : \left(\frac{d_j^2 A_j}{24\Delta V}\right)_{外} = 2\sqrt{3} : 3$。由此说明,外节点法截断误差项的系数均小于内节点法,因此,外节点法计算精度高于内节点法。

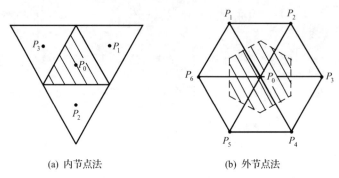

(a) 内节点法　　　　　　　　　(b) 外节点法

图 2.4.2　非结构化三角形网格内外节点法控制容积示意图

从严格意义上来说,计算精度会受到网格正交性、非均匀性及网格几何形状的影响,而在数值计算中,理想的网格应尽可能地接近正交的网格。有研究表明,如果网格扭曲不是很严重(网格线交角不小于 $45°$),网格正交性对精度的影响甚微[21]。因此,在正三角形网格上所得的结论可以推广到一般的正交性较好的网格上。

三角形网格外节点法除了计算精度高于内节点法,其收敛速度也快于内节点法,这是因为外节点法网格尺寸大于内节点法:对于正三角形网格内节点法,网格尺寸为 $d_j = \sqrt{3}a_T/3$,而对于外节点法,网格尺寸为 $d_j = a_T$。由于外节点法对应的网格尺寸大于内节点法,是其 $\sqrt{3}$ 倍,所以外节点法收敛速度快。

2.4.2　物理问题与结果分析

对如图 2.4.3 所示的导热问题和顶盖驱动流问题进行计算,验证了以上结论的正确性[20],在此仅给出部分对比结果。图 2.4.3(a)为一内外半径分别为 r_1 和 r_2,内外表面的温度分别为 T_1 和 T_2 的稳态导热问题(该问题有解析解),取图中所示的菱形阴影部分为计算区域,区域边界温度采用解析解赋值。图 2.4.3(b)为一顶盖驱动流问题,取 β 为 $90°$ 和 $45°$ 两种情况进行研究(该问题有基准解)。对导热问题的计算区域采用完全正交的等边三角形来离散,内外节点控制容积如图 2.4.4所示,而对顶盖驱动流问题的计算区域采用不完全正交的三角形来划分,内外节点控制容积如图 2.4.5 所示。

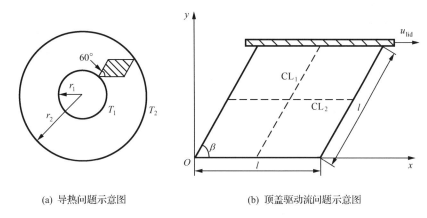

(a) 导热问题示意图　　　　　　(b) 顶盖驱动流问题示意图

图 2.4.3　物理问题及计算区域

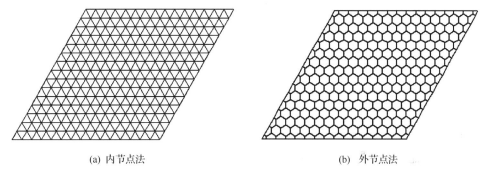

(a) 内节点法　　　　　　　　(b) 外节点法

图 2.4.4　三角形内外节点法导热问题控制容积

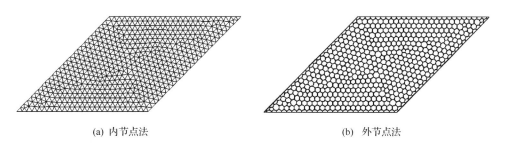

(a) 内节点法　　　　　　　　(b) 外节点法

图 2.4.5　三角形网格内外节点法 45°斜腔顶盖驱动流问题控制容积

表 2.4.1 对比了采用完全正交的三角形网格,内节点法和外节点法计算导热问题的数值解与解析解绝对平均误差,可以看出,外节点法的数值计算误差比内节点法误差小,两者相差近两个数量级。

表 2.4.1　三角形网格内外节点法数值解与解析解绝对平均误差比较

三角形单元数	误差	
	内节点法/℃	外节点法/℃
50	6.09×10^{-4}	1.14×10^{-6}
200	1.57×10^{-4}	4.09×10^{-7}
450	7.03×10^{-5}	7.18×10^{-7}
800	3.97×10^{-5}	3.34×10^{-7}
1250	2.53×10^{-5}	2.71×10^{-7}

图 2.4.6 给出了采用非完全正交的三角形网格,内外节点法计算顶盖驱动流得到的中心线上的速度分布,从图可以看出,不同 β 角和不同网格密度下,三角形网格外节点法计算精度均明显高于内节点法。

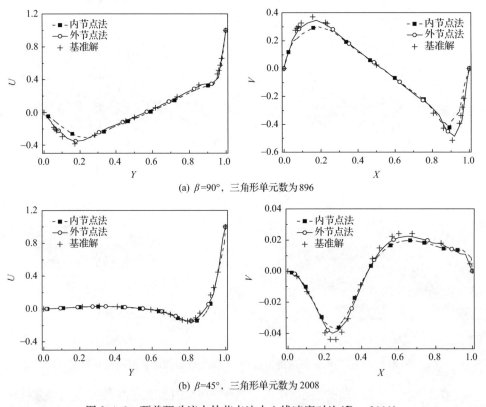

(a) $\beta = 90°$,三角形单元数为 896

(b) $\beta = 45°$,三角形单元数为 2008

图 2.4.6　顶盖驱动流内外节点法中心线速度对比($Re = 1000$)

对比表 2.4.1 中所示的五组不同疏密的网格下采用两种不同节点布置方式时计算导热问题的收敛速度的差异。图 2.4.7 仅给出网格数为 1250 的两种节点布置方式时方程余量随迭代次数和计算时间的变化情况。从图中可以看出,外节点法收敛速度明显快于内节点法,达到相同收敛标准所需要的计算时间少,其他网格数下的规律相同。图 2.4.8 为 45°斜方腔顶盖驱动流连续性方程最大余量随迭代次数的变化情况,发现当方程的最大余量均达到 10^{-9} 时,外节点布置的方式所有的时间约为内节点法的 50%,进一步说明外节点法收敛性好。

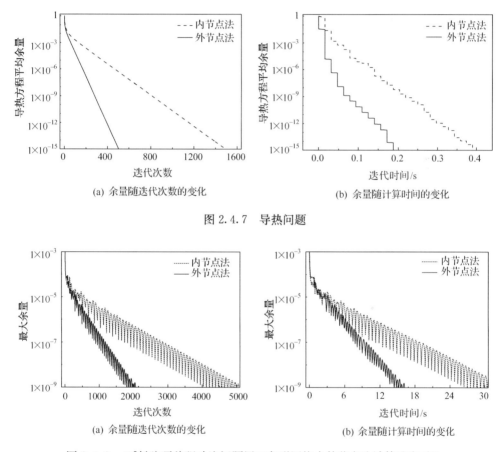

(a) 余量随迭代次数的变化　　　(b) 余量随计算时间的变化

图 2.4.7　导热问题

(a) 余量随迭代次数的变化　　　(b) 余量随计算时间的变化

图 2.4.8　45°斜腔顶盖驱动流问题用三角形网格内外节点法计算速度对比

2.5　非结构化三角形和四边形网格内节点法计算性能研究

　　2.4 节比较了非结构化三角形网格内外节点布置方式下的计算性能,本节比较三角形和四边形网格均采用内节点法的计算性能。虽然三角形网格的外节点法的计算性能优于内节点法,但外节点法的实施过程要复杂得多,因此内节点法更为常用。近年来,四边形网格得到越来越多的应用,Juretić 和 Gosman 对三角形和四边形网格采用内节点法时的计算性能在网格数相当时进行了研究[22]，发现四边形网格优于三角形网格，但文献多是定性研究，并没有研究两种网格内节点法获得相同的计算精度时网格数间的关系与此时计算速度的差异。笔者对这一问题开展了研究[23]，以下对这一研究工作进行简要介绍。为叙述方便起见，本节所述三角形网格均指采用内节点法的三角形网格。

2.5.1　计算精度和收敛速度的理论分析

对于正三角形，式(2.4.17)中与截差有关的几何参数 d_j、A_j 和 ΔV 分别为 $d_j = \sqrt{3}a_T/3, A_j = a_T, \Delta V = \dfrac{\sqrt{3}}{4}a_T^2$，其中 a_T 为正三角形边长；对于正方形，上述参数分别为 $d_j = a_Q$、$A_j = a_Q$ 和 $\Delta V = a_Q^2$，其中 a_Q 为正方形边长。那么，对于正三角单元和正方形单元，与截断误差项密切相关的几何参数 $\dfrac{d_j^2 A_j}{\Delta V}$ 分别为 $\left(\dfrac{d_j^2 A_j}{\Delta V}\right)_T = \dfrac{4}{3\sqrt{3}}a_T$ 和 $\left(\dfrac{d_j^2 A_j}{\Delta V}\right)_Q = a_Q$。因此，若要满足正三角形和正方形精度相当，则要求 $\left(\dfrac{d_j^2 A_j}{\Delta V}\right)_T = \left(\dfrac{d_j^2 A_j}{\Delta V}\right)_Q$，即

$$\frac{4}{3\sqrt{3}}a_T = a_Q \quad 或 \quad a_T = \frac{3\sqrt{3}}{4}a_Q \tag{2.5.1}$$

当划分网格所用的三角形和四边形单元接近正三角形和正方形时，式(2.5.1)亦成立。此时 a_T 和 a_Q 分别为三角形和四边形单元的平均边长。

对于某一计算区域，当由正三角形网格或正方形网格来离散时，易知两者之间的网格数必然满足如下关系：

$$N_T \Delta V_T = N_T \frac{\sqrt{3}}{4}a_T^2 = N_Q \Delta V_Q = N_Q a_Q^2 \tag{2.5.2}$$

式中，N_T 为三角形网格数；N_Q 为四边形网格数。
将式(2.5.1)代入式(2.5.2)中得

$$\frac{N_T}{N_Q} = \frac{64\sqrt{3}}{81} \approx \frac{4}{3} \tag{2.5.3}$$

在其他条件相同的情况下，收敛速度主要取决于网格尺寸，网格尺寸越大，收敛速度越快，网格尺寸相同，收敛速度相同。两者精度相同时有 $(d_j)_T / (d_j)_Q = \dfrac{\sqrt{3}}{3}a_T/a_Q = 0.75$，说明正三角形的网格尺寸小，其计算收敛速度慢一些。要使两

者收敛速度一样,则网格尺寸一致,要求 $(d_j)_T/(d_j)_Q=1$,即

$$a_T=\sqrt{3}a_Q \tag{2.5.4}$$

将式(2.5.4)代入式(2.5.2)中可知,三角形和四边形收敛速度相同时网格数满足

$$\frac{N_T}{N_Q}=\frac{4}{3\sqrt{3}}\approx0.77 \tag{2.5.5}$$

但此时三角形网格数比四边形少,精度会低一些。

2.5.2 物理问题与结果分析

下面以导热问题和图 2.4.3(b)所示的斜方腔顶盖驱动流为例来验证上述的理论分析。导热问题计算区域为 1m×1m 正方形区域,上下边界为 $T=30\sin(2\pi x)$,左右边界为 $T=30\sin(2\pi y)$;斜方腔顶盖驱动流的 $Re=1000$,角度 β 为90°、45°和30°。图 2.5.1 给出了导热问题采用两种网格时的等温线对比,图 2.5.2 给出了采用不同疏密的三角形和四边形网格计算得到的斜方腔中心线上的 U 速度和 V 速度分布,表 2.5.1 定量比较了方腔顶盖驱动流算例中三角形网格和四边形网格计算得到的速度的误差。

—— 三角形 ---- 四边形 ······ 基准解

图 2.5.1　导热问题计算结果对比($N_T/N_Q=574/441\approx4/3$)

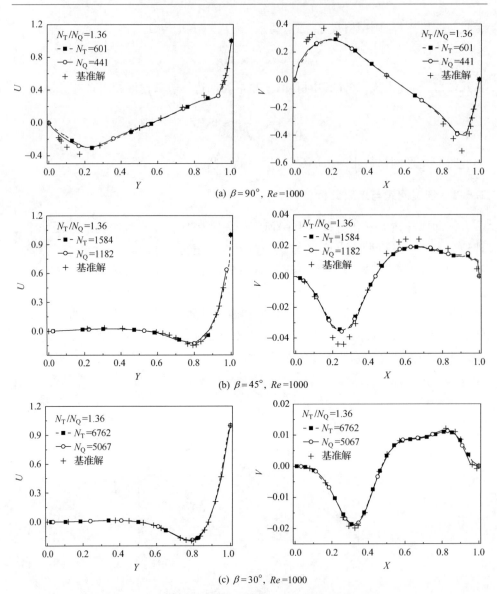

(a) $\beta=90°$，$Re=1000$

(b) $\beta=45°$，$Re=1000$

(c) $\beta=30°$，$Re=1000$

图 2.5.2　不同情况下顶盖驱动流中心线速度对比（$N_T/N_Q \approx 4/3$）

表 2.5.1　$N_T/N_Q \approx 4/3$ 时方腔顶盖驱动流绝对误差对比

网格数 N_T/N_Q	U 速度绝对误差		V 速度绝对误差	
	三角形	四边形	三角形	四边形
601/441	2.76×10^{-2}	2.47×10^{-2}	2.87×10^{-2}	2.67×10^{-2}
2260/1681	1.24×10^{-2}	1.11×10^{-2}	1.19×10^{-2}	1.11×10^{-2}
8748/6561	3.96×10^{-3}	3.94×10^{-3}	3.18×10^{-3}	4.02×10^{-3}

注：$\beta=90°$；$Re=1000$。

从图 2.5.1、图 2.5.2 及表 2.5.1 可知,无论导热问题还是顶盖驱动流问题,当三角形网格和四边形网格数之比约为 4/3 时,两者计算精度均相当。图 2.5.3 研究了网格对导热问题收敛速度的影响,图 2.5.3(a)表示相同网格尺寸时其收敛速度随迭代步之间的关系,可以看出,当三角形和四边形网格尺寸相等时,收敛速度相当,这一结果说明离散方程收敛速度的确与网格尺寸有关。图 2.5.3(b)对比了获得相同计算精度时两种网格的收敛速度,可发现四边形网格的收敛速度明显快于三角形网格,与理论分析结果一致。

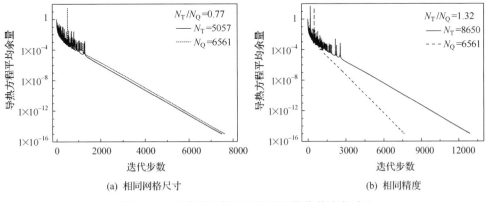

图 2.5.3　三角形网格和四边形网格收敛速度对比

2.6　二维圆柱坐标系下对流扩散方程的非结构化网格离散方法

圆柱对称型问题在工程计算中很常见,通常可以简化为二维问题进行计算。圆柱对称型区域可分为规则区域和非规则区域两种,对于规则区域,可以采用结构化网格进行剖分,但对于非规则区域,非结构化网格适应性最佳。然而,二维圆柱坐标系下采用非结构化网格的关键点是网格界面面积矢量及控制容积的计算,据笔者查阅文献所知,没有相关文献对这一问题进行报道。针对这一问题,笔者发展了简单可行的网格界面面积矢量及控制容积计算方法[24],下面以非结构化三角形网格为例介绍其求解方法。

2.6.1　圆柱坐标系下三角形网格界面面积矢量及控制容积计算方法

容易证明二维圆柱坐标系下非结构化网格对流扩散问题的控制方程离散形式与直角坐标系下的离散方程形式一样,可表示为式(2.4.10)~式(2.4.13)的形式,主要区别在于面积矢量 A_j 与控制容积体积 V_{P_0} 的计算。在二维直角坐标系下,无论是结构化网格还是非结构化网格,A_j 和 V_{P_0} 的计算都较容易,面积矢量 $A_j =$

$A_j \boldsymbol{n}_j$，控制容积体积 V_{P_0} 等于网格的面积。在二维圆柱坐标系下，结构化网格的面积矢量 $\boldsymbol{A}_j = r_j \Delta x_P \boldsymbol{n}_j$（垂直于 r 方向的面）或 $V_{P_0} = r_P \Delta r_P \Delta x_P$。但对于二维圆柱坐标系下的非结构化网格，由于网格界面不与坐标轴平行且方向各异（图 2.6.1），无论是面积矢量还是控制容积的求解都不像结构化网格那样简单。以下将给出一种求解二维圆柱坐标系下非结构化网格面积矢量及控制容积的计算方法[1]。为叙述方便，假设三角形单元 ABC 的顶点 A、B 和 C 的坐标分别为 (x_A, r_A)、(x_B, r_B) 和 (x_C, r_C)，其中 $x_A \leqslant x_B \leqslant x_C, r \geqslant 0$。

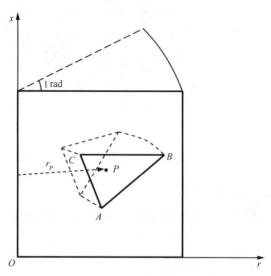

图 2.6.1　圆柱坐标系下三角形网格控制容积示意图

　　观察图 2.6.1 可发现，三角形单元控制容积为三角形 ABC 绕 x 轴旋转一个弧度的角度所形成的旋转体，则体积 V_P 为三角形 ABC 绕 x 轴旋转一周所得的旋转体体积的 $1/2\pi$，其界面的面积 A_j 为界面所在的边绕 x 轴旋转一周的侧面积的 $1/2\pi$。三角形 ABC 绕 x 轴旋转一周所得的旋转体可由三角形 ABC 的三条边绕 x 轴旋转一周所得的三个旋转体进行布尔运算得到。

　　三角形 ABC 的每一条边均可与 x 轴围成一个直角梯形，该直角梯形绕 x 轴旋转一周形成的旋转体为一个圆台，其侧面积（S）和体积（V）可采用式（2.6.1）和式（2.6.2）求得：

$$S = \pi(a + b)\sqrt{h^2 + (b - a)^2} \tag{2.6.1}$$

$$V = \frac{\pi}{3}h(a^2 + b^2 + ab) \tag{2.6.2}$$

式中，h 为直角梯形的高；a 和 b 分别为直角梯形上底和下底边长。

　　因此，二维圆柱坐标系下非结构化三角形网格面积矢量为（以 AB 界面为例），

$$A_j = \frac{(r_A + r_B)\,\sqrt{(x_A - x_B)^2 + (r_A - r_B)^2}}{2}\boldsymbol{n}_{AB} \tag{2.6.3}$$

若想计算三角形控制容积,需要先确定三角形的形状。根据 r_A、r_B 和 r_C 大小, 三角形的三个顶点的位置分布共有六种,如图 2.6.2 所示。

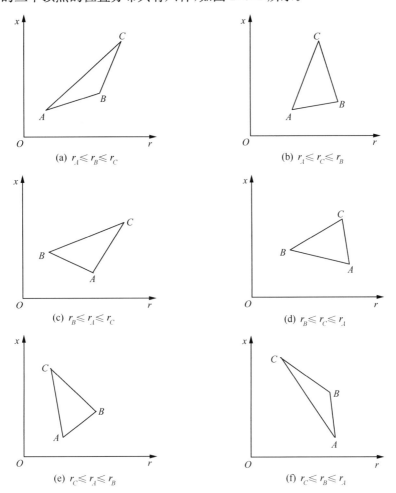

图 2.6.2　三角形单元三个顶点的六种位置分布

根据 B 点与线段 AC 位置的关系,在计算三角形 ABC 绕 x 轴旋转一周的体积时,可以将图 2.6.2 中的三角形分成两类。

第一类:B 点在线段 AC 右侧,如图 2.6.3 所示。图 2.6.2(a)、图 2.6.2(b)、图 2.6.2(e)和图 2.6.2(f)属于此类。第一类三角形 ABC 绕 x 轴旋转一周的体积为

$$V_{ABC}^{(a)} = V_{ABC}^{(b)} = V_{ABC}^{(e)} = V_{ABC}^{(f)} = V_1 + V_3 - V_2 \tag{2.6.4}$$

其中，V_1、V_2 和 V_3 分别为线段 AB、线段 AC 和线段 BC 与 x 轴所围成的直角梯形绕 x 轴旋转一周的体积。

第二类：B 点在线段 AC 左侧，如图 2.6.4 所示。图 2.6.2 中的 (c) 和 (d) 属于此类。第二类三角形 ABC 绕 x 轴旋转一周的体积为

$$V_{ABC}^{(c)} = V_{ABC}^{(d)} = V_2 - V_1 - V_3 \tag{2.6.5}$$

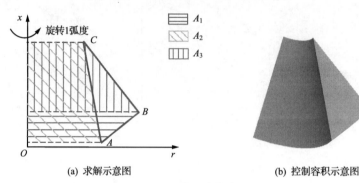

(a) 求解示意图　　　　　　　　　　(b) 控制容积示意图

图 2.6.3　第一类控制容积

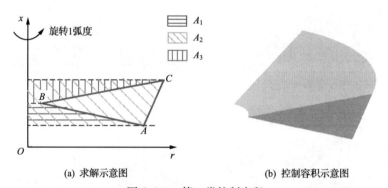

(a) 求解示意图　　　　　　　　　　(b) 控制容积示意图

图 2.6.4　第二类控制容积

由于体积恒为正值，上述两类三角形绕 x 轴旋转一周的体积可统一写为

$$V_{ABC} = |V_1 + V_3 - V_2| \tag{2.6.6}$$

那么三角形单元控制容积为

$$
\begin{aligned}
V_{P_0} &= \frac{1}{2\pi} V_{ABC} = \frac{1}{2\pi} |V_1 + V_3 - V_2| \\
&= \frac{1}{6} \Big| |x_A - x_B|(r_A^2 + r_B^2 + r_A r_B) + |x_B - x_C|(r_B^2 + r_C^2 + r_B r_C) \\
&\quad - |x_A - x_C|(r_A^2 + r_C^2 + r_A r_C) \Big|
\end{aligned} \tag{2.6.7}
$$

具体求解三角形单元控制容积时，先通过三角形单元的三个顶点的 x 坐标值

确定 A、B 和 C 三点,再由式(2.6.7)计算其体积。非结构化四边形单元可将其拆分成两个三角形单元后,继续采用上述过程进行计算控制容积的体积,同理 N 边形单元都可采用类似的拆分过程来计算控制容积的体积。

2.6.2　物理问题与结果分析

通过如图 2.6.5 所示的不规则腔体内的自然对流问题来验证所提出的面积矢量及控制容积计算方法的正确性。图中,$r_2-r_1=h=1\mathrm{m}$,$\alpha=78°$,$l=0.4h$,侧边线的表达式为 $x=\dfrac{1}{0.4^3}\left[r-\left(r_1+\dfrac{h}{\tan\alpha}+l\right)\right]^3$,边界条件如图 2.6.5 所示。采用三角形网格直接进行离散,同时采用结构化网格进行逼近离散,如图 2.6.6 所示。将采用结构化网格和非结构化三角形离散方法所得的等温线置于图 2.6.7 中,其中,$x^*=\dfrac{x}{h}$;$r^*=\dfrac{r}{h}$;$Gr=\dfrac{g\beta(T_\mathrm{h}-T_\mathrm{c})h^3}{\nu^2}$($\nu$ 为运动黏度)。

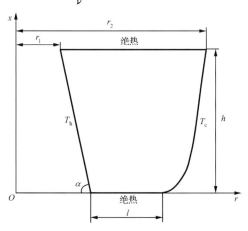

图 2.6.5　计算区域及边界条件

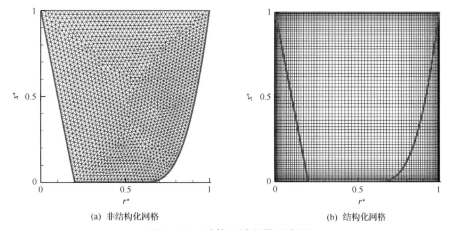

(a) 非结构化网格　　　　　　　　　　(b) 结构化网格

图 2.6.6　计算区域离散示意图

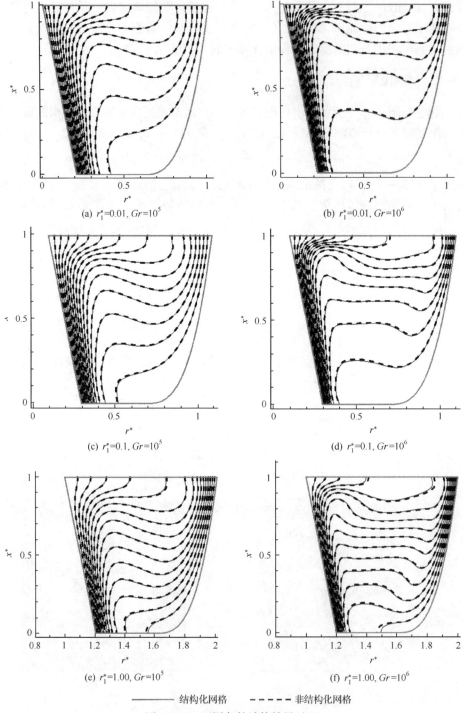

(a) $r_1^*=0.01$, $Gr=10^5$ (b) $r_1^*=0.01$, $Gr=10^6$

(c) $r_1^*=0.1$, $Gr=10^5$ (d) $r_1^*=0.1$, $Gr=10^6$

(e) $r_1^*=1.00$, $Gr=10^5$ (f) $r_1^*=1.00$, $Gr=10^6$

———— 结构化网格   - - - - - 非结构化网格

图 2.6.7   不同条件计算结果对比

从图 2.6.7 中可看出,采用非结构化三角形网格和采用结构化网格逼近边界的方法所得的温度场吻合良好,这表明本节所提出的非结构化网格的面积矢量与控制容积的计算方法是正确的。

2.7　实施边界条件的二阶附加源项法

附加源项法是一种能有效加快方程收敛速度的边界条件处理方法[4,25]。目前被广泛使用的附加源项法只有一阶截差精度,一般低于内点的截差精度,可能会影响计算结果的准确性[26,27]。因此,笔者发展了具有二阶截差精度的附加源项法[28]。下面简要介绍这一方法。

2.7.1　附加源项法的实施方法

下面以左边界为例说明附加源项法的实施过程。将二维直角坐标稳态导热方程

$$\frac{\partial}{\partial x}\left(\lambda \frac{\partial T}{\partial x}\right)+\frac{\partial}{\partial y}\left(\lambda \frac{\partial T}{\partial y}\right)+S = 0 \tag{2.7.1}$$

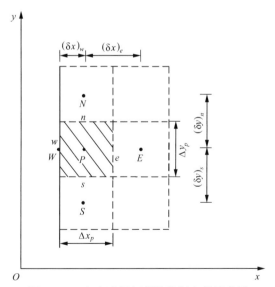

图 2.7.1　与左边界相邻的控制容积示意图

在如图 2.7.1 所示的控制容积 P 上进行积分,源项 S 采用线性化处理方法得

$$\Delta y\left(\lambda \frac{\partial T}{\partial x}\Big|_{e} - \lambda \frac{\partial T}{\partial x}\Big|_{w}\right)+\Delta x\left(\lambda \frac{\partial T}{\partial y}\Big|_{n} - \lambda \frac{\partial T}{\partial y}\Big|_{s}\right)+(S_C + S_P T_P)\Delta x \Delta y = 0$$

$$\tag{2.7.2}$$

对于式(2.7.2)，e、n、s 界面上的一阶导数采用二阶中心差分格式离散，w 界面(左边界)上的一阶导数项采用一阶[式(2.7.3)]或二阶[式(2.7.4)]截差的偏差分格式离散：

$$\lambda \left. \frac{\partial T}{\partial x} \right|_w = \lambda_w \frac{T_P - T_W}{(\delta x)_w} \tag{2.7.3}$$

$$\lambda \left. \frac{\partial T}{\partial x} \right|_w = \lambda_w \frac{[(\delta x)_w + (\delta x)_e]^2 T_P - (\delta x)_w^2 T_E - \{[(\delta x)_w + (\delta x)_e]^2 - (\delta x)_w^2\} T_W}{[(\delta x)_w + (\delta x)_e](\delta x)_w (\delta x)_e}$$
$$\tag{2.7.4}$$

可得常见的五点离散式为

$$a_P T_P = a_E T_E + a_W T_W + a_N T_N + a_S T_S + b \tag{2.7.5}$$

当左边界为第二类或第三类边界条件时，式(2.7.5)中包含边界上的未知温度 T_W，求解过程中每轮迭代都要进行边界更新，影响方程的收敛速度。附加源项法的实质就是考虑到界面上的一阶导数项的物理意义，人为引入进入或导出控制容积 P 的热量，若将该热量作为控制容积 P 的当量源项，即将 $\lambda \left. \frac{\partial T}{\partial x} \right|_w$ 作为源项处理，则此时对 P 节点建立起来的离散方程可以不包含边界上的未知温度 T_W，能有效加快方程的收敛速度[1]。

为了使离散方程不包含边界上的未知温度 T_W，将第二类边界条件的表达式 $\lambda \left. \frac{\partial T}{\partial x} \right|_w = -q$ 和第三类边界条件的表达式 $\lambda \left. \frac{\partial T}{\partial x} \right|_w = h_f(T_W - T_f)$ 与式(2.7.3)或式(2.7.4)相结合以消掉 T_W；同时为了方便程序的编写，引入 B_1、B_2 和 B_3，将三类边界条件下左边界的离散式写成如下统一的形式：

$$\lambda \left. \frac{\partial T}{\partial x} \right|_w = B_1 \lambda_w \frac{T_P - T_W}{(\delta x)_w} - B_2 q + B_3 \frac{T_P - T_f}{\frac{(\delta x)_w}{\lambda_w} + \frac{1}{h_f}} \tag{2.7.6}$$

$$\lambda \left. \frac{\partial T}{\partial x} \right|_w = B_1 \lambda_w \frac{[(\delta x)_w + (\delta x)_e]^2 T_P - (\delta x)_w^2 T_E - \{[(\delta x)_w + (\delta x)_e]^2 - (\delta x)_w^2\} T_W}{[(\delta x)_w + (\delta x)_e](\delta x)_w (\delta x)_e}$$
$$- B_2 q + B_3 \frac{[(\delta x)_w + (\delta x)_e]^2 T_P - (\delta x)_w^2 T_E - \{[(\delta x)_w + (\delta x)_e]^2 - (\delta x)_w^2\} T_f}{\frac{[(\delta x)_w + (\delta x)_e](\delta x)_w (\delta x)_e}{\lambda_w} + \frac{[(\delta x)_w + (\delta x)_e]^2 - (\delta x)_w^2}{h_f}}$$
$$\tag{2.7.7}$$

式中，第一类边界条件为 $B_1 = 1, B_2 = 0, B_3 = 0$；第二类边界条件为 $B_1 = 0, B_2 = 1, B_3 = 0$；第三类边界条件为 $B_1 = 0, B_2 = 0, B_3 = 1$。

将式(2.7.6)或式(2.7.7)代入方程(2.7.2)并整理为式(2.7.5)的形式，即可得一阶或二阶附加源项法的离散方程，其中

$$a_P = a_E + a_W + a_S + a_N - (S_P + S_{P,ad})\Delta x \Delta y, \quad b = (S_C + S_{C,ad})\Delta x \Delta y$$

$$a_E = \frac{\lambda_e \Delta y}{(\delta x)_e}, \quad a_W = 0, \quad a_N = \frac{\lambda_n \Delta x}{(\delta y)_n}, \quad a_S = \frac{\lambda_s \Delta x}{(\delta y)_s}$$

一阶附加源项法:

$$S_{C,ad} = B_1 \frac{\lambda_w T_W}{\Delta x (\delta x)_w} + B_2 \frac{q}{\Delta x} + B_3 \frac{T_f}{\Delta x \left[\frac{(\delta x)_w}{\lambda_w} + \frac{1}{h_f} \right]}$$

$$S_{P,ad} = -B_1 \frac{\lambda_w}{\Delta x (\delta x)_w} - B_3 \frac{1}{\Delta x \left[\frac{(\delta x)_w}{\lambda_w} + \frac{1}{h_f} \right]}$$

二阶附加源项法:

$$S_{P,ad} = -\frac{1}{\Delta x} \left\{ \frac{B_1 \lambda_w \left[(\delta x)_w + (\delta x)_e \right]^2}{\left[(\delta x)_w + (\delta x)_e \right] (\delta x)_w (\delta x)_e} + \frac{B_3 \left[(\delta x)_w + (\delta x)_e \right]^2}{\frac{\left[(\delta x)_w + (\delta x)_e \right] (\delta x)_w (\delta x)_e}{\lambda_w} + \frac{\left[(\delta x)_w + (\delta x)_e \right]^2 - (\delta x)_w^2}{h_f}} \right\}$$

$$S_{C,ad} = \frac{1}{\Delta x} \left\{ B_1 \lambda_w \frac{\left\{ \left[(\delta x)_w + (\delta x)_e \right]^2 - (\delta x)_w^2 \right\} T_W + (\delta x)_w^2 T_E}{\left[(\delta x)_w + (\delta x)_e \right] (\delta x)_w (\delta x)_e} + B_2 q + B_3 \frac{(\delta x)_w^2 T_E + \left\{ \left[(\delta x)_w + (\delta x)_e \right]^2 - (\delta x)_w^2 \right\} T_f}{\frac{\left[(\delta x)_w + (\delta x)_e \right] (\delta x)_w (\delta x)_e}{\lambda_w} + \frac{\left[(\delta x)_w + (\delta x)_e \right]^2 - (\delta x)_w^2}{h_f}} \right\}$$

从上述的推导的过程中可知,一阶附加源项法在边界处所采用的离散式
(2.7.3)只具有一阶截差精度,边界节点的精度低于内部节点,因此,会影响内部节
点的精度;而二阶附加源项法采用的离散式(2.7.4)具有二阶截差精度,边界精度
与内点精度一致,可提高计算结果的准确性。

2.7.2　物理问题与结果分析

为说明附加源项法的精度对数值结果的影响,对如图 2.7.2 所示的导热问题
采用一阶附加源项法(方法 1)和二阶附加源项法(方法 2)计算,结果对比如
图 2.7.3~图 2.7.5 所示。为方便比较,以 300×300 的网格作为网格无关解。图
中 $\lambda(T) = 0.01(1.0 + 0.05T)\,\mathrm{W/(m \cdot \,℃)}$,$h_f = 10\mathrm{W/(m^2 \cdot ℃)}$,$T_f = 50℃$。

图 2.7.3 表明,当网格数较稀疏时,二阶附加源项法的计算精度明显比一阶附
加源项法高;随着网格的加密,两者间的精度差异逐渐缩小。从图 2.7.4 可看出,
在同一网格数下,二阶附加源项法的计算误差小于一阶附加源项法的计算误差,网
格稀疏时尤为显著。将不同网格数下的平均误差与计算时间置于图 2.7.5 中,从
图中可以看出,达到相同计算精度时,方法 2 所需计算耗时比方法 1 少。

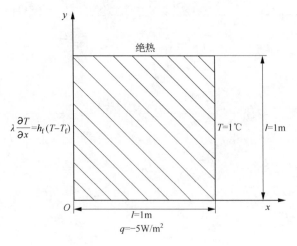

图 2.7.2　计算区域示意图

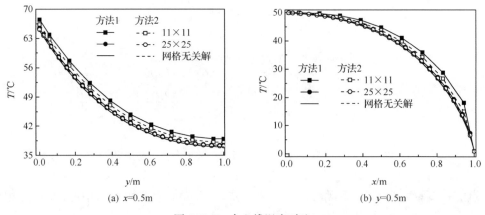

(a) $x=0.5$m　　　　　　　　　　　　　　(b) $y=0.5$m

图 2.7.3　中心线温度对比

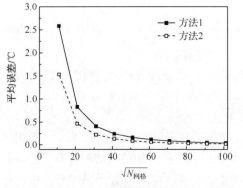

图 2.7.4　平均误差对比

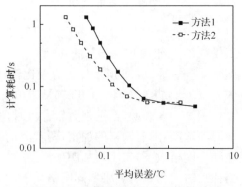

图 2.7.5　计算耗时与平均误差的关系

综上可知,二阶精度的附加源项法计算精度较高,达到相同精度时,计算耗时少,建议在流动与传热的数值计算中采用具有二阶截差精度的附加源项法。

2.8 与时间步长无关的动量插值方法

动量插值方法自 Rhie 和 Chow[29] 提出以来,由于能有效地消除在同位网格上实施 SIMPLE 类算法时的波形压力场,近年来被计算流体力学和计算传热学学者广泛采用[29-34]。Majumdar[30] 发现 Rhie-Chow 动量插值法的计算结果与速度亚松弛因子有关,并提出了与速度亚松弛因子无关的改进方法;Choi[31] 进一步发现对非稳态问题采用 Rhie-Chow 动量插值法进行计算时,计算结果与时间步长的大小有关,并提出了一种改进的动量插值法以试图消除时间步长的影响。笔者分析了动量插值中速度亚松弛因子和时间步长影响计算结果的原因,同时指出 Choi[31] 改进的动量插值法的计算结果与时间步长仍然相关,并指出在较小速度亚松弛因子和小时间步长时 Rhie-Chow 的动量插值法甚至失效,即仍然会得到没有物理意义的压力场。为此,笔者提出了真正与时间步长无关的动量插值方法[35]。下面首先对 Rhie-Chow 动量插值法和 Choi[31] 改进动量插值法进行分析,然后介绍所提出的计算结果与速度亚松弛因子和时间步长均无关的改进动量插值法。

2.8.1 Rhie-Chow 动量插值

以直角坐标系下的二维非稳态层流问题为例,其控制方程为

$$\frac{\partial(\rho u)}{\partial x} + \frac{\partial(\rho v)}{\partial y} = 0 \tag{2.8.1}$$

$$\frac{\partial(\rho u)}{\partial t} + \frac{\partial(\rho u u)}{\partial x} + \frac{\partial(\rho v u)}{\partial y} = -\frac{\partial p}{\partial x} + \frac{\partial}{\partial x}\left(\mu \frac{\partial u}{\partial x}\right) + \frac{\partial}{\partial y}\left(\mu \frac{\partial u}{\partial y}\right) \tag{2.8.2}$$

$$\frac{\partial(\rho v)}{\partial t} + \frac{\partial(\rho u v)}{\partial x} + \frac{\partial(\rho v v)}{\partial y} = -\frac{\partial p}{\partial y} + \frac{\partial}{\partial x}\left(\mu \frac{\partial v}{\partial x}\right) + \frac{\partial}{\partial y}\left(\mu \frac{\partial v}{\partial y}\right) \tag{2.8.3}$$

在同位网格上采用有限容积法对上述公式进行离散[4],在节点 P 上离散的 u 动量方程为

$$u_P = B_P - (D_u)_P (P_e - P_w)_P \tag{2.8.4}$$

式中,P_e 和 P_w 分别表示 e 界面和 w 界面的压力;

$$B_P = \frac{\sum a_{nb} u_{nb} + S_c \Delta x \Delta y + \rho \Delta x \Delta y / \Delta t u_P^l + (1-\alpha_u) a_P u_P^0}{a_P} \tag{2.8.5}$$

$$(D_u)_P = \frac{\Delta y}{a_P} \tag{2.8.6}$$

$$a_P = \frac{\sum a_{nb} - S_P \Delta x \Delta y + \rho \Delta x \Delta y / \Delta t}{\alpha_u} \qquad (2.8.7)$$

其中,上标 l 代表上一时层;上标 0 代表上一迭代;下标 nb 表示相邻点。

同样,在节点 E 上离散的 u 动量方程为

$$u_E = B_E - (D_u)_E (P_e - P_w)_E \qquad (2.8.8)$$

Rhie 和 Chow 提出界面速度不采用相邻两点的线性插值得到,而是通过离散的动量方程得到,即

$$u_e = B_e - (D_u)_e (P_E - P_P) \qquad (2.8.9)$$

式中, P_E 和 P_P 分别为 E 点和 P 点的压力;B_e 和 $(D_u)_e$ 由相邻点上动量方程中的相应值的线性插值得到,即

$$B_e = 0.5(B_E + B_P) \qquad (2.8.10)$$

$$(D_u)_e = 0.5[(D_u)_E + (D_u)_P] \qquad (2.8.11)$$

下面将证明采用 Rhie-Chow 动量插值式(2.8.9)进行求解时,计算结果将与速度亚松弛因子和时间步长有关。

将式(2.8.4)、式(2.8.8)、式(2.8.10)和式(2.8.11)代入式(2.8.9)得

$$u_e = \bar{u}_e - (D_u)_e (P_E - P_P) + 0.5 (D_u)_E (P_e - P_w)_E + 0.5 (D_u)_P (P_e - P_w)_P$$

$$(2.8.12)$$

式中,

$$\bar{u}_e = 0.5(u_E + u_P) \qquad (2.8.13)$$

式(2.8.12)中的界面压力值 P_e、P_w 是由其相邻两个节点压力值线性插值得到的,于是式(2.8.12)可写成

$$u_e = \bar{u}_e - (D_u)_e (P_E - P_P) + 0.25 (D_u)_E (P_{EE} - P_P) + 0.25 (D_u)_P (P_E - P_W)$$

$$(2.8.14)$$

将节点 EE、E、P 和 W 上的压力值在界面 e 上进行泰勒展开,即

$$P_{EE} = P_e + \frac{3\Delta x}{2} \left(\frac{\partial P}{\partial x}\right)_e + \frac{9\Delta x^2}{8} \left(\frac{\partial^2 P}{\partial x^2}\right)_e + \frac{27\Delta x^3}{48} \left(\frac{\partial^3 P}{\partial x^3}\right)_e + O(\Delta x^4)$$

$$(2.8.15)$$

$$P_E = P_e + \frac{\Delta x}{2} \left(\frac{\partial P}{\partial x}\right)_e + \frac{\Delta x^2}{8} \left(\frac{\partial^2 P}{\partial x^2}\right)_e + \frac{\Delta x^3}{48} \left(\frac{\partial^3 P}{\partial x^3}\right)_e + O(\Delta x^4)$$

$$(2.8.16)$$

$$P_P = P_e - \frac{\Delta x}{2}\left(\frac{\partial P}{\partial x}\right)_e + \frac{\Delta x^2}{8}\left(\frac{\partial^2 P}{\partial x^2}\right)_e - \frac{\Delta x^3}{48}\left(\frac{\partial^3 P}{\partial x^3}\right)_e + O(\Delta x^4)$$

$$(2.8.17)$$

$$P_W = P_e - \frac{3\Delta x}{2}\left(\frac{\partial P}{\partial x}\right)_e + \frac{9\Delta x^2}{8}\left(\frac{\partial^2 P}{\partial x^2}\right)_e - \frac{27\Delta x^3}{48}\left(\frac{\partial^3 P}{\partial x^3}\right)_e + O(\Delta x^4)$$

$$(2.8.18)$$

将式(2.8.15)~(2.8.18)代入式(2.8.14)中并略去高阶项得

$$u_e \approx \bar{u}_e + C_{u1}\left(\frac{\partial^2 P}{\partial x^2}\right)_e + C_{u2}\left(\frac{\partial^3 P}{\partial x^3}\right)_e \qquad (2.8.19)$$

式中,

$$C_{u1} = \frac{\Delta x^2}{4}\left[(D_u)_E - (D_u)_P\right] \qquad (2.8.20)$$

$$C_{u2} = \frac{\Delta x^3}{8}\left[(D_u)_E + (D_u)_P\right] \qquad (2.8.21)$$

$$(D_u)_P = \left(\frac{\alpha_u \Delta y}{\sum a_{nb} - S_P \Delta x \Delta y + \rho \Delta x \Delta y / \Delta t}\right)_P \qquad (2.8.22)$$

$$(D_u)_E = \left(\frac{\alpha_u \Delta y}{\sum a_{nb} - S_P \Delta x \Delta y + \rho \Delta x \Delta y / \Delta t}\right)_E \qquad (2.8.23)$$

由于两个相邻节点 $(D_u)_P \approx (D_u)_E$,所以 $C_{u1} \approx 0$,故式(2.8.19)也可写为

$$u_e \approx \bar{u}_e + C_{u2}\left(\frac{\partial^3 P}{\partial x^3}\right)_e \qquad (2.8.24)$$

将式(2.8.24)代入连续性方程的离散形式中可得

$$(\rho u)^e_w \Delta y + (\rho v)^n_s \Delta x$$
$$= (\rho\bar{u})^e_w \Delta y + (\rho\bar{v})^n_s \Delta x + \underline{\left(\rho C_{u2}\frac{\partial^3 P}{\partial x^3}\right)^e_w \Delta y + \left(\rho C_{v2}\frac{\partial^3 P}{\partial y^3}\right)^n_s \Delta x} = 0$$

$$(2.8.25)$$

式中,角标 e、n、w、s 指界面。

式(2.8.25)中下划线所表示的项对消除不合理的波形压力场起到决定性作用[5,6],由于系数 C_{u2} 和 C_{v2} 包含了速度亚松弛因子和时间步长,采用 Rhie-Chow 动量插值法所得的计算结果必然与速度亚松弛因子和时间步长有关。值得指出的是,考虑系数 C_{u2} 和 C_{v2} 与速度亚松弛因子和时间步长的大小密切相关,因此,当速

度亚松弛因子及时间步长很小时,下划线部分的值将很小,起不到消除不合理波形压力场的作用,此时 Rhie-Chow 动量插值可能失效。

2.8.2　Choi 动量插值

针对 Rhie-Chow 动量插值法所得的计算结果与速度亚松弛因子和时间步长有关这一缺陷,Choi[31] 提出了如下的改进动量插值格式:

$$u_e = 0.5(u_E + u_P) - (D_u)_e(P_E - P_P) + 0.5(D_u)_E(P_e - P_w)_E + 0.5(D_u)_P(P_e - P_w)_P$$

$$+ (1 - \alpha_u)\left[u_e^0 - 0.5(u_E^0 + u_P^0)\right] + \frac{\rho \Delta x}{\Delta t}\left[(D_u)_e u_e^l - 0.5(D_u)_E u_E^l - 0.5(D_u)_P u_P^l\right]$$

$$(2.8.26)$$

式中,α_u 为速度亚松弛因子;Δt 为时间步长。

以最终能达到稳态解的情况为例来分析,当达到稳态解时有 $u_e = u_e^0 = u_e^l$,$u_E = u_E^0 = u_E^l$,$u_P = u_P^0 = u_P^l$,则式(2.8.26)可改写为

$$\alpha_u u_e = 0.5\alpha_u(u_E + u_P) - (D_u)_e(P_E - P_P) + 0.5(D_u)_E(P_e - P_w)_E$$

$$+ 0.5(D_u)_P(P_e - P_w)_P + \frac{\rho \Delta x}{\Delta t}\left[(D_u)_e u_e - 0.5(D_u)_E u_E - 0.5(D_u)_P u_P\right]$$

$$(2.8.27)$$

即

$$u_e = 0.5(u_E + u_P) - (D_u)_e'(P_E - P_P) + 0.5(D_u)_E'(P_e - P_w)_E$$

$$+ 0.5(D_u)_P'(P_e - P_w)_P + \frac{\rho \Delta x}{\Delta t}\left[(D_u)_e' u_e - 0.5(D_u)_E' u_E - 0.5(D_u)_P' u_P\right]$$

$$(2.8.28)$$

式中,$(D_u)' = \dfrac{(D_u)}{\alpha_u} = \dfrac{\Delta y}{\sum a_{nb} - S_P \Delta x \Delta y + \rho \Delta x \Delta y / \Delta t}$,可见 $(D_u)'$ 与 α_u 无关,故式(2.8.28)与速度亚松弛因子无关。故当采用 Choi 动量插值求解时,计算结果与速度亚松弛因子无关。但 $(D_u)'$ 和式(2.8.26)的最后一项仍包含时间步长 Δt,因此其计算结果仍然与时间步长有关,笔者采用 Choi 动量插值法在不同的时间步长下计算顶盖驱动流的问题证实了这一观点[35]。

2.8.3　与时间步长无关的动量插值

针对 Choi 动量插值法的计算结果仍然与时间步长有关这一不足之处,笔者提出了真正与时间步长无关的动量插值法。

将式(2.8.28)改写成

$$u_e\left[1-(D_u)'_e\frac{\rho\Delta x}{\Delta t}\right]=0.5u_E\left[1-(D_u)'_E\frac{\rho\Delta x}{\Delta t}\right]+0.5u_P\left[1-(D_u)'_P\frac{\rho\Delta x}{\Delta t}\right]$$
$$-(D_u)'_e(P_E-P_P)+0.5(D_u)'_E(P_e-P_w)_E$$
$$+0.5(D_u)'_P(P_e-P_w)_P$$

$$(2.8.29)$$

即

$$u_e\left[1-(D_u)'_e\frac{\rho\Delta x}{\Delta t}\right]=0.5u_E\left[1-(D_u)'_e\frac{\rho\Delta x}{\Delta t}\right]+0.5u_P\left[1-(D_u)'_e\frac{\rho\Delta x}{\Delta t}\right]$$
$$-(D_u)'_e(P_E-P_P)+0.5(D_u)'_e(P_e-P_w)_E$$
$$+0.5(D_u)'_e(P_e-P_w)_P+0.5u_E\frac{\rho\Delta x}{\Delta t}[(D_u)'_e-(D_u)'_E]$$
$$+0.5u_P\frac{\rho\Delta x}{\Delta t}[(D_u)'_e-(D_u)'_P]$$
$$+0.5[(D_u)'_E-(D_u)'_e](P_e-P_w)_E$$
$$+0.5[(D_u)'_P-(D_u)'_e](P_e-P_w)_P$$

$$(2.8.30)$$

假设两个相邻点 $(D_u)'_e\approx(D_u)'_E\approx(D_u)'_P$，则式(2.8.30)变为

$$u_e\left[1-(D_u)'_e\frac{\rho\Delta x}{\Delta t}\right]\approx0.5u_E\left[1-(D_u)'_e\frac{\rho\Delta x}{\Delta t}\right]+0.5u_P\left[1-(D_u)'_e\frac{\rho\Delta x}{\Delta t}\right]$$
$$-(D_u)'_e(P_E-P_P)+0.5(D_u)'_e(P_e-P_w)_E$$
$$+0.5(D_u)'_e(P_e-P_w)_P$$

$$(2.8.31)$$

整理式(2.8.31)可得

$$u_e\approx0.5(u_E+u_P)-(D_u)^*_e(P_E-P_P)+0.5(D_u)^*_e(P_e-P_w)_E$$
$$+0.5(D_u)^*_e(P_e-P_w)_P$$

$$(2.8.32)$$

式中，

$$(D_u)^*_e=\frac{1}{2}\left[\frac{\Delta y}{\left(\sum a_{nb}-S_P\Delta x\Delta y\right)_E}+\frac{\Delta y}{\left(\sum a_{nb}-S_P\Delta x\Delta y\right)_P}\right] \quad (2.8.33)$$

式(2.8.32)中不再包含与 Δt 有关的项，且各系数均与 Δt 无关，因而计算结果与时间步长无关。

以下进一步分析式(2.8.32)对消除不合理波形场的有效性。将式(2.8.15)～

式(2.8.18)代入方程(2.8.32)中,并忽略高阶项得

$$u_e \approx \bar{u}_e + C_{u2}^* \left(\frac{\partial^3 P}{\partial x^3}\right)_e \qquad (2.8.34)$$

式中,

$$C_{u2}^* = \frac{\Delta x^3}{4}(D_u)_e^* \qquad (2.8.35)$$

同式(2.8.25)的代入连续性方程离散的过程,由式(2.8.34)可得

$$(\rho u)_w^e \Delta y + (\rho v)_s^n \Delta x$$

$$= (\rho \bar{u})_w^e \Delta y + (\rho \bar{v})_s^n \Delta x + \left(\rho C_{u2}^* \frac{\partial^3 P}{\partial x^3}\right)_w^e \Delta y + \left(\rho C_{v2}^* \frac{\partial^3 P}{\partial y^3}\right)_s^n \Delta x = 0$$

$$(2.8.36)$$

对比方程(2.8.36)和方程(2.8.25)可知,C_{u2}^* 与松弛因子及时间步长都无关,方程 (2.8.36)耗散项的数值较大,因此将能更有效地消除波形压力场。

2.8.4　物理问题与结果分析

下面选取方腔顶盖驱动层流运动问题进行测试,对比不同速度亚松弛因子和 时间步长下,Rhie-Chow 动量插值法和笔者所提的动量插值法水平中心线($y/L=$ 0.5)的压力分布(以左边界中心压力作为参数压力),对比结果如图 2.8.1~ 图 2.8.3 所示。从图中发现,采用 Rhie-Chow 动量插值法时,其计算结果受速度 亚松弛因子和时间步长的影响,且较小的速度亚松弛因子(如 $\alpha_{u,v} = 0.1$)和较小 的时间步长(如 $\Delta t = 0.01$)下,仍然会得到有振荡的压力分布,也就是说不对其改 进的 Rhie-Chow 动量有时会失效。而采用改进的动量插值法可得到十分光滑的 压力分布,且计算结果与速度亚松弛因子和时间步长均无关。

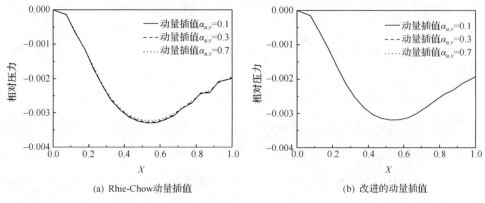

(a) Rhie-Chow动量插值　　　　　　　　(b) 改进的动量插值

图 2.8.1　速度亚松弛因子($\alpha_{u,v}$)对计算结果的影响

$\Delta t = 10^{30}$;$Re = 1000$;网格数 22×22

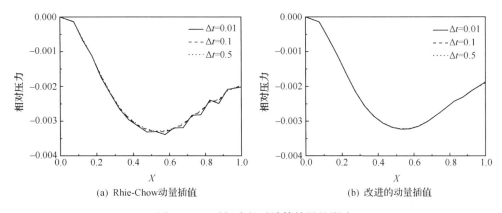

(a) Rhie-Chow动量插值　　　　　　　　　　　(b) 改进的动量插值

图 2.8.2　时间步长对计算结果的影响

$\alpha_u = \alpha_v = 1.0$；$\alpha_p = 0.2$；$Re = 1000$；网格数 22×22

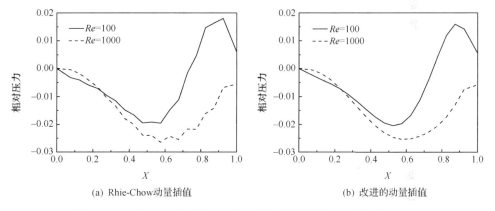

(a) Rhie-Chow动量插值　　　　　　　　　　　(b) 改进的动量插值

图 2.8.3　速度亚松弛因子和时间步长的综合作用对计算结果的影响

$\alpha_u = \alpha_v = \alpha_p = 0.3$；$\Delta t = 0.0001$；网格数 22×22

2.9　小　　结

本章对通用控制方程的形式、圆柱坐标和球坐标下导热方程的离散、非结构化网格的计算性能、附加源项法和动量插值方法等内容进行了研究,总结如下。

（1）计算流体力学和传热学中常采用的基于广义扩散系数的通用控制形式有一定的局限性,当比热容随温度发生变化及在空间上发生突变时,能量守恒得不到满足,可能导致计算结果失真甚至错误,而基于广义密度的通用控制方程新形式式能保证能量的守恒。

（2）针对圆柱坐标和球坐标系下的导热问题,发展了基于局部解析解和坐标变换思想的离散方法,该方法在内外半径比较小时计算精度比二阶中心差分格式显著提高。

（3）针对非规则轴对称区域上的对流-扩散问题，提出了简单易行的二维圆柱坐标系下非结构化网格界面面积矢量和控制容积的计算方法。

（4）分析非结构化三角形网格内外节点法及非结构化三角形网格与非结构四边形网格的计算性能，指出三角形网格外节点法计算精度和收敛速度均优于内节点法；在三角形与四边形网格均采用内节点法的情况下，当两者网格数约为 4/3时，两者计算精度相当，但此时后者收敛速度快于前者。

（5）文献中采用的附加源项法仅有一阶截差精度，可能导致数值计算精度降低，在此基础上发展了具有二阶截差精度的附加源项法，结果表明采用二阶附加源项法时达到相同精度时所需网格少、计算耗时少。

（6）针对 Rhie-Chow 动量插值法所得的数值结果受亚松弛因子和时间步长影响，且在较小的亚松弛因子和较小的时间步长下有可能不能消除振荡压力场的不足，对该方法进行了改进，改进后的方法实现了计算结果与亚松弛因子和时间步长均无关，且在小亚松弛因子和小时间步长下仍可得到具有物理意义的压力场分布。

参 考 文 献

[1] Patankar S V. Numerical Heat Transfer and Fluid Flow. Washington D C: Hemisphere Publishing Corporation, 1980.

[2] Versteeg H, Malalsekera W. An Introduction to Computational Fluid Dynamics. The Finite Volume Method. Essex: Longman Scientific and Technical, 1995.

[3] Wesseling P. Principles of Computational Fluid Dynamics. Beijing: Science Press, 2001.

[4] 陶文铨. 数值传热学. 西安:西安交通大学出版社, 2001.

[5] Ferziger J H, Perić M. Computational Methods for Fluid Dynamics. Berlin: Springer, 2002.

[6] Date A W. Introduction to Computational Fluid Dynamics. Cambridge: Cambridge University Press, 2005.

[7] Lewis R W, Nithiarasu P, Seetharamu K N. Fundamentals of the Finite Element Method for Heat and Fluid Flow. West Sussex: John Wiley & Sons Inc. , 2008.

[8] Minkowycz W J, Sparrow E M, Murthy J Y. Handbook of Numerical Heat Transfer. Second edition. New Jersey: John Wiley & Sons Inc. , 2009.

[9] Li W, Yu B, Wang Y, et al. Study on general governing equations of computational heat transfer and fluid flow. Communications in Computational Physics, 2012, 12(5): 1482-1494.

[10] Byron B, Warren E, Edwin N, et al. Transport Phenomena. New York: John Wiley & Sons Inc. , 2002.

[11] Joel P H. Heat Transfer. New York: McGraw-Hill, 2002.

[12] 韩鹏,陈熙. 关于对流-导热耦合问题整体求解方法的讨论. 全国第七届计算传热学会议论文集, 北京, 1997: 32-37.

[13] Qu Z G, Tao W Q, He Y L. Three-dimensional numerical simulation on laminar heat transfer and fluid flow characteristics of strip fin surface with X-arrangement of strips. Journal of Heat Transfer, 2004,

126(5)：697-707.

[14] Li W, Yu B, Wang X R, et al. A finite volume method for cylindrical heat conduction problems based on local analytical solution. International Journal of Heat and Mass Transfer，2012，55(21)：5570-5582.

[15] 王鹏，邵倩倩，李敬法，等. 圆柱坐标系扩散问题有限容积紧致格式研究. 工程热物理学报，2013，34(9)：1735-1739.

[16] Wang P, Yu B, Li J F, et al. A novel finite volume method for cylindrical heat conduction problems. International Communications in Heat and Mass Transfer，2015，63：8-16.

[17] 王鹏，李敬法，邵倩倩，等. 球坐标系下扩散型方程的新形式及其求解. 中国工程热物理年会传热传质分会，重庆，2013.

[18] Sparrow E M, Prakash C. Buoyancy-driven fluid flow and heat transfer in a pair of interacting vertical parallel channels. Numerical Heat Transfer，1982，5(1)：39-58.

[19] Yu G J, Yu B, Zhao Y, et al. Comparative studies on accuracy and convergence rate between the cell-centered scheme and the cell-vertex scheme for triangular grids. International Journal of Heat and Mass Transfer，2012，55(25)：8051-8060.

[20] 陶文铨. 计算传热学的近代进展. 北京：科学出版社，2000.

[21] Huang H, Prosperetti A. Effect of grid orthogonality on the solution accuracy of the two-dimensional convection-diffusion equation. Numerical Heat Transfer，1994，26(1)：1-20.

[22] Juretić F, Gosman A D. Error analysis of the finite-volume method with respect to mesh type. Numerical heat transfer, Part B：Fundamentals，2010，57(6)：414-439.

[23] Yu G J, Yu B, Sun S, et al. Comparative study on triangular and quadrilateral meshes by a finite-volume method with a central difference scheme. Numerical Heat Transfer, Part B：Fundamentals，2012，62(4)：243-263.

[24] Yu G J, Yu B, Zhao Y, et al. An unstructured grids-based discretization method for convection-diffusion equations in the two-dimensional cylindrical coordinate systems. International Journal of Heat and Mass Transfer，2013，67：581-592.

[25] 郑玮，武传松，吴林. 固定电弧脉冲 TIG 焊接熔池流体流动与传热模型. 材料科学与工艺，1996，4(4)：15-20.

[26] Prata A T, Sparrow E M. Heat transfer and fluid flow characteristics for an annulus of periodically varying cross section. Numerical Heat Transfer，1984，7：285-304.

[27] Gray D D, Giorgin A. The validity of the Boussinesq approximation for liquids and gas. International Journal of Heat and Mass Transfer，1976，19(5)：545-551.

[28] Li W, Yu B, Wang X, et al. Study on the second-order additional source term method for handling boundary conditions. Numerical Heat Transfer, Part B：Fundamentals，2013，63(1)：44-61.

[29] Rhie C M, Chow W L. Numerical study of the turbulent flow past an airfoil with trailing edge separation. AIAA Journal，1983，21(11)：1525-1532.

[30] Majumdar S. Role of under relaxation in momentum interpolation for calculation of flow with nonstaggered grids. Numerical Heat Transfer，1988，13(1)：125-132.

[31] Choi S K. Note on the use of momentum interpolation method for unsteady flows. Numerical Heat Transfer, Part A：Applications，1999，36(5)：545-550.

[32] Nie J H, Li Z Y, Wang Q W, et al. A method for viscous incompressible flows with simplied collocated

grid system. Proceedings of Symposium on Energy and Engineering in the 21st Century (SEE 2000), 2000, 1(1): 177-183.

[33] Rahman M M, Miettinen A, Siikonen T. Modified SIMPLE formulation on a collocated grid with an assessment of the simplified QUICK scheme. Numerical Heat Transfer, 1996, 30(3): 291-314.

[34] Barton I E, Kirby R. Finite difference scheme for the solution of fluid flow problems on non-staggered grids. International Journal for Numerical Methods in Fluids, 2000, 33(7): 939-959.

[35] Yu B, Kawaguchi Y, Tao W Q, et al. Checkerboard pressure predictions due to the under relaxation factor and time step size for a nonstaggered grid with momentum interpolation method. Numerical Heat Transfer, Part B: Fundamentals, 2002, 41(1): 85-94.

第 3 章 离散方程与对流差分格式的性质

离散方程的物理特性和对流差分格式的性质是流动与传热数值计算中的两类重要问题。本章首先对边界和物性参数显式处理引起的容易被忽视的两类相容性问题进行阐述与分析,然后通过数值算例综合比较守恒型方程与非守恒型方程的离散性质,以期加深对守恒型方程优势的认识,最后从稳定性、计算精度和计算效率三个方面对有界格式进行详细的剖析。

3.1 边界和物性参数显式处理引起的相容性问题

相容性是非稳态问题离散方程的一个重要属性,除了离散格式(如 Dufort-Frankel 格式[1]、Lax-Friedrichs 格式[2])本身的相容性以外,由于边界条件和物性参数的显式处理所引发的条件相容也是两类典型的相容性问题,然而这两类问题在经典教科书[3,4]中并未见到相关说明,而且容易被忽视。笔者针对边界和物性参数显式处理引起的相容性问题,从计算精度和计算效率两方面进行探讨[5]。下面仅以一维非稳态扩散问题为例进行理论分析,而以二维非稳态导热问题为例说明这两类相容性问题对数值计算的影响。

3.1.1 内点采用隐式格式、边界显式处理的相容性分析

一维非稳态、无源项、常物性的扩散方程为

$$\rho \frac{\partial \phi}{\partial t} = \Gamma \frac{\partial^2 \phi}{\partial x^2} \tag{3.1.1}$$

在点$(i, n+1)$处微分算子为

$$L(\phi)_{i,n+1} = \rho \frac{\partial \phi}{\partial t}\bigg|_{i,n+1} - \Gamma \frac{\partial^2 \phi}{\partial x^2}\bigg|_{i,n+1} \tag{3.1.2}$$

对式(3.1.1)采用全隐式离散,时间项采用一阶向前差分格式,扩散项采用二阶中心差分格式,其差分算子为

$$L_{\Delta x, \Delta}(\phi_i^{n+1}) = \rho \frac{\phi_i^{n+1} - \phi_i^n}{\Delta t} - \Gamma \frac{\phi_{i+1}^{n+1} - 2\phi_i^{n+1} + \phi_{i-1}^{n+1}}{\Delta x^2} \tag{3.1.3}$$

对于第二、三类边界条件,如果采用显式处理,则与边界相邻的内点的差分算

子将改变,以左边界为例,其变为

$$L_{\Delta x,\Delta t}(\phi_2^{n+1}) = \rho\frac{\phi_2^{n+1}-\phi_2^n}{\Delta t} - \Gamma\frac{\phi_3^{n+1}-2\phi_2^{n+1}+\phi_1^n}{\Delta x^2} \tag{3.1.4}$$

将差分算子(3.1.3)和(3.1.4)分别在点$(i,n+1)(i\neq2)$和$(2,n+1)$处进行泰勒展开,并减去微分算子(3.1.2),得离散方程的截断误差为

$$R_i^{n+1} = L_{\Delta x,\Delta t}(\phi_i^{n+1}) - L(\phi)_{i,n+1} = \begin{cases} O\left(\dfrac{\Delta t}{\Delta x^2},\Delta x^2,\Delta t\right), & \text{左边界相邻内点}\\[3mm] O(\Delta x^2,\Delta t), & \text{其他内点} \end{cases}$$

$$\tag{3.1.5}$$

从式(3.1.5)可看出,在左边界处格式是条件相容的,要使得差分算子逼近微分算子,应满足 Δt 是 Δx 的二阶无穷小量。

3.1.2　待求变量采用隐式格式、物性采用显式更新的相容性分析

一维非稳态、无源项、变物性的扩散方程为

$$\rho\frac{\partial\phi}{\partial t} = \frac{\partial}{\partial x}\left(\Gamma(\phi)\frac{\partial\phi}{\partial x}\right) \tag{3.1.6}$$

简单起见,以扩散系数 Γ 与待求变量 ϕ 呈线性变化关系为例进行分析,即

$$\Gamma(\phi) = \Gamma_0(1+b\phi) \tag{3.1.7}$$

为了便于截差分析,将方程(3.1.6)变形为如下非守恒形式:

$$\rho\frac{\partial\phi}{\partial t} = \Gamma_0(1+b\phi)\frac{\partial^2\phi}{\partial x^2} + \Gamma_0 b\frac{\partial\phi}{\partial x}\frac{\partial\phi}{\partial x} \tag{3.1.8}$$

该式在点$(i,n+1)$处微分算子为

$$L(\phi)_{i,n+1} = \rho\frac{\partial\phi}{\partial t}\bigg|_{i,n+1} - \Gamma_0(1+b\phi)\frac{\partial^2\phi}{\partial x^2}\bigg|_{i,n+1} - \Gamma_0 b\left(\frac{\partial\phi}{\partial x}\frac{\partial\phi}{\partial x}\right)\bigg|_{i,n+1}$$

$$\tag{3.1.9}$$

对式(3.1.6)采用全隐式离散,非稳态项采用一阶向前差分,扩散项采用二阶中心差分格式,而物性采用显式处理,差分算子为

$$L_{\Delta x,\Delta t}(\phi_i^{n+1}) = \rho\frac{\phi_i^{n+1}-\phi_i^n}{\Delta t} - \Gamma_0(1+b\phi_i^n)\frac{\phi_{i+1}^{n+1}-2\phi_i^{n+1}+\phi_{i-1}^{n+1}}{\Delta x^2}$$

$$-b\Gamma_0\left(\frac{\phi_{i+1}^n-\phi_{i-1}^n}{2\Delta x}\right)\left(\frac{\phi_{i+1}^{n+1}-\phi_{i-1}^{n+1}}{2\Delta x}\right) \tag{3.1.10}$$

将差分算子(3.1.10)在点$(i,n+1)$处进行泰勒展开,并减去微分算子(3.1.9),得离散方程的截断误差为

$$R_i^{n+1} = L_{\Delta x,\Delta t}(\phi_i^{n+1}) - L(\phi)_{i,n+1} = O\left(\frac{\Delta t}{\Delta x^2}, \Delta x^2, \Delta t\right) \qquad (3.1.11)$$

从式(3.1.11)可以看出,此离散格式是条件相容的,其相容性条件为:Δt 是 Δx 的二阶无穷小量。

3.1.3　物理问题与结果分析

虽然上述是以一维非稳态扩散为例进行理论说明的,但对于二维或三维情况也存在类似的相容问题,下面以初场均为零的两个二维非稳态导热问题为例来直观地表明边界和物性参数显式计算对计算结果的影响,计算条件如表 3.1.1 所示,计算区域为1m×1m。计算网格取 80×80 的均分网格,非稳态项采用一阶向前差分,扩散项采用二阶中心差分进行离散。以全隐格式(此时边界和物性均隐式更新)为参照,问题 1 研究内部节点隐式求解而边界显式处理时的相容性问题,问题 2 研究待求变量隐式求解而物性参数显式处理的相容性问题,结果对比如图 3.1.1 和图 3.1.2 所示。为了比较计算效率,图 3.1.3 给出了问题 1 取不同时间步长时采用两类计算方法的计算误差随计算时间的变化。

表 3.1.1　计算参数与边界条件

问题	参数	边界条件
1	$\lambda=15\text{W}/(\text{m}\cdot\text{℃}), \rho=7839\text{kg}/\text{m}^3$	$T_E=100\text{℃}, q_w=0\text{W}/\text{m}^2$
	$c_p=460\text{J}/(\text{kg}\cdot\text{℃})$	$T_N=100\text{℃}, T_S=100\text{℃}$
2	$\lambda(T)=(1.5+15.0T)\text{W}/(\text{m}\cdot\text{℃})$	$T_E=0\text{℃}, T_W=1000\text{℃}$
	$\rho=1000\text{kg}/\text{m}^3, c_p=2000\text{J}/(\text{kg}\cdot\text{℃})$	$T_N=0\text{℃}, T_S=0\text{℃}$

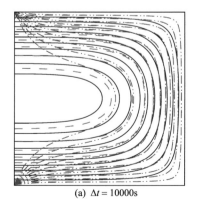

(a) $\Delta t=10000\text{s}$ 　　　　　　　　　(b) $\Delta t=1000\text{s}$

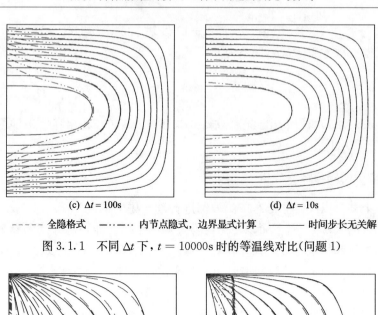

(c) $\Delta t = 100\text{s}$　　　　　　(d) $\Delta t = 10\text{s}$

- - - - - 全隐格式　　—·—· 内节点隐式，边界显式计算　　——— 时间步长无关解

图 3.1.1　不同 Δt 下，$t = 10000\text{s}$ 时的等温线对比（问题 1）

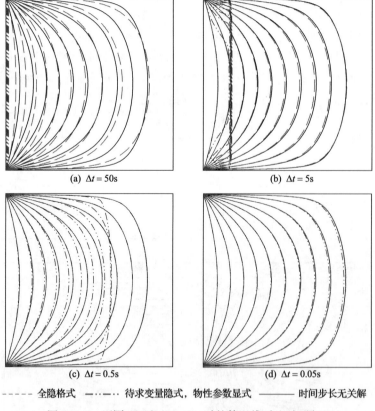

(a) $\Delta t = 50\text{s}$　　　　　　(b) $\Delta t = 5\text{s}$

(c) $\Delta t = 0.5\text{s}$　　　　　　(d) $\Delta t = 0.05\text{s}$

- - - - - 全隐格式　　—·—· 待求变量隐式，物性参数显式　　——— 时间步长无关解

图 3.1.2　不同 Δt 下，$t = 50\text{s}$ 时的等温线对比（问题 2）

　　从图 3.1.1 和图 3.1.2 中可看出，在大时间步长时，全隐格式由于是无条件相容的格式，所得结果与时间步长无关解吻合较好，且温度场的发展趋势正确；而边

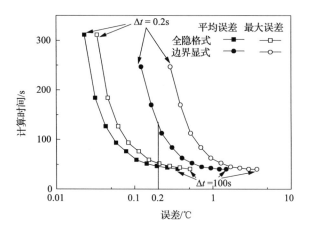

图 3.1.3　问题 1 采用两种计算方法的计算效率对比

界或物性参数采用显式计算时,结果误差很大,如图 3.1.1(a)和图 3.1.1(b)所示,甚至得到完全异常的温度场,如图 3.1.2(a)和图 3.1.2(b)所示。另外从图 3.1.1中可观察到,对于问题 1,即使采用小于 100s 的小时间步长,全隐格式所得结果的误差均小于边界显式计算时的误差,这表明边界采用显式计算时所带来的相容性问题会降低计算精度。同时就计算效率而言,两类格式达到相同精度的误差时,全隐格式所需的计算时间小于边界显式格式,如图 3.1.3 中平均误差达到 0.2℃时,全隐格式只需要约 45s,而采用条件相容格式的计算时间约为 135s,为前者的 3倍,当误差进一步减小时,该倍数值将更大,可见此算例下,无条件相容格式的计算效率要高于条件相容格式。

3.2　守恒型与非守恒型方程离散计算性能对比

　　众所周知,守恒型与非守恒型方程从微元体的角度考虑是等价的[4,6,7],都是物理守恒定律的数学表达。但数值计算是对有限大小的计算单元进行的,在这种情况下,两种形式的控制方程则有不同的特性,一般而言,守恒型方程具有更好的性能[8-11]。笔者对比研究了守恒型和非守恒型方程在均分网格下采用二阶精度格式离散的性能。对前者采用有限容积法(FVM)离散,对后者采用有限差分法(FDM)离散。采用原始变量法(MAC 算法)和非原始变量法(涡量流函数法)对两者就计算精度、计算稳定性、计算效率及健壮性等方面进行了较系统地对比[12]。以下仅以 $Re=1000$ 的二维稳态封闭方腔顶盖驱动流问题为例进行说明。

3.2.1　计算精度对比

　　以下从不同网格数(图 3.2.1)、不同边界条件(图 3.2.2)及不同对流离散格式(图 3.2.3)来比较两种离散类型的计算精度。从图 3.2.1 可看出,当网格数为 80×80 时,两种类型的离散方法的计算结果均能与网格无关解吻合良好,而当网格数为 20×20 时,有限容积法比有限差分法计算精度高。图 3.2.2 表明在本研究所采用的两种边界条件处理方式[13,14]下,有限容积法均比有限差分法更准确,尤其在采用 Thom 的边界条件时。由图 3.2.3 易知,无论对流离散格式采用二阶中心差分还是二阶迎风,有限容积法的计算精度都比有限差分法高。综合三个方面的比较,有限容积法比有限差分法表现出更高的计算精度。

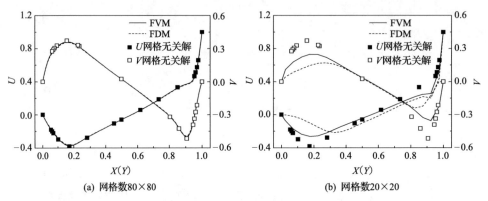

(a) 网格数80×80　　　　　　　　　(b) 网格数20×20

图 3.2.1　中心线上的速度对比

MAC算法,对流项采用二阶中心差分格式

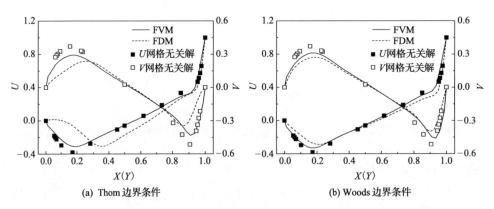

(a) Thom 边界条件　　　　　　　　(b) Woods 边界条件

图 3.2.2　中心线上的速度对比

涡量流函数法,对流项采用二阶中心差分格式,网格数为 40×40

3.2.2　稳定性对比

以下通过不同网格数下的流函数计算结果来比较两类离散格式的稳定性。图 3.2.4(a)说明当网格较密时,两者计算精度基本相当;而从图 3.2.4(b)可看出,当网格较稀时,即网格 Peclet 数较大时,虽然两类离散格式均在右上角区域出现振荡解,但有限差分法所得的解明显劣于有限容积法。可见有限容积法的稳定性要优于有限差分法。

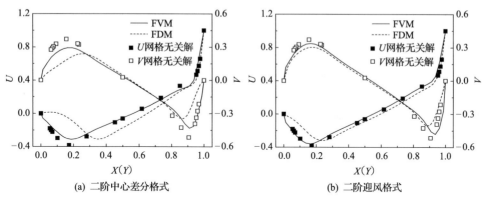

(a) 二阶中心差分格式　　　　　　　　　　(b) 二阶迎风格式

图 3.2.3　中心线上的速度对比

涡量流函数法、边界处理采用一阶 Thom 公式,网格数为 40×40

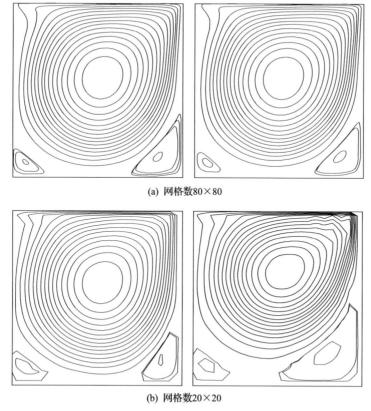

(a) 网格数 80×80

(b) 网格数 20×20

图 3.2.4　流线对比

左图为 FVM,右图为 FDM;MAC 算法,对流项采用二阶中心差分格式

3.2.3　计算效率及稳健性对比

在保证计算收敛的前提下,通过记录所能取得的最大松弛因子及相应的迭代次数来比较两种离散类型的计算效率,结果如图 3.2.5 所示。从图 3.2.5 可看出,取相同网格数和松弛因子时,有限容积法的迭代次数均少于有限差分法,可见有限容积法的计算效率高于有限差分法。采用二阶中心差分格式时,稀网格下有限差分法所能取到的最大松弛因子明显小于有限容积法,如图 3.2.5(a)所示,这表明有限容积法比有限差分法更加稳健。

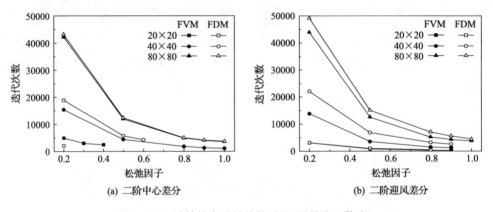

(a) 二阶中心差分　　　　　　　　　　(b) 二阶迎风差分

图 3.2.5　计算效率及健壮性对比(涡量流函数法)

3.3　有界格式的稳定性、截差精度与计算效率

在对流占主导地位的物理问题中,如何离散控制方程中的对流项以获得稳定、准确、有物理意义的数值解是近年来计算流体力学和计算传热学领域中的研究热点之一。一阶迎风、混合格式和乘方格式等由于其无条件稳定的特性而曾经被广泛应用,但这些低阶格式具有严重的数值假扩散。中心差分、QUICK 和 FROOM 等格式的数值假扩散小、精度高,但它们并不是无条件稳定和有界的格式,在物理量变化剧烈的区域会造成数值解的非物理振荡或越界现象。近年来提出的有界格式根据物理量变化的特点,在不同的区域采用不同的格式来离散对流项[15],这种组合格式由于具有精度高且能保证所得数值解具有物理意义的优点,得到越来越广泛的应用[16-19]。

笔者查阅大量的文献发现:①有界格式的稳定性没有得到很好的诠释,对有界格式一定是绝对稳定的格式这一观点没有给出详细的论证和分析;②对有界格式极值点处型线的精度存在分歧,Leonard[15] 和 Sweby[20] 认为在极值点处的型线精度为一阶,Gaskell 和 Lau[21] 认为极值点处的型线通过 QUICK 格式加上修正量的形式可以获得二阶精度;③对纯对流问题有界格式的计算效率文献中进行了详细的研究,发现由于有界格式表达形式复杂、分段数多,在计算时需要进行大量判断,造成计算量的大幅增加,与 QUICK 等高精度非组合格式相比,数值计算时间大幅增加,而对于工程中常见的对流扩散问题采用有界格式的计算效率尚未进行过系统全面的研究。笔者对以上问题进行了探讨,在此基础上提倡为保证始终能得到精度较高且有物理意义的解,应该进一步推广采用有界格式。

3.3.1　有界格式的稳定性证明

在有界格式中,界面上的待求变量 ϕ_f 值仅用近邻上游节点 C、远邻上游节点 U 和近邻下游节点 D [图 3.3.1(a)]插值得到,可写成如下一般的函数形式:

$$\phi_f = f(\phi_U, \phi_C, \phi_D) \tag{3.3.1}$$

式中,不同的插值函数 f 代表不同的对流差分格式。

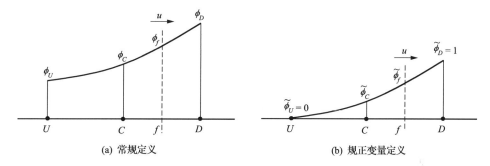

(a) 常规定义　　　　　　　　　　(b) 规正变量定义

图 3.3.1　规正变量定义图

引入规正变量[1]:

$$\tilde{\phi} = \frac{\phi - \phi_U}{\phi_D - \phi_U} \tag{3.3.2}$$

则式(3.3.1)可用规正变量表示为

$$\tilde{\phi}_f = f(\tilde{\phi}_U, \tilde{\phi}_C, \tilde{\phi}_D) \tag{3.3.3}$$

由规正变量的定义可知 $\tilde{\phi}_U = 0, \tilde{\phi}_D = 1$,如图 3.3.1(b)所示,于是式(3.3.3)可进一步简化为

$$\tilde{\phi}_f = f(\tilde{\phi}_C) \tag{3.3.4}$$

由式(3.3.4)可知,$\tilde{\phi}_f$ 仅是 $\tilde{\phi}_C$ 的函数。若以 $\tilde{\phi}_C$ 为自变量,$\tilde{\phi}_f$ 为因变量,则规正后的格式可用图线形式表示,如图 3.3.2 所示,这种表示 $\tilde{\phi}_f$ 和 $\tilde{\phi}_C$ 关系的图称为

规正变量图(简称 NVD 图)。

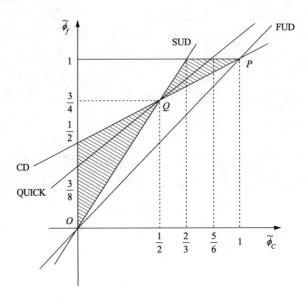

图 3.3.2　均分网格系统下的 NVD 图

　　Gaskell 和 Lau[21]提出了对流项差分格式获得有界性的条件,称为对流有界性准则(convective boundedness criterion,简称 CBC 准则),如图 3.3.3 所示,具体如下:

$$\begin{cases} \tilde{\phi}_f = f(\tilde{\phi}_C) = 0, & \tilde{\phi}_C = 0 \\ \tilde{\phi}_f = f(\tilde{\phi}_C) = 1, & \tilde{\phi}_C = 1 \\ \tilde{\phi}_C \leqslant \tilde{\phi}_f = f(\tilde{\phi}_C) \leqslant 1, & 0 < \tilde{\phi}_C < 1 \\ \tilde{\phi}_f = f(\tilde{\phi}_C) = \tilde{\phi}_C, & \tilde{\phi}_C < 0, \tilde{\phi}_C > 1 \\ f(\tilde{\phi}_C), & \text{连续} \end{cases} \tag{3.3.5}$$

Gaskell 和 Lau[21]认为 CBC 准则是对流差分格式有界性的充要条件,但笔者[22]和 Hou 等[23]的研究表明,该 CBC 准则规定的范围是对流项获得有界性的充分条件,而非必要条件。

　　下面采用文献中常用的一维无源项对流扩散方程来分析满足 CBC 准则的有界格式的稳定性,即

$$\frac{\mathrm{d}}{\mathrm{d}x}(\rho u \phi) = \frac{\mathrm{d}}{\mathrm{d}x}\left(\Gamma \frac{\mathrm{d}\phi}{\mathrm{d}x}\right) \tag{3.3.6}$$

式(3.3.6)的边界条件为 $x = 0, \phi = \phi_0; x = L, \phi = \phi_L$。

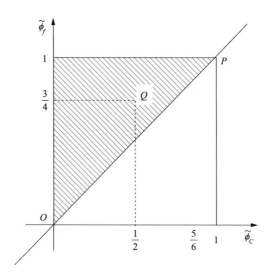

图 3.3.3　差分格式满足对流有界性的范围

将上述方程在图 3.3.4 所示的控制容积 i 上进行积分得

$$\phi_i = \frac{1}{2}(\phi_{i-1} + \phi_{i+1}) + \frac{1}{2}Pe_\Delta(\phi_{i-\frac{1}{2}} - \phi_{i+\frac{1}{2}}) \tag{3.3.7}$$

式中，Pe_Δ 为网格 Peclet 数，且 $Pe_\Delta = \dfrac{\rho u \Delta x}{\Gamma}$。

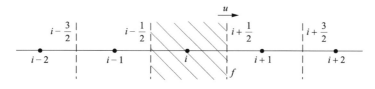

图 3.3.4　一维均分网格

若能证明对 $\phi_{i-\frac{1}{2}}$ 和 $\phi_{i+\frac{1}{2}}$ 采用任一满足 CBC 准则的格式离散，数值解总是单调的，则可证明有界格式是无条件稳定的。简单起见，以 $Pe_\Delta \geqslant 0$，$\phi_L > \phi_0$ 的情况来证明，而对于 $Pe_\Delta \geqslant 0$、$\phi_L < \phi_0$，$Pe_\Delta < 0$、$\phi_L > \phi_0$ 及 $Pe_\Delta < 0$、$\phi_L < \phi_0$ 的情况，证明过程类似，这里不再赘述[24]。

当 $Pe_\Delta \geqslant 0$、$\phi_L > \phi_0$ 时，根据式(3.3.6)的物理特性可知，其解为一单调递增的函数。下面证明采用有界格式得到的解一定满足单调递增的特性，即在点 i 和点 $i+1$ 处 $\phi_i \leqslant \phi_{i+1}$。下面用反证法来证明在任一点 i 和点 $i+1$ 处 $\phi_i > \phi_{i+1}$ 是不可能的，从而说明采用有界格式一定会得到一个单调递增的解。

当 $\phi_i > \phi_{i+1}$ 时，ϕ_{i-1}、ϕ_i 和 ϕ_{i+1} 三者的大小可能存在三种情况：① $\phi_i \geqslant \phi_{i-1} \geqslant$

ϕ_{i+1}；②$\phi_i \geqslant \phi_{i+1} \geqslant \phi_{i-1}$；③$\phi_{i-1} \geqslant \phi_i \geqslant \phi_{i+1}$。对于情况①和②都满足 $\phi_{i-1} \leqslant \phi_i$，规正变量 $\widetilde{\phi}_i$ 分别满足如下不等式：

$$\widetilde{\phi}_i = \frac{\phi_i - \phi_{i-1}}{\phi_{i+1} - \phi_{i-1}} \leqslant 0 \tag{3.3.8}$$

$$\widetilde{\phi}_i = \frac{\phi_i - \phi_{i-1}}{\phi_{i+1} - \phi_{i-1}} = \frac{\phi_i - \phi_{i+1}}{\phi_{i+1} - \phi_{i-1}} + \frac{\phi_{i+1} - \phi_{i-1}}{\phi_{i+1} - \phi_{i-1}} = 1 + \frac{\phi_i - \phi_{i+1}}{\phi_{i+1} - \phi_{i-1}} > 1$$

$$\tag{3.3.9}$$

根据 CBC 准则可知，这两种情况下 $\phi_{i+\frac{1}{2}} = \phi_i$。

将 $\phi_{i+\frac{1}{2}} = \phi_i$ 代入式(3.3.7)并利用 $\phi_{i-\frac{1}{2}} \in [\phi_{i-1}, \phi_i] < \phi_i$ 得

$$\phi_i = \frac{1}{2}(\phi_{i-1} + \phi_{i+1}) + \frac{1}{2}Pe_\Delta(\phi_{i-\frac{1}{2}} - \phi_i) \leqslant \frac{1}{2}(\phi_{i-1} + \phi_{i+1}) < \phi_i$$

$$\tag{3.3.10}$$

式(3.3.10)是矛盾的，这说明 $\phi_{i-1} < \phi_i$ 是不可能的，因此当 $\phi_i > \phi_{i+1}$ 时，只有情况③是有可能成立的。

类似地，当 $\phi_i > \phi_{i+1}$ 时 ϕ_{i+2}、ϕ_{i+1} 和 ϕ_i 三者的大小可能存在三种情况：①$\phi_i \geqslant \phi_{i+2} \geqslant \phi_{i+1}$；②$\phi_{i+2} \geqslant \phi_i \geqslant \phi_{i+1}$；③$\phi_i \geqslant \phi_{i+1} \geqslant \phi_{i+2}$。对于情况①和②都满足 $\phi_{i+1} \leqslant \phi_{i+2}$，规正变量 $\widetilde{\phi}_{i+1}$ 分别满足如下不等式：

$$\widetilde{\phi}_{i+1} = \frac{\phi_{i+1} - \phi_i}{\phi_{i+2} - \phi_i} = \frac{\phi_{i+1} - \phi_{i+2}}{\phi_{i+2} - \phi_i} + \frac{\phi_{i+2} - \phi_i}{\phi_{i+2} - \phi_i} = 1 + \frac{\phi_{i+1} - \phi_{i+2}}{\phi_{i+2} - \phi_i} \geqslant 1$$

$$\tag{3.3.11}$$

$$\widetilde{\phi}_{i+1} = \frac{\phi_{i+1} - \phi_i}{\phi_{i+2} - \phi_i} < 0 \tag{3.3.12}$$

由 CBC 准则可知，这两种情况下 $\phi_{i+\frac{3}{2}} = \phi_{i+1}$。由于 $\phi_{i+\frac{1}{2}} \in [\phi_{i+1}, \phi_i] > \phi_{i+1}$，所以

$$\phi_{i+1} = \frac{1}{2}(\phi_i + \phi_{i+2}) + \frac{1}{2}Pe_\Delta(\phi_{i+\frac{1}{2}} - \phi_{i+1}) > \frac{1}{2}(\phi_i + \phi_{i+2}) > \min(\phi_i, \phi_{i+2})$$

$$\tag{3.3.13}$$

不等式(3.3.13)与情况①和②是矛盾的，这说明 $\phi_{i+1} < \phi_{i+2}$ 不可能成立，因此，当 $\phi_i > \phi_{i+1}$ 时，只有情况③可能成立。

由上可得 $\phi_{i-1} \geqslant \phi_i \geqslant \phi_{i+1} \geqslant \phi_{i+2}$，递推可得 $\phi_0 \geqslant \cdots \geqslant \phi_{i-2} \geqslant \phi_{i-1} \geqslant \phi_i \geqslant \phi_{i+1} \geqslant \phi_{i+2} \geqslant \phi_{i+3} \geqslant \cdots \geqslant \phi_L$。$\phi_0 \geqslant \phi_L$ 与已知条件相违背，故采用有界格式离散对流项时，数值解中不可能出现 $\phi_i > \phi_{i+1}$ 的情形，从而证明满足 CBC 准则的任何有界格式是绝对稳定的。

　　笔者曾采用十几种有界格式对网格 Pe 数从 1 变化到 1000 的多个算例进行了计算,数值结果没有出现任何振荡,从而验证了有界格式一定稳定这一结论。

3.3.2　有界格式的截差精度

　　下面对有界格式的精度展开讨论,主要讨论物理问题极值处所取型线的精度[25]。

　　根据规正变量的定义及式(3.3.4)可得

$$\phi_f = \phi_U + f(\tilde{\phi}_C)(\phi_D - \phi_U) \tag{3.3.14}$$

式(3.3.14)将任一格式写成了一阶迎风格式加修正量的形式,该方程还可写成二阶迎风格式和二阶中心差分格式相结合的形式(SCSD 格式),即

$$\phi_f = \alpha\left(\frac{3}{2}\phi_C - \frac{1}{2}\phi_U\right) + (1-\alpha)\left(\frac{1}{2}\phi_C + \frac{1}{2}\phi_D\right) \tag{3.3.15}$$

将式(3.3.15)代入式(3.3.14)得

$$\alpha = \frac{2f(\tilde{\phi}_C)(\phi_D - \phi_U) + 2\phi_U - \phi_D - \phi_C}{2\phi_C - \phi_U - \phi_D} \tag{3.3.16}$$

式(3.3.16)规正化后得

$$\alpha = \frac{2\tilde{\phi}_f - \tilde{\phi}_C - 1}{2\tilde{\phi}_C - 1} \tag{3.3.17}$$

　　易知,α 为 $\tilde{\phi}_C$ 的函数。由泰勒公式可推导出二阶迎风格式的截断误差为 $-\frac{3}{4}\Delta x^2\frac{\partial^2 \phi}{\partial x^2}$,二阶中心差分的截断误差为 $\frac{1}{4}\Delta x^2\frac{\partial^2 \phi}{\partial x^2}$,于是有界格式的截差为

$$O(\Delta x^2) = \left[-\alpha\frac{3}{4} + (1-\alpha)\frac{1}{4}\right]\Delta x^2\frac{\partial^2 \phi}{\partial x^2}$$
$$= \left(\frac{1}{4} - \alpha\right)\Delta x^2\frac{\partial^2 \phi}{\partial x^2} \tag{3.3.18}$$

　　于是有界格式截差前的系数亦是 $\tilde{\phi}_C$ 的函数。将极值处的型线表达式 $\tilde{\phi}_f = \tilde{\phi}_C$ 代入式(3.3.17)得

$$\alpha = \frac{\tilde{\phi}_C - 1}{2\tilde{\phi}_C - 1} \tag{3.3.19}$$

　　图 3.3.5 给出了 α 随 $\tilde{\phi}_C$ 的变化趋势。由图可知,当 $\tilde{\phi}_C$ 趋于正、负无穷时,α 的极值均为 0.5,其中当 $\tilde{\phi}_C \in (1, +\infty)$ 时 $\alpha \in [0, 0.5)$ 且单调递增,当 $\tilde{\phi}_C \in (-\infty, 0)$ 时 $\alpha \in (0.5, 1]$ 且单调递增。对于中心差分格式,α 的取值为 0;对于二阶迎风

格式 α 的取值为 1。这说明从极值处型线的 α 取值范围可知其截差精度介于中心差分和二阶迎风格式之间,具有二阶截差精度。从图 3.3.2 中可看出,$\tilde{\phi}_f = \tilde{\phi}_C$ 的型线在 $\tilde{\phi}_C \in (1, +\infty)$ 和 $\tilde{\phi}_C \in (-\infty, 0)$ 范围始终处于二阶迎风格式和中心差分格式的型线之间,也定性地说明了在极值处的型线也具有二阶精度。现有文献中的有界格式在 $\tilde{\phi}_C \in [0,1]$ 区间的型线皆位于由二阶迎风格式和中心差分格式围成的阴影部分内,因而也具有二阶截差精度。

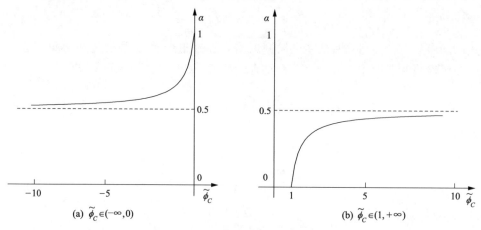

图 3.3.5　极值型线处的 α 的取值

图 3.3.6 给出了六种典型的有界格式在 $\tilde{\phi}_C \in [0,1]$ 时的 α 的取值分布。由图可见,α 的取值皆介于 0 到 1,证明这些格式都具有二阶截差精度。以上分析表明,有界格式在极值处和极值附近都具有二阶截差精度。

下面通过对图 3.3.7 所示的存在热交换的方腔顶盖驱动流(不考虑自然对流)进行数值计算并结合 Richardson 外推法来说明有界格式具有二阶截差精度。采用 98×98、290×290 和 866×866 三套网格对 $Re=1000$ 的驱动流进行计算,Rich-

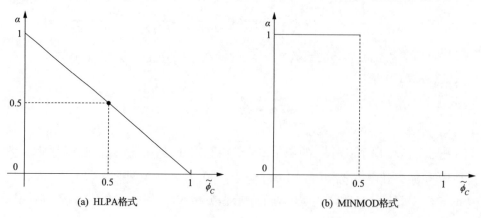

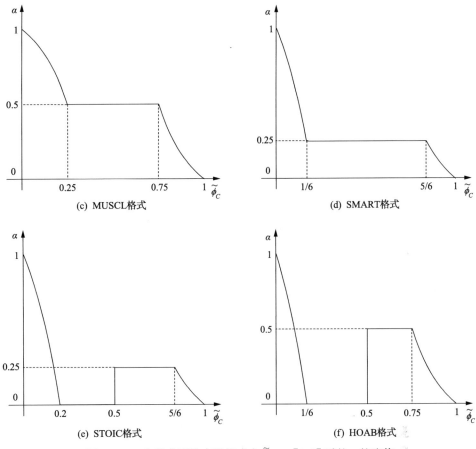

图 3.3.6　六种典型的有界格式在 $\widetilde{\phi}_C \in [0,1]$ 时的 α 的取值

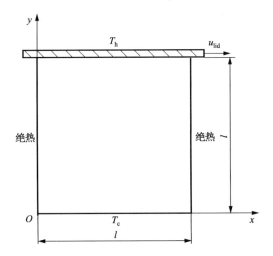

图 3.3.7　存在热交换的方腔顶盖驱动流

ardson 外推法估算出的有界格式整体及其各型线的截差精度分别如表 3.3.1 和表 3.3.2 所示,其中表 3.3.2 中括号内的数据表示各型线所占的比例。

表 3.3.1　不同有界格式截差精度

	HLPA	MINMOD	MUSCL	SMART	STOIC	HOAB
u	2.16	1.97	2.09	1.97	1.94	2.01
v	2.10	1.98	2.07	1.98	1.97	2.03
T	2.14	1.98	2.09	1.97	1.97	2.06

表 3.3.2　不同有界格式分段截差精度及所占比例

有界格式	$\tilde{\phi}_f$	格式精度(比例/%)		
		u	v	T
HLPA	$\tilde{\phi}_f = \tilde{\phi}_C(2-\tilde{\phi}_C)$	2.16(97.59)	2.09(97.95)	2.14(98.41)
	$\tilde{\phi}_f = \tilde{\phi}_C$	2.38(2.41)	1.95(2.05)	—(1.59)
MINMOD	$\tilde{\phi}_f = \tilde{\phi}_C$	2.31(2.41)	1.88(2.04)	1.97(1.57)
	$\tilde{\phi}_f = 1.5\tilde{\phi}_C$	1.95(49.05)	1.97(51.92)	1.99(52.41)
	$\tilde{\phi}_f = 0.5 + 0.5\tilde{\phi}_C$	1.97(48.54)	1.98(46.04)	1.98(46.02)
MUSCL	$\begin{cases} \tilde{\phi}_f = 2\tilde{\phi}_C \\ \tilde{\phi}_f = 1 \\ \tilde{\phi}_f = \tilde{\phi}_C \end{cases}$	2.05(5.81)	2.14(4.23)	2.08(3.28)
	$\tilde{\phi}_f = 0.25 + \tilde{\phi}_C$	2.10(94.82)	2.06(95.77)	2.09(96.72)
SMART	$\begin{cases} \tilde{\phi}_f = 3\tilde{\phi}_C \\ \tilde{\phi}_f = 1 \\ \tilde{\phi}_f = \tilde{\phi}_C \end{cases}$	2.13(4.22)	1.99(3.42)	1.97(2.35)
	$\tilde{\phi}_f = 0.375 + 0.75\tilde{\phi}_C$	1.97(95.78)	1.97(96.58)	1.97(97.65)
STOIC	$\begin{cases} \tilde{\phi}_f = 3\tilde{\phi}_C \\ \tilde{\phi}_f = 1 \\ \tilde{\phi}_f = \tilde{\phi}_C \end{cases}$	2.06(4.57)	1.94(3.78)	1.98(2.5)
	$\tilde{\phi}_f = 0.5 + 0.5\tilde{\phi}_C$	1.93(47.74)	1.99(43.72)	1.98(51.75)
	$\tilde{\phi}_f = 0.375 + 0.75\tilde{\phi}_C$	1.95(47.69)	1.96(52.50)	1.95(45.75)
HOAB	$\begin{cases} \tilde{\phi}_f = 3.5\tilde{\phi}_C \\ \tilde{\phi}_f = 1 \\ \tilde{\phi}_f = \tilde{\phi}_C \end{cases}$	2.16(4.70)	2.05(3.71)	2.06(2.86)
	$\tilde{\phi}_f = 0.5 + 0.5\tilde{\phi}_C$	1.98(48.18)	2.06(43.78)	2.06(51.84)
	$\tilde{\phi}_f = 0.25 + \tilde{\phi}_C$	2.04(47.12)	2.01(52.51)	2.06(45.30)

注:括号内的数表示截差精度所占比例。

从表 3.3.1 和表 3.3.2 可知,所研究的六种有界格式的整体截差精度和各型线的截差精度均约等于 2。由此通过数值实验验证了有界格式在极值处及极值附近所取的型线具有二阶截差精度。

3.3.3　有界格式的计算效率

由于有界组合格式表达式多为分段格式,比单一对流离散格式表达式复杂,传统观念认为有界格式的计算效率可能比单一对流离散格式低。下面仅以 $Re=1000$ 的封闭方腔顶盖驱动流和上下壁面绝热、左右壁面存在温差的 $Pr=0.71$,$Ra=10^6$ 的方腔自然对流为数值算例,对文献中常见的十种有界格式的计算效率进行研究和评估[26,27]。采用单重网格和多重网格有限容积法进行计算,速度-压力耦合采用 SIMPLE 算法处理。计算结果如图 3.3.8 所示。

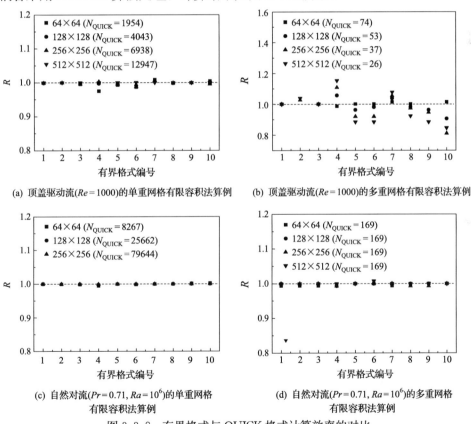

(a) 顶盖驱动流($Re=1000$)的单重网格有限容积法算例

(b) 顶盖驱动流($Re=1000$)的多重网格有限容积法算例

(c) 自然对流($Pr=0.71$, $Ra=10^6$)的单重网格有限容积法算例

(d) 自然对流($Pr=0.71$, $Ra=10^6$)的多重网格有限容积法算例

图 3.3.8　有界格式与 QUICK 格式计算效率的对比

横坐标数字表示不同有界组合格式;分别为:1. COPLA、2. EULER、3. HLPA、4. MINMOD、5. MUSCL、6. OSHER、7. SECBC、8. SMART、9. STOIC、10. HOAB;纵坐标 R 表示相同计算条件下不同计算格式的外迭代步与 QUICK 的外迭代步之比;N_{QUICK} 代表 QUICK 格式的实际外迭代步;计算采用 64×64、128×128、256×256 和 512×512 四套均分网格

　　由图 3.3.8 可明显看出,在相同的计算条件下,采用单重网格求解时,有界格式与 QUICK 格式的外迭代次数基本相当,两者的计算效率相同;而采用多重网格求解时,有界格式的外迭代次数比采用 QUICK 格式可高可低,其比值为 0.8~1.2,平均比值约为 0.98,可认为有界格式的计算效率与 QUICK 格式基本相当。原因在于有界格式的判断所用时间相对于求解过程很小,可以忽略不计,且在迭代过程中大部分节点的型线基本不变。由此可见,对于一般的对流换热问题,有界格式并没有因为表达形式复杂而比单一对流离散格式明显增加额外计算量。

3.4　小　　结

　　本章对边界和物性参数显式处理带来的相容性问题、守恒型方程与非守恒型方程的离散及有界格式的性能进行研究,主要得到以下结论。

　　(1) 内部节点采用隐式而边界节点采用显式,或待求变量采用隐式而物性参数采用显式计算时都会带来相容性问题,会降低计算精度和计算效率。应用此类方法时应分析其影响,如果影响较大应慎用。

　　(2) 守恒型控制方程采用有限容积法离散,非守恒型控制方程采用二阶精度的有限差分法离散,计算表明前者在准确性、对流项稳定性、计算效率和稳健性方面均优于后者。

　　(3) 有界格式是绝对稳定的格式,具有二阶截差精度,且对于一般的对流换热问题,其计算效率与 QUICK 格式基本相当。基于有界格式的这些优点,建议在工程实际问题中应尽可能采用有界格式离散对流项,以保证总能得到精度较高且具有物理意义的数值解。

参 考 文 献

[1] Wu L. Dufort-Frankel-type methods for linear and nonlinear Schrödinger equations. SIAM Journal on Numerical Analysis,1996,33(4):1526-1533.

[2] Tadmor E. The large-time behavior of the scalar,genuinely nonlinear Lax-Friedrichs scheme. Mathematics of Computation,1984,43(168):353-368.

[3] Ames W F. Numerical Methods for Partial Differential Equations. 3rd ed. London: Harcourt Brace Joranovich,Publishers,Academic Press,1992.

[4] 陶文铨. 数值传热学. 西安:西安交通大学出版社,2001.

[5] Zhang W H,Yu B,Zhao Y,et al. A Study on the consistency of discretization equation in unsteady heat transfer calculations. Advances in Mechanical Engineering,2013,5:1-8.

[6] Anderson J D. Computational Fluid Dynamics:The Basics with Applications. New York:McGrawhill Inc. ,1995.

[7] Roache P J. Computational Fluid Dynamics,Revised Printing. Albuquerque:Hermosa Publishers,1972.

[8] Patankar S V. Numerical Heat Transfer and Fluid Flow. Washington DC:Hemisphere Publishing Corporation,1980.

[9] West A C, Fuller T F. Influence of rib spacing in proton-exchange membrane electrode assemblies. Journal of Applied Electrochemistry, 1996, 26(6):557-565.

[10] Leonard B P. Comparison of truncation error of finite-difference and finite-volume formulations of convection terms. Applied Mathematical Modelling, 1994, 18(1):46-50.

[11] Botte G G, Ritter J A, White R E. Comparison of finite difference and control volume methods for solving differential equations. Computers & Chemical Engineering, 2000, 24(12):2633-2654.

[12] Liu R W, Wang D J, Zhang X Y, et al. Comparison study on the performances of finite volume method and finite difference method. Journal of Applied Mathematics, 2013, (2013):1-10.

[13] Thom A. The flow past cylinders at low speeds. Proceedings of the Royal Society of London, Series A, Containing Papers of a Mathematical and Physical Character, 1933, 141(845):651-659.

[14] Woods L C. A note on the numerical solution of fourth order differential equations. Aerospace Quart, 1954, 5:176-184.

[15] Leonard B P. Simple high-accuracy resolution program for convective modelling of discontinuities. International Journal for Numerical Methods in Fluids, 1988, 8(10):1291-1318.

[16] Leonard B P. The ULTIMATE conservative difference scheme applied to unsteady one-dimensional advection. Computer Methods in Applied Mechanics and Engineering, 1991, 88(1):17-74.

[17] Darwish M S. A new high-resolution scheme based on the normalized variable formulation. Numerical Heat Transfer, Part B: Fundamentals, 1993, 24(3):353-371.

[18] Wei J J, Yu B, Tao W Q, et al. A new high-order-accurate and bounded scheme for incompressible flow. Numerical Heat Transfer, Part B: Fundamentals, 2003, 43(1):19-41.

[19] 李旺. 大型浮顶油罐温度场数值模拟方法及其规律研究. 北京:中国石油大学博士学位论文, 2013.

[20] Sweby P K. High resolution schemes using flux limiters for hyperbolic conservation laws. SIAM Journal on Numerical Analysis, 1984, 21(5):995-1011.

[21] Gaskell P H, Lau A K C. Curvature-compensated convective transport: SMART, a new boundedness-preserving transport algorithm. International Journal for Numerical Methods in Fluids, 1988, 8(6):617-641.

[22] 宇波. 内翅片管中的对流换热及非结构化网格中有限容积法的研究. 西安:西安交通大学博士学位论文, 1998.

[23] Hou P L, Tao W Q, Yu M Z. Refinement of the convective boundedness criterion of Gaskell and Lau. Engineering Computations, 2003, 20: 1023-1043.

[24] Li W, Yu B, Wang Y, et al. A technical note on stability analysis of the composite high-resolution schemes satisfying convective boundedness criteria. Progress in Computational Fluid Dynamics, an International Journal, 2013, 13(6):357-367.

[25] Tang Y W, Yu B, Xie J Y, et al. Study on accuracy of the high-resolution schemes. Advance in Mechanical Engineering, 2014, 6:1-13.

[26] 李敬法, 宇波, 汤雅雯, 等. 不同有界组合格式计算效率对比研究. 中国工程热物理年会传热传质分会, 重庆, 2013.

[27] Li J F, Yu B, Wang Y, et al. Study on computational efficiency of composite schemes for convection-diffusion equations using single-grid and multigrid methods. Journal of Thermal Science and Technology, 2015, 10(1):1-9.

第 4 章 多重网格方法

多重网格方法是一种高效求解大型稀疏代数方程组的方法,最早由苏联计算数学家 Fedorenko[1,2] 和 Bakhvalov[3] 于 20 世纪 60 年代初提出。其核心思想是:基于"对固定网格,Jacobi、Gauss-Seidel 等一般迭代方法能快速消除高频(短波)误差分量,但很难衰减低频(长波)误差分量"的事实,以及"细网格上的低频误差分量在粗网格上表现为高频误差分量"特点,可采用不同疏密的网格来快速消除不同频率的误差分量,达到促进迭代收敛速度的效果[4]。

最初发展的多重网格方法为几何多重网格(geometric multigrid,GMG),包括修正格式(correction scheme,CS)[5-8] 和完全近似逼近格式(full approximation scheme,FAS)[5],前者只能求解线性问题,后者既能求解线性问题又能求解非线性问题。由于几何多重网格难以应用于定义在复杂边界形状或非结构化网格上的物理问题。1982 年,Brandt 等[9] 提出了代数多重网格方法(algebraic multigrid,AMG),该方法摒弃了对几何信息的依赖,仅利用系数矩阵的相关信息来构造各层网格及相应的算子,大大提高了多重网格方法在不规则或复杂计算区域的适应性,并在 20 世纪 90 年代初形成了经典代数多重网格的理论框架[10-17]。

本章对几何多重网格和代数多重网格的实施步骤和注意事项进行介绍,并对笔者在几何多重网格余量限定算子的构建、延拓松弛方法及代数多重网格中的网格粗化策略研究中所做的工作进行简要介绍。

4.1 几何多重网格实施步骤及注意事项

CS 格式和 FAS 格式是几何多重网格方法常用的格式,本节首先对这两种格式的具体实施步骤进行详细介绍,然后指出实施步骤中需要注意的问题[18]。

4.1.1 几何多重网格的实施步骤

以 $k(k \geqslant 2)$ 层网格 V 循环为例,说明求解代数方程组 $A\phi = b$ 的几何多重网格实施步骤,其中,设最细网格为第 1 层网格,最粗网格为第 k 层网格。

1. CS 格式的实施步骤

图 4.1.1 形象给出了 CS 格式的 V 循环示意图,现对这一过程进行详细说明。

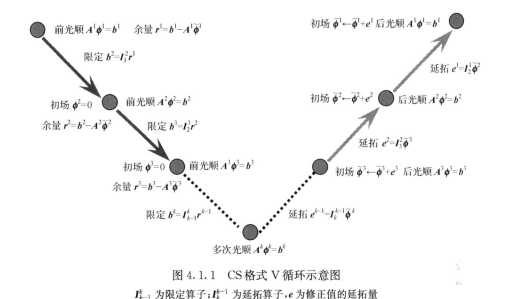

图 4.1.1　CS 格式 V 循环示意图

I_{k-1}^{k} 为限定算子；I_{k}^{k-1} 为延拓算子，e 为修正值的延拓量

（1）在最细网格上离散物理问题的控制方程，得到系数矩阵 A^1 和源项 b^1，并根据各层网格之间的几何关系计算相应层关于修正量 $\boldsymbol{\phi}^2,\boldsymbol{\phi}^3,\cdots,\boldsymbol{\phi}^k$ 方程组的系数矩阵 $A^2,A^3,\cdots,A^k$。

（2）采用光顺算子（如 GS、CG、ADI-TDMA、SIP 方法等）对方程组 $A^1\boldsymbol{\phi}^1=b^1$ 做数次前光顺（一般 3～5 次），得到待求变量的近似值 $\tilde{\boldsymbol{\phi}}^1$，并计算余量 $r^1=b^1-A^1\tilde{\boldsymbol{\phi}}^1$。

（3）将余量 r^1 限定到第 2 层网格上，得该层网格余量方程组的源项 $b^2=I_1^2 r^1$。

（4）前光顺 $A^2\boldsymbol{\phi}^2=b^2$，得其近似解 $\tilde{\boldsymbol{\phi}}^2$ 及余量 $r^2=b^2-A^2\tilde{\boldsymbol{\phi}}^2$。

（5）采用类似方法可将余量限定不断进行下去，直到最粗层网格，最后可得最粗网格上的余量方程 $A^k\boldsymbol{\phi}^k=b^k=I_{k-1}^k r^{k-1}$，可采用多次光顺或直接求解的方法得到该层网格的解 $\tilde{\boldsymbol{\phi}}^k$；

（6）将 $\tilde{\boldsymbol{\phi}}^k$ 延拓到 $k-1$ 层网格上，延拓量为 $e^{k-1}=I_k^{k-1}\tilde{\boldsymbol{\phi}}^k$，得该层网格上修正解 $\tilde{\boldsymbol{\phi}}^{k-1}\leftarrow\tilde{\boldsymbol{\phi}}^{k-1}+e^{k-1}$。由于延拓过程会重新引入高频误差，所以应以该修正解为初场对 $k-1$ 层网格的余量方程进行后光顺（一般 2～3 次），更新 $\tilde{\boldsymbol{\phi}}^{k-1}$。

（7）采用类似的方法将粗网格上的计算值 $\tilde{\boldsymbol{\phi}}^{k-1},\tilde{\boldsymbol{\phi}}^{k-2},\cdots,\tilde{\boldsymbol{\phi}}^2$ 依次延拓到细网格上直至第 1 层网格，得到 $\tilde{\boldsymbol{\phi}}^1\leftarrow\tilde{\boldsymbol{\phi}}^1+e^1$，以该修正解为初场对最细层网格的方程组光顺，更新 $\tilde{\boldsymbol{\phi}}^1$ 并计算余量 r^1。

（8）在最细层网格上判断是否达到设定的收敛标准，如果达到则退出 V 循环，否则重复步骤(3)~(8),直到最细网格上获得满足收敛标准的解。

2. FAS 格式的实施步骤

图 4.1.2 形象给出了 FAS 格式的 V 循环,现对这一过程进行详细说明。

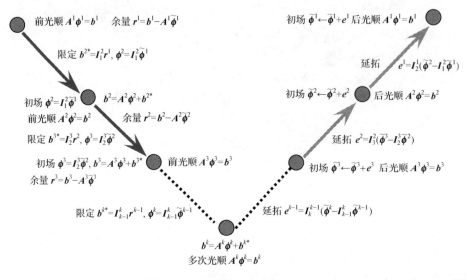

图 4.1.2　FAS 格式 V 循环示意图

(1) 给定初场,计算最细层网格的系数矩阵 A^1 和源项 b^1,数次前光顺后求得待求变量近似解 $\tilde{\boldsymbol{\phi}}^1$ 和方程余量 $r^1 = b^1 - A^1\tilde{\boldsymbol{\phi}}^1$。

(2) 采用各自的限定算子将 $\tilde{\boldsymbol{\phi}}^1$ 和 r^1 限定到第 2 层粗网格上 $\tilde{\boldsymbol{\phi}}^2 = I_1^2\tilde{\boldsymbol{\phi}}^1$ 和 $I_1^2 r^1$ (待求变量和余量的限定算子一般不相同)。

(3) 利用限定得到的 $\tilde{\boldsymbol{\phi}}^2$ 和 $I_1^2 r^1$ 计算 A^2 和 $b^2 = A^2\tilde{\boldsymbol{\phi}}^2 + I_1^2 r^1$,对该层网格方程前光顺数次得解 $\tilde{\boldsymbol{\phi}}^2$ 和余量 $r^2 = b^2 - A^2\tilde{\boldsymbol{\phi}}^2$。

(4) 采用类似方法可将待求变量近似解和余量的限定不断进行下去,直到最粗层网格,可求得最粗网格上的解 $\tilde{\boldsymbol{\phi}}^k$。

(5) 计算最粗网格上的修正量 $\tilde{\boldsymbol{\phi}}^k - I_{k-1}^k\tilde{\boldsymbol{\phi}}^{k-1}$,并将其延拓到上一层网格上,延拓量为 $e^{k-1} = I_k^{k-1}(\tilde{\boldsymbol{\phi}}^k - I_{k-1}^k\tilde{\boldsymbol{\phi}}^{k-1})$,得 $k-1$ 层网格上的修正解 $\tilde{\boldsymbol{\phi}}^{k-1} \leftarrow \tilde{\boldsymbol{\phi}}^{k-1} + e^{k-1}$,用该修正解再次计算该层网格系数矩阵和源项,进行后光顺得 $\tilde{\boldsymbol{\phi}}^{k-1}$。

(6) 采用类似的方法将粗网格上的修正量依次延拓到细网格上直至第 1 层网格,得最细层网格修正解 $\tilde{\boldsymbol{\phi}}^1 \leftarrow \tilde{\boldsymbol{\phi}}^1 + e^1$,用该修正解计算 A^1 和 b^1,并再次光顺求得更新的 $\tilde{\boldsymbol{\phi}}^1$ 和余量 r^1。

（7）在最细层网格上判断数值解是否达到收敛标准，如果达到则退出计算，未达到则重复步骤（2）～（7），进入下一个 V 循环。

3. CS 格式和 FAS 格式的区别

CS 格式和 FAS 格式多重网格的构架基本相同，均涉及光顺、限定和延拓等过程，但从以上具体的实施步骤中可看出它们依然存在一定差异，表 4.1.1 对比了两者的主要区别。

表 4.1.1　CS 格式和 FAS 格式的主要区别

比较对象	CS 格式	FAS 格式
适用范围	只适用于线性问题	对线性问题和非线性问题均适用
系数矩阵	只需计算一次，不需更新	在每个网格层均需更新
粗网格上 ϕ 的含义	待求变量的误差	待求变量
限定过程	只限定余量	限定待求变量和余量
限定过程中粗网格上 ϕ 的光顺初场	零场	上一层细网格限定得到的待求变量近似解
延拓量	$I_k^{k-1}\widetilde{\phi}^k$	$I_k^{k-1}(\widetilde{\phi}^k - I_{k-1}^k\widetilde{\phi}^{k-1})$

4.1.2　几何多重网格实施中的注意事项

1. 最粗层网格数的选取

当网格数减小到一定程度时，宜采用多次光顺或直接求解的方法求出精确解。进一步增加网格层数、减小最粗层网格数，计算效率反而会降低，因此，最粗层网格数不宜过少。尤其值得指出的是，实施贴体坐标多重网格时，应注意不能使得最粗层网格过于稀疏，因为此时可能会导致计算区域的形状不能被网格准确地逼近，与实际物理问题不符，从而导致数值计算发散。

2. 光顺初场的设置

为加快收敛速度，应尽量选择较好的初场。一般来说，设置如下。
（1）限定过程中各层粗网格上的初场对 CS 格式应设为零场，对 FAS 格式应设为上一层细网格限定到该层网格上的待求变量值。
（2）延拓过程中各层网格的初场对这两种格式均应设为延拓修正后的解。

3. 各层网格系数矩阵的计算

CS 格式和 FAS 格式均可通过直接离散控制方程的方式得到各层网格的系数

矩阵,而 CS 格式还可通过限定的方法得到系数矩阵。

4. 各层网格光顺次数的选取

(1) 光顺次数并不是越多越好。在除最粗层网格外的其余层网格上,没必要进行精确求解,只需进行几次光顺,把与其相对应的主要误差谐波分量衰减掉即可。光顺次数太多会影响光顺效率,浪费计算时间。

(2) 在压力-速度耦合问题中,动量方程的光顺次数可少一些,一般取 3 次即可,但压力修正方程的光顺次数应适当多取一些。

(3) 为提高计算效率,不同网格层上的光顺次数可取不同值,光顺次数可随网格层数的增加适当增加,如设为网格层的函数;前光顺次数一般应比后光顺次数多。

5. 限定算子和延拓算子的确定

(1) 确定限定算子时,应考虑守恒原理[19],详见 4.2 节;确定延拓算子时,可考虑采用延拓松弛技术[20,21]加快计算速度,提高计算效率,详见 4.3 节。

(2) 在贴体坐标系下限定算子和延拓算子应在物理平面上计算。

6. 高阶对流差分格式在多重网格中的实施

当对流离散格式为高阶格式时,传统文献一般采用亏损修正的方法实施[22],即在最细层网格上采用高阶格式,而在粗网格上采用绝对稳定的一阶迎风格式。笔者发现在各层粗网格上通过引入延迟修正技术采用高阶格式,可在一定程度上提高计算效率[23,24]。

4.2　CS 格式余量限定算子构建的守恒原理

本节以多重网格教学中遇到的问题为例,对 CS 格式多重网格中余量限定算子构建中的守恒原理进行简要介绍。

4.2.1　问题的提出

在多重网格教学中,笔者参考了 Versteeg 等[25]的 *An Introduction to Computational Fluid Dynamics：The Finite Volume Method* 一书。在该书第 7.7 节有如图 4.2.1 所示的应用 CS 格式多重网格求解长度为 1m 的金属棒热传导问题的例题。描述该问题的控制方程如下:

$$\frac{\partial}{\partial x}\left(\lambda\,\frac{\partial \phi}{\partial x}\right)+S=0 \qquad (4.2.1)$$

计算中取 $\lambda = 5\text{W}/(\text{m} \cdot \text{℃})$，$S = 20\text{kW/m}$。采用有限容积法离散式 (4.2.1)得

$$a_P \phi_P = a_E \phi_E + a_W \phi_W + b \qquad (4.2.2)$$

式中，$a_W = \lambda_w / (\delta x)_w$；$a_E = \lambda_e / (\delta x)_e$；$b = S\Delta x$。

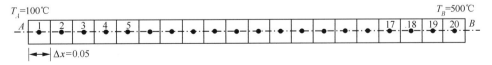

图 4.2.1　金属棒导热问题示意图

该例题采用 CS 格式 V 循环求解，最细网格数为 20，共取 3 层网格，余量限定为

$$r_i^{k+1} = \boldsymbol{I}_k^{k+1} \begin{bmatrix} r_{2i-2}^k \\ r_{2i-1}^k \end{bmatrix} \qquad (4.2.3)$$

式中，$\boldsymbol{I}_k^{k+1} = \begin{bmatrix} 0.5 & 0.5 \end{bmatrix}$（为表达简洁，本书采用此表达式描述某一网格点的限定算子）。计算达到收敛用了 23 个 V 循环。笔者在教学过程中让部分学生对该问题再现时发现，其他条件保持不变，仅将离散方程(4.2.2)两边同除 Δx，用所得到的微分型离散方程求解时达到收敛只需 5 个 V 循环。为什么所有计算条件均相同时仅改变离散方程的表达形式，V 循环次数相差这么大？为了解释这一现象，笔者查阅了相关文献，发现余量限定算子的选取对多重网格收敛速度影响很大，而余量限定与多个因素有关，文献中提出了多种不同的余量限定方式，如超权重余量技术(over-weighted residual technique)[26]、超修正技术(over-correction technique)[27,28]、步长优化技术(step-length optimization technique)[29]和余量缩放技术(residual scaling technique)[30]等。但这些文献在讨论余量限定算子时，笔者未发现文献中明确指出离散方程的具体表达形式及其相关影响。为详细分析离散方程表达形式和余量限定算子对计算收敛性的影响，笔者针对上述例题加密网格至 1024 并采用 8 层网格对多个算例进行计算，计算中仅改变限定算子而其他条件与例题相同，计算结果如表 4.2.1 和图 4.2.2 所示。

表 4.2.1　V 循环次数与余量限定算子取值关系

$(\boldsymbol{I}_k^{k+1})_{积分}$	0.4	0.5	0.6	0.7	0.8	0.9	1.0	1.05	1.1	1.128	1.2
V 循环次数	2899	1008	403	172	77	34	7	24	75	964	发散
$(\boldsymbol{I}_k^{k+1})_{微分}$	0.2	0.25	0.3	0.35	0.4	0.45	0.5	0.525	0.55	0.564	0.6
V 循环次数	2899	1008	403	172	77	34	7	24	75	964	发散

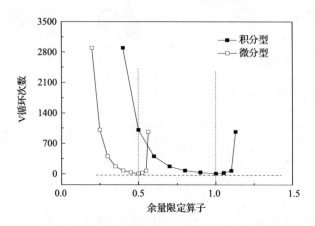

图 4.2.2 V 循环次数随余量限定算子的变化图

由表 4.2.1 和图 4.2.2 可看出,V 循环次数随余量限定算子的变化趋势与方程离散形式无关,均呈 U 形变化趋势。从表 4.2.1 还可看出,当微分型离散方程的余量限定算子取为积分型离散方程余量限定算子的一半时,V 循环次数相同。两者达到收敛时的最优余量限定算子分别为 $(\boldsymbol{I}_k^{k+1})_{积分} = \begin{bmatrix} 1 & 1 \end{bmatrix}$、$(\boldsymbol{I}_k^{k+1})_{微分} = \begin{bmatrix} 0.5 & 0.5 \end{bmatrix}$。下面探讨为何积分型离散方程的余量限定算子取 $\begin{bmatrix} 1 & 1 \end{bmatrix}$ 时 V 循环次数最少,为何 $(\boldsymbol{I}_k^{k+1})_{微分} = 0.5 (\boldsymbol{I}_k^{k+1})_{积分}$ 时两者的计算速度相同。

4.2.2 积分型和微分型离散方程最优余量限定算子

积分型离散方程(4.2.2)的余量为

$$r = b - a_P \phi_P + a_E \phi_E + a_W \phi_W$$
$$= S \Delta x - \Gamma_w \frac{\phi_P - \phi_W}{(\delta x)_w} + \Gamma_e \frac{\phi_E - \phi_P}{(\delta x)_e}$$
$$= S \Delta x - J_w + J_e \tag{4.2.4}$$

式中,J_w 和 J_e 分别表示 w 界面和 e 界面通量。

将式(4.2.4)代入式(4.2.3),并取余量限定算子为 $(\boldsymbol{I}_k^{k+1})_{积分} = \begin{bmatrix} 1 & 1 \end{bmatrix}$,得

$$r_i^{k+1} = r_{2i-2}^k + r_{2i-1}^k \tag{4.2.5}$$

即

$$S_i^{k+1} \Delta x^{k+1} - J_{i,w}^{k+1} + J_{i,e}^{k+1} = (S_{2i-2}^k \Delta x^k - J_{2i-2,w}^k + J_{2i-2,e}^k)$$
$$+ (S_{2i-1}^k \Delta x^k - J_{2i-1,w}^k + J_{2i-1,e}^k) \tag{4.2.6}$$

式(4.2.6)左边代表粗网格上的能量不平衡量,右边为粗网格所包含的两个细网格上的能量不平衡量之和,如图 4.2.3 所示。从式(4.2.6)和图 4.2.3 可看出,

余量限定算子取 [1　1] 时保证了细网格上的能量不平衡量等量地传递到了相应粗网格上,即保证了能量不平衡量传递的守恒性。由于满足了物理上的守恒特性,所以余量限定算子取 [1　1] 时计算速度最快。

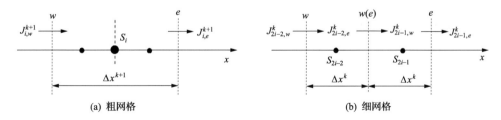

图 4.2.3　一维网格上的能量守恒示意图

当限定算子取 [0.5　0.5] 时,表示能量不平衡量由细网格向粗网格传递时被缩小 1/2,限定到粗网格上的能量不平衡量并不能正确反映真实的物理过程,会使迭代速度变慢;而当余量限定算子取大于 1 的数值(如 [1.1　1.1])时,由于放大了能量不平衡量,会使迭代速度变慢。进一步增大余量限定算子甚至会使计算发散。

对于微分型离散方程,其余量为

$$r = S - \frac{1}{\Delta x}J_w + \frac{1}{\Delta x}J_e \qquad (4.2.7)$$

当限定算子取 [0.5　0.5] 时,余量的传递过程为

$$S_i^{k+1} - \frac{J_{i,w}^{k+1}}{\Delta x^{k+1}} + \frac{J_{i,e}^{k+1}}{\Delta x^{k+1}} = 0.5\left(S_{2i-2}^k - \frac{J_{2i-2,w}^k}{\Delta x^k} + \frac{J_{2i-2,e}^k}{\Delta x^k}\right)$$
$$+ 0.5\left(S_{2i-1}^k - \frac{J_{2i-1,w}^k}{\Delta x^k} + \frac{J_{2i-1,e}^k}{\Delta x^k}\right) \qquad (4.2.8)$$

方程两边同乘 Δx^{k+1} 可得

$$(S_i^{k+1}\Delta x^{k+1} - J_{i,w}^{k+1} + J_{i,e}^{k+1}) = 0.5\frac{\Delta x^{k+1}}{\Delta x^k}(S_{2i-2}^k\Delta x^k - J_{2i-2,w}^k + J_{2i-2,e}^k)$$
$$+ 0.5\frac{\Delta x^{k+1}}{\Delta x^k}(S_{2i-1}^k\Delta x^k - J_{2i-1,w}^k + J_{2i-1,e}^k)$$
$$(4.2.9)$$

对于一维均分网格,$\frac{\Delta x^{k+1}}{\Delta x^k} = 2$,式(4.2.9)和式(4.2.6)等价,因而当微分型离散方程的余量限定算子取 [0.5　0.5] 时,与积分型离散方程的余量限定算子取 [1　1] 等价,同样可保证能量不平衡量的等量传递。

当 $(\boldsymbol{I}_k^{k+1})_{积分} \neq$ [1　1],$(\boldsymbol{I}_k^{k+1})_{微分} \neq$ [0.5　0.5] 时,能量不平衡量不能等量

传递,但只要满足 $(\boldsymbol{I}_k^{k+1})_{积分} = 2\,(\boldsymbol{I}_k^{k+1})_{微分}$,可以类似地证明该条件下两者的计算速度相同。

4.2.3　满足能量不平衡量等量传递的余量限定算子

根据以上推导可知,最优余量限定算子应满足细网格上的能量不平衡量等量传递到相对应的粗网格上。对于一维问题,积分型离散方程和微分型离散方程的最优余量限定算子取值分别为

$$(\boldsymbol{I}_k^{k+1})_{积分} = \begin{bmatrix} 1 & 1 \end{bmatrix} \tag{4.2.10}$$

$$(\boldsymbol{I}_k^{k+1})_{微分} = \frac{\Delta x^k}{\Delta x^{k+1}} \begin{bmatrix} 1 & 1 \end{bmatrix} \tag{4.2.11}$$

推广至二维问题,即

$$(\boldsymbol{I}_k^{k+1})_{积分} = \begin{bmatrix} 1 & 1 & 1 & 1 \end{bmatrix} \tag{4.2.12}$$

$$(\boldsymbol{I}_k^{k+1})_{微分} = \frac{\Delta V^k}{\Delta V^{k+1}} \begin{bmatrix} 1 & 1 & 1 & 1 \end{bmatrix} \tag{4.2.13}$$

一般来说,对于积分型离散方程 $\boldsymbol{A\phi} = \boldsymbol{b}$,假设某因素使其发生 ζ 倍的缩放,变为 $\zeta\boldsymbol{A\phi} = \zeta\boldsymbol{b}$,在利用多重网格求解时,余量限定若要满足能量不平衡量的等量传递,余量限定算子需满足 $(\boldsymbol{I}_k^{k+1})_{微分} = \zeta^k/\zeta^{k+1}\,(\boldsymbol{I}_k^{k+1})_{积分}$。

由上述可知,无论离散方程的表达式如何,使得多重网格方法加速效果最佳的余量限定算子应能使能量不平衡量等量传递到粗网格。需要指出的是,以上推导是针对线性方程而言,结论仅适用于线性问题。Li 等[19]对一个二维导热问题和对流扩散问题的计算表明,对于 FAS 格式,此结论也是正确的,因此,对非线性问题,可采用本节提出的方法来确定余量限定算子。

4.3　求解非线性问题的多重网格延拓松弛方法

多重网格求解非线性问题的计算效率比求解线性问题差很多,文献中[31-34]提出了一些加快多重网格求解非线性问题计算速度的方法。笔者在加快 FAS 格式收敛速度方面也做了一些尝试,受一般迭代法中亚松弛思想的启发,提出了对从粗网格到细网格延拓的修正量加以松弛的方法,发现该方法可显著提高多重网格求解非线性问题的计算效率[20,21],下面对这一求解非线性问题的多重网格延拓松弛方法进行简要介绍。

4.3.1　多重网格延拓松弛方法

4.1节讲到 FAS 格式多重网格从第 $k+1$ 层粗网格到第 k 层细网格延拓可以

得到细网格上的更新值,即

$$\widetilde{\boldsymbol{\phi}}^k \leftarrow \widetilde{\boldsymbol{\phi}}^k + \boldsymbol{I}_{k+1}^k (\widetilde{\boldsymbol{\phi}}^{k+1} - \boldsymbol{I}_k^{k+1} \widetilde{\boldsymbol{\phi}}^k) \tag{4.3.1}$$

类比于一般迭代法中的亚松弛思想,可对延拓的修正值进行亚松弛处理,得

$$\widetilde{\boldsymbol{\phi}}^k \leftarrow \widetilde{\boldsymbol{\phi}}^k + \beta \boldsymbol{I}_{k+1}^k (\widetilde{\boldsymbol{\phi}}^{k+1} - \boldsymbol{I}_k^{k+1} \widetilde{\boldsymbol{\phi}}^k) \tag{4.3.2}$$

式中,β 称为延拓松弛因子。

对于多变量耦合问题,不同的变量可取不同的 β 值。例如,对于一个速度、压力、温度耦合的问题,不同物理量的延拓松弛处理可写成如下形式:

$$\widetilde{\boldsymbol{u}}^k \leftarrow \widetilde{\boldsymbol{u}}^k + \beta_u \boldsymbol{I}_{k+1}^k (\widetilde{\boldsymbol{u}}^{k+1} - \boldsymbol{I}_k^{k+1} \widetilde{\boldsymbol{u}}^k) \tag{4.3.3}$$

$$\widetilde{\boldsymbol{v}}^k \leftarrow \widetilde{\boldsymbol{v}}^k + \beta_v \boldsymbol{I}_{k+1}^k (\widetilde{\boldsymbol{v}}^{k+1} - \boldsymbol{I}_k^{k+1} \widetilde{\boldsymbol{v}}^k) \tag{4.3.4}$$

$$\widetilde{\boldsymbol{T}}^k \leftarrow \widetilde{\boldsymbol{T}}^k + \beta_T \boldsymbol{I}_{k+1}^k (\widetilde{\boldsymbol{T}}^{k+1} - \boldsymbol{I}_k^{k+1} \widetilde{\boldsymbol{T}}^k) \tag{4.3.5}$$

下面通过对几个物理问题的求解来说明延拓松弛方法对加快求解非线性问题的有效性。

4.3.2　物理问题与结果分析

下面对二维直角坐标系下的三个物理问题采用多重网格方法进行求解。物理问题 1 为旋转流场中的对流扩散问题;物理问题 2 为方腔顶盖驱动流;物理问题 3 为左右壁面存在温差、上下壁面绝热的方腔自然对流。其中物理问题 1 为单变量非线性问题,物理问题 2 和 3 为非线性耦合问题。

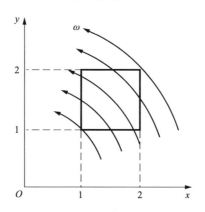

图 4.3.1　计算区域及旋转速度场示意图

物理问题 1 的计算区域为如图 4.3.1 所示的以坐标原点为旋转中心环形流场中 $\Omega = \{x \in [1,2], y \in [1,2]\}$ 的方形区域。控制方程为

$$\frac{\partial(u\phi)}{\partial x}+\frac{\partial(v\phi)}{\partial y}=\frac{\partial}{\partial x}\left(\Gamma\frac{\partial\phi}{\partial x}\right)+\frac{\partial}{\partial y}\left(\Gamma\frac{\partial\phi}{\partial y}\right) \tag{4.3.6}$$

式中，$u=-y\omega$；$v=x\omega$；ω 为旋转角速度；$\Gamma=1+e^{\phi}$。当 $\omega=0$ 时，式(4.3.6)退化为非线性扩散型方程，针对对流扩散问题计算了 4 个不同的算例，计算条件如表 4.3.1 所示。这 4 个算例考虑对流项、边界条件及离散格式等因素的影响，希望通过这些算例来说明延拓松弛方法的广泛适应性。

表 4.3.1　对流扩散问题中 4 个不同算例的计算条件

算例	问题类型	离散格式	边界条件
1	$\omega=0$，扩散问题	中心差分	东西边界，$\phi(x,y)=1.0$ 北边界，$\phi(x,y)=2.0$ 南边界，$\phi(x,y)=0.0$
2	$\omega=0$ 扩散问题	中心差分	北边界，$-\Gamma\dfrac{\partial\phi(x,y)}{\partial y}=\phi(x,y)-2$ 其余边界同算例 1
3	$\omega=1$ 对流扩散问题	对流项：一阶迎风 扩散项：中心差分	同算例 2
4	$\omega=1$ 对流扩散问题	对流项：QUICK 扩散项：中心差分	同算例 2

　　三个物理问题的求解均采用多重网格 V 循环方法，收敛标准取为最细网格的方程组余量范数小于 10^{-10}。物理问题 1 采用 1024×1024 的均分网格，用 9 层网格求解。物理问题 2 和 3 的控制方程采用二阶中心差分格式离散，并采用同位网格 SIMPLE 算法处理压力-速度耦合关系。部分计算结果如图 4.3.2 和图 4.3.3 及表 4.3.2～表 4.3.4 所示[20][21]。

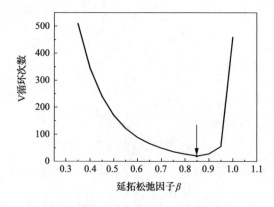

图 4.3.2　对流扩散问题算例 4 的 V 循环次数随 β 变化曲线

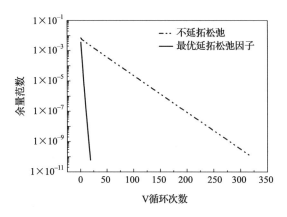

图 4.3.3　对流扩散问题算例 4 的余量范数曲线

表 4.3.2　对流扩散问题的 V 循环次数与计算时间比对比（1024×1024 网格）

算例	不松弛	最优松弛	计算时间比
1	44	26	0.59
2	125	19	0.152
3	450	20	0.044
4	459	20	0.043

表 4.3.3　顶盖驱动流问题 V 循环次数对比

网格数	$Re=100$		$Re=1000$	
	不松弛	最优松弛	不松弛	最优松弛
256×256	18	16	30	24
512×512	20	17	31	23
1024×1024	17	16	26	21

表 4.3.4　自然对流问题 V 循环次数对比

网格数	$Ra=10^4$		$Ra=10^5$	
	不松弛	最优松弛	不松弛	最优松弛
128×128	20	17	39	34
256×256	18	14	26	23
512×512	17	12	31	25

从图 4.3.2 可看出，物理问题 1 中 FAS 格式 V 循环次数随延拓松弛因子的变化呈 U 形，循环次数对延拓松弛因子较敏感。当延拓松弛因子取最优值时，计算

速度比不松弛的计算优势明显。从图 4.3.3 可看出,采用延拓松弛后余量收敛速度有较大提高。从表 4.3.2 可以看出,采用最优延拓松弛的计算耗时大幅度减小,仅为不松弛的 0.59～0.043 倍。对于多变量耦合问题 2 和问题 3,由表 4.3.3 和表 4.3.4 可知,虽然采用最优延拓松弛因子的效果不如问题 1 明显,但也有较明显的速度提升。综上可知,采用延拓松弛方法可明显提高求解非线性问题的计算效率。

4.4　代数多重网格简介及注意事项

流动与传热现象大多发生在非规则或具有复杂边界形状的区域内,由于几何多重网格方法需要利用物理问题的几何信息来构造各层网格上的相关构件,对于定义在结构化网格或半结构化网格上的问题求解效果很好,但很难应用于边界形状复杂的问题。为克服几何多重网格方法的缺陷,Brandt[9] 在 1982 年提出了代数多重网格方法,增强了多重网格方法在非规则或复杂区域的适应性,成为当今多重网格方法领域的研究热点。本节首先对代数多重网格和几何多重网格的区别进行简单介绍,然后详细阐述经典代数多重网格方法的一般实施步骤和关键问题。

4.4.1　代数多重网格与几何多重网格的区别

代数多重网格是基于几何多重网格基本思想建立起来的一种求解代数方程的迭代方法,但它不利用所求解问题的几何性质和物理性质,仅利用代数方程系数矩阵的信息构造多重网格计算所需的基本构件,并给出一套虚构的粗细网格,然后按照几何多重网格循环过程进行求解。代数多重网格与几何多重网格的主要区别如表 4.4.1 所示。

表 4.4.1　代数多重网格与几何多重网格方法的主要区别

比较对象	几何多重网格	代数多重网格
依赖的信息	问题的几何和物理性质	系数矩阵
网格算子	固定	不固定,针对具体问题选择
光顺算子	不固定,针对具体问题选择	固定
程序通用性	针对不同问题分别编程	可共享一个通用程序

4.4.2　代数多重网格的实施步骤

以经典代数多重网格方法(Ruge-Stüben)[35] 为例,说明求解代数方程组 $A\phi = b$ 的一般实施步骤,设最细网格为第 1 层网格。

1. 启动阶段

与几何多重网格相比,代数多重网格在实施步骤上增加了一个启动阶段(set-up phase)。启动阶段的主要任务是构建多重网格方法计算所需的延拓算子、限定算子和粗网格算子,具体实施步骤如下。

(1) 初始化网格层次,令 $k=1$。

(2) 网格粗化过程(粗细网格的划分):

$$\Omega^k = C^k \bigcup F^k$$

其中, Ω^k 为 k 层网格点的集合; F^k 为 k 层网格点中被选为细网格点的集合; C^k 为 k 层网格点中被选为粗网格点的集合。 C^k、 F^k、 Ω^k 满足如下集合关系:

$$C^k \bigcap F^k = \varnothing, \quad C^k = \Omega^{k+1}$$

(3) 构造延拓算子。

延拓算子为

$$(\boldsymbol{I}_{k+1}^k)_i = \begin{cases} 1, & i \in C \\ \sum\limits_{j \in \boldsymbol{C}_i} \omega_{ij}, & i \in F \end{cases}$$

式中, $i \in \Omega^k$,权重因子 ω_{ij} 为

$$\omega_{ij} = -\frac{a_{ij} + \sum\limits_{m \in \boldsymbol{D}_i^s} \left[\dfrac{a_{im}a_{mj}}{\sum\limits_{k \in C_i} a_{mk}} \right]}{a_{ii} + \sum\limits_{n \in \boldsymbol{D}_i^w} a_{in}}$$

式中, a 表示离散方程系数矩阵中的元素;下角标 i 表示待插值点; m 表示 D_i^s 中的点, n 表示 D_i^w 中的点;上角标 w 表示弱依赖。

(4) 计算限定算子。

根据变分原理,限定算子为

$$\boldsymbol{I}_k^{k+1} = (\boldsymbol{I}_{k+1}^k)^{\mathrm{T}}$$

式中,上标 T 表示矩阵转置运算。

(5) 计算粗网格算子。

根据 Galerkin 条件,粗网格算子为

$$\boldsymbol{A}^{k+1} = \boldsymbol{I}_k^{k+1} \boldsymbol{A}^k \boldsymbol{I}_{k+1}^k$$

(6) 若 k 达到指定值,则终止;否则令 $k=k+1$,并返回步骤(2)。

2. 求解阶段

在启动阶段中建立了多重网格方法的基本构件后便进入求解阶段(solution

phase),求解阶段的实施步骤与几何多重网格方法的求解步骤完全相同,可采用 V 循环、W 循环、FMG 循环等方法进行求解,这里不再赘述,读者可参考相关书籍。

4.4.3　代数多重网格实施中的注意事项

代数多重网格与几何多重网格的主要区别在于启动阶段,这里对启动阶段中的两个关键问题——网格粗化和延拓算子的确定进行详细说明。

1. 网格粗化

网格粗化是指粗网格的构造方法,下面简要对其进行介绍[36-39]。

1) 强依赖(强连接)和强影响

设点 i 的邻域为 $N_i = \{j : a_{ij} \neq 0, j \neq i\}$,在经典代数多重网格理论框架中规定:若点 i 邻域中的某点 j 满足 $|a_{ij}| \geqslant \theta \cdot \max\limits_{k \neq i} |a_{ik}|$,$0 < \theta \leqslant 1$,则称点 i 强依赖于(强连接于)点 j,或点 j 强影响点 i,如图 4.4.1 所示。其中 θ 为衡量节点间强弱依赖关系的阈值,其具体取值与待求问题的性质、对算子复杂度的要求等因素有关。记点 i 的强依赖(强连接)域为 $S_i = \{j \in N_i : |a_{ij}| \geqslant \theta \cdot \max\limits_{k \neq i} |a_{ik}|, 0 < \theta \leqslant 1\}$,强影响域为 $S_i^{\mathrm{T}} = \{j : i \in S_j\}$,并定义强影响域中节点总数为节点 i 的集合势 λ_i。集合势是衡量节点 i 在网格粗化过程中被选为粗网格点可能性大小的指标,λ_i 越大,节点 i 越可能被选为粗网格点。在网格粗化过程中,集合势不断更新。

$$i \leftarrow j \qquad\qquad i \rightarrow j$$

(a) 点 i 依赖点 j　　　　(b) 点 i 影响点 j

图 4.4.1　节点依赖与影响的关系

2) 网格粗化原则

一个细网格点能否被选为粗网格点,需遵循两个基本原则:①对于每一个点 $i \in F$,对 $\forall j \in S_i$,要么 $j \in C$,要么 j 至少强依赖于 $C_i = S_i \cap C$ 中的一个点;②粗网格点集 C 应该是 Ω 的最大子集,且保持这样的性质:C 中任意两个点不存在依赖或影响的关系。原则 1 是必须要保证满足的原则,用于保证延拓算子构建的有效性;原则 2 作为一个指导性原则,用于控制粗网格点集的规模不至于过大而增加计算量。

3) 网格粗化步骤

网格粗化分为第一步网格粗化和第二步网格粗化,第一步网格粗化的一般实施步骤如下。

(1) 初始化粗、细网格点集合 $C = \varnothing$、$F = \varnothing$ 和未分类初始点集合 $U = \Omega$,计算各初始点的集合势 $\lambda_i = |S_i^{\mathrm{T}}|$(或 $\lambda_i = |S_i^{\mathrm{T}} \cap U| + \kappa |S_i^{\mathrm{T}} \cap F|, (i \in U)$)。

(2) 搜索 λ_i 最大的点 i 为粗网格点,将其加入粗网格点集合 $C = C \cup \{i\}$,并将其从初始点集合中剔除 $U = U - \{i\}$。

（3）对点 i 影响域中的点 j（$j \in S_i^{\mathrm{T}} \bigcap U$），执行步骤（4）和（5）。

（4）将点 j 选为细网格点，加入细网格点集合 $F = F \bigcup \{j\}$，并将其从初始点集合中剔除 $U = U - \{j\}$。

（5）更新点 j 依赖域中点 l（$\forall l \in S_j \bigcap U$）的集合势 $\lambda_l = \lambda_l + 1$。

（6）更新点 i 依赖域中点 k（$\forall k \in S_i \bigcap U$）的集合势 $\lambda_k = \lambda_k - 1$。

（7）如果初始点集合 $U = \varnothing$，则网格粗化完成，否则转到步骤（2）。

经过第一步网格粗化对网格节点进行初步划分后进行第二步网格粗化，一般实施步骤如下。

（1）初始化测试点集合 $T = \varnothing$。

（2）如果细网格点集合 F 中的元素全部测试完毕，即 $T \supseteq F$，则第二步网格粗化完成，否则选取 F 中任意点 i（$i \in F - T$），并将其加入测试点集合中 $T = T \bigcup \{i\}$，执行以下步骤。

（3）计算节点 i 的强依赖粗网格点集 $C_i = S_i \bigcap C$、强依赖细网格点集 $D_i^{\mathrm{s}} = S_i - C_i$ 和弱依赖网格点集 $D_i^{\mathrm{w}} = N_i - S_i$，并初始化临时粗网格点集 $\tilde{C}_i = \varnothing$。

（4）对节点 i 强依赖细网格点集 D_i^{s} 中的元素 j，顺序执行步骤（5）、（6）。

（5）若 $S_j \bigcap C_i \neq \varnothing$，转向执行步骤（7）。

（6）若 $S_j \bigcap C_i = \varnothing$：若 $\tilde{C} \neq \varnothing$，则令 $C = C \bigcup \{i\}$，$F = F - \{i\}$，转向步骤（2）；若 $\tilde{C} = \varnothing$，则令 $\tilde{C} = \{j\}$，$C_i = C_i \bigcup \{j\}$，$D_i^{\mathrm{s}} = D_i^{\mathrm{s}} - \{j\}$，转向执行步骤（4）。

（7）令 $C = C \bigcup \tilde{C}_i$，$F = F - \tilde{C}_i$，转向执行步骤（2）。

2. 延拓算子的确定

1）待插值点与粗网格插值点重合

图 4.4.2(a)所示为待插值点与粗网格插值点为同一点的情形，此时只需将粗网格插值点上的信息直接延拓到相应待插值点上，即取延拓算子 $I_{k+1}^k = 1$。

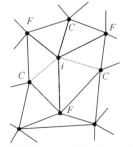 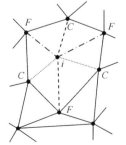

(a) 待插值点 i 与粗网格插值点重合　　　　　　　(b) 待插值点 i 与粗网格插值点不重合

图 4.4.2　粗网格插值点的不同分类

2) 待插值点与粗网格插值点不重合

若待插值点与粗网格插值点不重合,此时首先需要对待插值点 i 邻域中的节点类型进行分类,如 4.4.2(b)所示,待插值点 i 邻域中的节点可分为 3 类。

(1) 强依赖粗点 C_i : $C_i = S_i \bigcap C$,如图 4.4.2(b)中与点 i 之间的连接为点线的点。

(2) 强依赖细点 D_i^s : $D_i^s = S_i - C_i$,如图 4.4.2(b)中与点 i 之间的连接为点划线的点。

(3) 弱依赖点 D_i^w : $D_i^w = N_i - S_i$,如图 4.4.2(b)中与点 i 之间的连接为虚线的点。

在代数多重网格中,代数光滑误差通过小余量表征,即

$$r_i = a_{ii}e_i + \sum_{j \in N_i} a_{ij}e_j \approx 0 \tag{4.4.1}$$

其中,e 表示误差。

进一步将式(4.4.1)展开得

$$a_{ii}e_i \approx - \sum_{j \in N_i} a_{ij}e_j \tag{4.4.2}$$

由上述待插值点 i 邻域中的节点分类,式(4.4.2)可进一步写为

$$a_{ii}e_i \approx - \sum_{j \in C_i} a_{ij}e_j - \sum_{j \in D_i^s} a_{ij}e_j - \sum_{j \in D_i^w} a_{ij}e_j \tag{4.4.3}$$

观察式(4.4.3),等式右端第 2 项和第 3 项中节点 j 分别为强依赖细网格点和弱依赖点,此时需将相应 e_j 用粗网格插值点的 e_j 表示,下面详细介绍式(4.4.3)后两项的处理方法。

(1) $j \in D_i^w$:由于点 j 为弱依赖点,元素 a_{ij} 很小,此时可令 $e_j = e_i$,将(4.4.3)式右端第三项移项整理得

$$\left(a_{ii} + \sum_{j \in D_i^w} a_{ij}\right)e_i \approx - \sum_{j \in C_i} a_{ij}e_j - \sum_{j \in D_i^s} a_{ij}e_j \tag{4.4.4}$$

(2) $j \in D_i^s$:由网格粗化原则 1 可知,点 j 必定至少有一个强依赖粗网格点,即存在点 $k(k \in C_i \bigcap C_j)$,e_j 可用 e_k 表示为

$$e_j = \frac{\sum\limits_{k \in C_i} a_{jk}e_k}{\sum\limits_{k \in C_i} a_{jk}} \tag{4.4.5}$$

将式(4.4.5)代入式(4.4.4)中,可得插值权重为

$$\omega_{ij} = -\frac{a_{ij} + \sum\limits_{m \in \boldsymbol{D}_i^{\mathrm{s}}} \left[\dfrac{a_{im} a_{mj}}{\sum\limits_{k \in \boldsymbol{C}_i} a_{mk}}\right]}{a_{ii} + \sum\limits_{n \in D_i^{\mathrm{w}}} a_{in}} \tag{4.4.6}$$

综合上述两种情况,延拓算子的计算公式为

$$(\boldsymbol{I}_{k+1}^k)_i = \begin{cases} 1, & i \in C \\ \sum\limits_{j \in C_i} \omega_{ij}, & i \in F \end{cases} \tag{4.4.7}$$

4.5　基于局部信息优先原则的网格粗化策略

　　网格粗化是代数多重网格方法理论框架的重要组成部分,是构造多重网格计算所需延拓算子、限定算子等基本组件的基础,粗网格选取的合适与否对代数多重网格算法的复杂度、健壮性和计算效率都有着重要影响[38-50]。本节首先指出经典网格粗化策略存在的不足之处,然后介绍一种基于局部信息优先原则的网格粗化策略[51]。

4.5.1　经典网格粗化策略的不足

　　在网格粗化过程中,经常会遇到下列情形:在同一网格层次上,某一局部区域内同时出现多个最大集合势相同的网格点,如图 4.5.1(a)所示第 2 行中间 3 个网格点,集合势均为 11。在这种情况下,存在不同的网格粗化路径,如图 4.5.1(a)中3 个网格点分别对应 3 条不同的网格粗化路径。不同的网格粗化路径可能会生成不同的粗网格,如图 4.5.1(b)~图 4.5.1(d)所示,此种情形下,将面临该如何选取较优粗网格的问题。

　　产生这种现象的根本原因在于网格点的集合势并不能精确刻画网格点与其强影响域中元素之间的整体强连接效应。根据经典网格粗化理论(Classical Ruge-Stüben,C-RS),凡是强依赖于点 i 的网格点对点 i 集合势的贡献均为 1,但不考虑这种强连接关系究竟有多强烈,显然这种所有强影响点对集合势的贡献均相同的原则是一种粗糙地描述网格点整体强连接关系的方法。例如,假设表 4.5.1 第 2 列所示为图 4.5.1(a)中 3 个集合势相同的点对应的系数矩阵,假设强弱连接关系阈值取 $\theta = 0.5$,则其邻点均为其强依赖域和强影响域中的元素,此时强影响域中的节点对中心点集合势的贡献矩阵如表 4.5.1 第 3 列所示。尽管这 3 个点强影响域中各元素对应的系数不同,但其对集合势的贡献均为 1,此时集合势无法精确体现强影响域中各元素离散系数的差异,显然这与问题的实际不符。因此,尽管这 3 个网格点的集合势相同,但并不表示这 3 个网格点被选为粗网格点的可能性也是相同的。

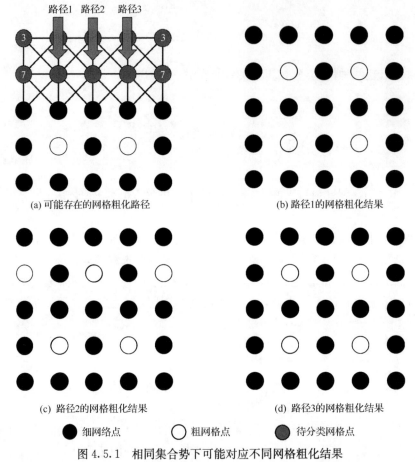

<table>
<tr><td>(a) 可能存在的网格粗化路径</td><td>(b) 路径1的网格粗化结果</td></tr>
<tr><td>(c) 路径2的网格粗化结果</td><td>(d) 路径3的网格粗化结果</td></tr>
</table>

● 细网络点　　○ 粗网格点　　⬤ 待分类网格点

图 4.5.1　相同集合势下可能对应不同网格粗化结果

表 4.5.1　网格点系数矩阵及强影响域元素对中心点集合势的贡献

网格点	系数矩阵	集合势矩阵
1	$\begin{bmatrix} -1 & -1.1 & -1.2 \\ -1.1 & 9.3 & -1.2 \\ -1.4 & -1.2 & -1.1 \end{bmatrix}$	$\begin{bmatrix} 1 & 1 & 1 \\ 1 & 8+3 & 1 \\ 1 & 1 & 1 \end{bmatrix}$
2	$\begin{bmatrix} -1 & -1.3 & -1.2 \\ -1.2 & 9.7 & -1.2 \\ -1.4 & -1.3 & -1.1 \end{bmatrix}$	$\begin{bmatrix} 1 & 1 & 1 \\ 1 & 8+3 & 1 \\ 1 & 1 & 1 \end{bmatrix}$
3	$\begin{bmatrix} -1 & -1.3 & -1.2 \\ -1.2 & 9.5 & -1.1 \\ -1.4 & -1.2 & -1.1 \end{bmatrix}$	$\begin{bmatrix} 1 & 1 & 1 \\ 1 & 8+3 & 1 \\ 1 & 1 & 1 \end{bmatrix}$

经典网格粗化策略的这一不足会对网格粗化结果和后续求解阶段产生影响。由图 4.5.1 可知,不同的网格粗化路径对应不同的网格粗化结果,粗网格点数目和位置可能均会不同。对于各向同性物理问题,在固定的离散格式下,主节点邻域中的元素离散系数相同,首先选择哪个网格点作为粗网格点并不会产生明显影响。但对于表 4.5.1 所示具有奇异性的物理问题,虽然网格点集合势相同,但此时集合势已不能精确刻画网格点与其强依赖域中元素的整体强连接程度,网格粗化结果出现的较大差异显然会影响后续的数值计算,因此经典网格粗化理论的这一不足在求解具有奇异性的物理问题中显得较为突出。

4.5.2 基于局部信息优先原则的网格粗化策略

针对上述经典网格粗化理论存在的不足,基于网格点强弱连接关系的基本理论和二次精细化判别的思想,提出了一种基于局部信息优先原则(local information priority principle, LIPP)的网格粗化策略(LIPP-RS)。局部信息优先是指在网格粗化过程中,当出现多个最大集合势相同的网格点时,应采取适当的方法利用这些网格点邻域的局部信息进一步精细表征这些网格点与其影响域内元素的整体强连接强度,以优选粗网格点和优化网格粗化路径。其核心思想是根据网格点周围的局部信息对该网格点进行二次精细化判别。为实现基于局部信息优先原则的网格粗化策略,笔者分别发展了基于局部信息的整体强连接系数判别法和基于局部信息的二次粗化阈值判别法两种实施方法,下面仅针对强依赖域和强影响域中元素相同的情况分别进行介绍。

1. 基于局部信息的整体强连接系数判别法

由本节第一部分可知,集合势并不能精确刻画网格点 i 与其强影响域中元素的整体强连接程度。因此,应在集合势的基础上寻求一个可以精确表征网格点强弱连接程度的物理量。这里首先引入网格点 i 与其强依赖域中元素 j 之间的强连接系数 β_{ij}:

$$\beta_{ij} = \frac{|a_{ij}|}{\max\limits_{k \neq i} |a_{ik}|} \tag{4.5.1}$$

由上述定义可知,β_{ij} 精确刻画了网格点 i 与其强依赖域中元素 j 之间连接关系的具体强度。但由经典网格粗化理论易知,无论 β_{ij} 值的大小如何,只要 $\beta_{ij} \geqslant \theta$,点 j 对点 i 集合势的贡献均为 1。因此传统网格粗化策略并未将 β_{ij} 这一定量数据的作用考虑到网格粗化中。

为克服上述经典网格粗化理论的缺陷,在单个网格点强连接系数 β_{ij} 的基础上,定义网格点 i 的整体强连接系数 γ_i:

$$\gamma_i = \sum \beta_{ij} (j \in S_i^T) \qquad (4.5.2)$$

由整体强连接系数的定义可知,网格点 i 强影响域中所有元素与网格点 i 之间的强影响程度可以通过 γ_i 直观而又精确地刻画。因此,在网格粗化过程中当多个网格点集合势相同时,可进一步比较网格点的整体强连接系数 γ_i,γ_i 值大的网格点优先选为粗网格点。而且在具有奇异性的物理问题中,整体强连接系数 γ_i 可在一定程度上反映问题局部奇异性的强弱。通过 γ_i 对网格点进行二次精细化粗化判断,选取的粗网格点能较好地反映问题的奇异性,保持数值计算过程中问题的物理性质不失真。

2. 基于局部信息的二次粗化阈值判别法

受网格点强弱连接关系判别方法的启发,网格粗化过程中当某一局部区域内出现多个集合势相同的网格点时,可再次给定一衡量强弱连接关系的新阈值 θ_2 进行二次粗化判别,θ_2 称为基于局部信息的二次粗化阈值。分析易知,由于二次粗化判别是针对网格点强影响域中的元素进行的,所以二次粗化阈值 θ_2 大于最初给定的阈值 θ_1,此时点 i 的二次粗化强依赖域和强影响域可分别记为

$$\widetilde{S}_i = \{j \in S_i : |a_{ij}| \geqslant \theta_2 \cdot \max_{k \neq i} |a_{ik}|, \theta_1 < \theta_2 \leqslant 1\} \qquad (4.5.3)$$

$$\widetilde{S}_i^T = \{j : i \in \widetilde{S}_j\} \qquad (4.5.4)$$

易知 $\widetilde{S}_i$、$\widetilde{S}_i^T$ 与 S_i、S_i^T 满足如下数学关系:

$$\widetilde{S}_i \subseteq S_i \qquad (4.5.5)$$

$$\widetilde{S}_i^T \subseteq S_i^T \qquad (4.5.6)$$

网格点 i 的二次粗化强影响域 $\widetilde{S}_i$ 中的元素总数为网格点 i 的二次粗化集合势,记为 $\widetilde{\lambda}_i$。如果网格粗化过程中出现多个集合势相同的网格点,只需再次比较这些网格点在给定的二次粗化阈值下的二次粗化集合势,$\widetilde{\lambda}_i$ 值大的网格点应优先选为粗网格点。

值得指出的是,虽然基于局部信息的二次粗化阈值判别法和传统网格粗化策略的原理相同,但其是在一次判别基础上更为精确的二次粗化判别。在应用基于局部信息的二次粗化阈值判别法时,应合理给出二次粗化阈值 θ_2,以便能够只进行一次这样的二次粗化判别便可确定网格粗化路径。

3. 基于局部信息优先原则的网格粗化算法

网格粗化是代数多重网格方法启动阶段的主要工作,其时间开销几乎占据了整个启动阶段的时间开销。本部分在经典网格粗化算法的基础上,简要给出基于局部信息优先原则的网格粗化算法,需要指出的是,本部分只给出了第一步粗化算法,第二步网格粗化算法与经典网格粗化算法相同,读者可参考文献[34]和[35]。

(1) 网格点集合初始化。

$$C = \varnothing, \quad F = \varnothing, \quad U = \Omega$$

(2) 计算每一个网格点的强影响域和集合势。

$$S_i^{\mathrm{T}} = \{j : i \in S_j\}, \lambda_i = \left| S_i^{\mathrm{T}} \bigcap U \right|, (i \in U)$$

(3) 比较各网格点的集合势,判断是否存在集合势相同且最大的网格点,若存在,则执行步骤(4),否则转向执行步骤(5)。

(4) 采用基于局部信息的整体强连接系数判别法或基于局部信息的二次粗化阈值判别法,计算最大集合势相同网格点的整体强连接系数或二次粗化集合势。

(5) 选择集合势最大的点或整体强连接系数最大的点为粗网格点。

$$i = \{k : \lambda_k = \max_{j \in U}(\lambda_j) / \gamma_k = \max_{j \in U}(\gamma_j) / \widetilde{\lambda}_k = \max_{j \in U}(\widetilde{\lambda}_j)\}, C = C \bigcup \{i\}, U = U - \{i\}$$

(6) 选择粗网格点强影响域中的点为细网格点。

$$j \in S_i^{\mathrm{T}} \bigcap U, F = F \bigcup \{j\}; U = U - \{j\}$$

(7) 更新步骤(6)中细网格点强依赖域中元素的集合势。

$$l \in S_j \bigcap U, \lambda_l = \lambda_l + 1$$

(8) 更新步骤(5)中粗网格点强依赖域中元素的集合势。

$$j \in S_i \bigcap U, \lambda_j = \lambda_j - 1$$

(9) 如果 $U \neq \varnothing$,则转向执行步骤(1),否则根据网格粗化原则 1 执行第二步的网格粗化算法。

值得指出的是,代数多重网格的求解阶段与几何多重网格方法相同,可采用 V 循环、W 循环、FMG 循环等标准循环格式进行求解,读者可参考文献[36]。

4.5.3　物理问题与结果分析

本部分设计了两个数值测试,用以对比说明基于局部信息优先原则的网格粗化策略(LIPP-RS)和经典网格粗化策略(C-RS)的不同。

1. 数值测试 1

数值测试 1 以本节第一部分中的示例为例,说明 C-RS 和 LIPP-RS 网格粗化结果的不同。采用基于局部信息的整体强连接系数判别法,可得图 4.5.1 所示的最大集合势相同的三个网格点的整体强连接系数分别为

$$\gamma_1 = \sum_{j=1}^{8} \beta_{ij} = \frac{1}{1.4} + \frac{1.1}{1.4} + \frac{1.2}{1.4} + \frac{1.1}{1.4} + \frac{1.2}{1.4} + \frac{1.4}{1.4} + \frac{1.2}{1.4} + \frac{1.1}{1.4} = \frac{9.3}{1.4}$$

$$\gamma_2 = \sum_{j=1}^{8} \beta_{ij} = \frac{1}{1.4} + \frac{1.3}{1.4} + \frac{1.2}{1.4} + \frac{1.2}{1.4} + \frac{1.2}{1.4} + \frac{1.4}{1.4} + \frac{1.3}{1.4} + \frac{1.1}{1.4} = \frac{9.7}{1.4}$$

$$\gamma_3 = \sum_{j=1}^{8} \beta_{ij} = \frac{1}{1.4} + \frac{1.3}{1.4} + \frac{1.2}{1.4} + \frac{1.2}{1.4} + \frac{1.1}{1.4} + \frac{1.4}{1.4} + \frac{1.2}{1.4} + \frac{1.1}{1.4} = \frac{9.5}{1.4}$$

由上述计算结果可知 $\gamma_2 > \gamma_3 > \gamma_1$,故应优先选择第 2 个网格点为粗网格点,此时网格粗化结果如图 4.5.2(b)所示。与图 4.5.2(a)传统网格粗化结果相比较,LIPP-RS 的粗化结果在奇异性较强的局部区域进行了网格加密。

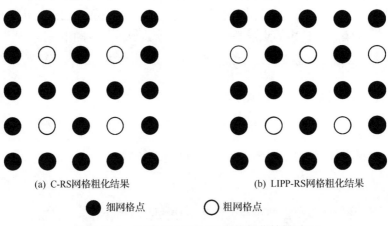

　　　　(a) C-RS网格粗化结果　　　　　　　　　　(b) LIPP-RS网格粗化结果

●　细网格点　　　　　○　粗网格点

图 4.5.2　C-RS 和 LIPP-RS 网格粗化结果对比

2. 数值测试 2

数值测试 2 以二维扩散问题为例,进一步说明 LIPP-RS 与 C-RS 的区别和优势。已知二维扩散问题的控制方程为

$$-\varepsilon_1 \phi_{xx} - \varepsilon_2 \phi_{yy} = S$$

式中,ε_1、ε_2 分别为 x、y 方向的扩散系数;S 为源项,计算中取 $S=1$。计算区域为 $\Omega = \{(x,y): 0 \leqslant x \leqslant 1, 0 \leqslant y \leqslant 1\}$,边界 $\partial\Omega$ 对应的边界条件分别为 $\phi_W = 1$,$\phi_E = 3, \phi_S = 2, \phi_N = 4$。

数值测试 2 针对上述扩散方程分别设计了三个算例,并通过在不同计算区间设置不同的扩散系数控制问题的奇异性。其中算例 1 在整个计算区间上均呈现奇异性,算例 2 和 3 只在局部区间或区间分界处呈现奇异性。图 4.5.3 所示为算例 1～3 的计算区域分区示意图,各不同计算区间的扩散系数如表 4.5.2 所示。

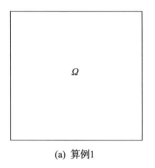 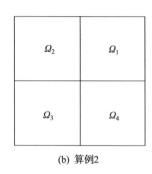 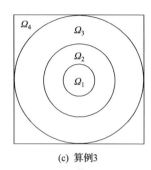

(a) 算例1　　　　　　　(b) 算例2　　　　　　　(c) 算例3

图 4.5.3　同一计算区域不同物性分区示意图

表 4.5.2　算例 1～3 的扩散系数

算例	扩散系数	计算区域
1	$\varepsilon = \begin{cases} \varepsilon_1 = 1.0 + 5.0 \mid \sin(2\pi x/l) \mid , \ (x,y) \in \Omega \\ \varepsilon_2 = 1.0 + 5.0 \mid \sin(2\pi y/l) \mid , \ (x,y) \in \Omega \end{cases}$	$\Omega = \{(x,y); 0 < x < 1, 0 < y < 1\}$
2	$\varepsilon = \begin{cases} \varepsilon_1 = 1, \varepsilon_2 = 1, \ (x,y) \in \Omega_1 \\ \varepsilon_1 = 1, \varepsilon_2 = 100, \ (x,y) \in \Omega_2 \\ \varepsilon_1 = 1, \varepsilon_2 = 1, \ (x,y) \in \Omega_3 \\ \varepsilon_1 = 100, \varepsilon_2 = 1, \ (x,y) \in \Omega_4 \end{cases}$	$\Omega_1 = \{(x,y); 0.5 < x < 1.0, 0.5 < y < 1.0\}$ $\Omega_2 = \{(x,y); 0.0 < x \leqslant 0.5, 0.5 < y < 1.0\}$ $\Omega_3 = \{(x,y); 0.0 < x \leqslant 0.5, 0.0 < y \leqslant 0.5\}$ $\Omega_4 = \{(x,y); 0.5 < x < 1.0, 0.0 < y \leqslant 0.5\}$
3	$\varepsilon = \begin{cases} \varepsilon_1 = 1, \varepsilon_2 = 1, \ (x,y) \in \Omega_1 \\ \varepsilon_1 = 100, \varepsilon_2 = 100, \ (x,y) \in \Omega_2 \\ \varepsilon_1 = 0.1, \varepsilon_2 = 0.1, \ (x,y) \in \Omega_3 \\ \varepsilon_1 = 10, \varepsilon_2 = 10, \ (x,y) \in \Omega_4 \end{cases}$	$\Omega_1 = \{(x,y); 0.0 \leqslant \sqrt{(x-0.5)^2 + (y-0.5)^2} < 0.15\}$ $\Omega_2 = \{(x,y); 0.15 \leqslant \sqrt{(x-0.5)^2 + (y-0.5)^2} < 0.3\}$ $\Omega_3 = \{(x,y); 0.3 \leqslant \sqrt{(x-0.5)^2 + (y-0.5)^2} < 0.5\}$ $\Omega_4 = \{(x,y); \Omega - \Omega_1 - \Omega_2 - \Omega_3\}$

在代数多重网格计算时,启动阶段最细网格数取 34×34 的均分网格,网格层数设为 5 层,强连接系数 θ 设为 0.5;求解阶段采用 V(5,5) 的标准 V 循环,光顺器采用 Gauss-Seidel 点迭代。扩散方程的离散采用有限容积 5 点格式,并采用附加源项法处理边界条件,因此,计算时只涉及网格数为 32×32 的内点。数值测试 2 主要对比分析 C-RS 和 LIPP-RS 的网格复杂度及启动阶段和求解阶段的时间开销。计算结果如表 4.5.3、图 4.5.4 和图 4.5.5 所示。

表 4.5.3　C-RS 和 LIPP-RS 网格粗化结果对比

测试算例 2		算例 1		算例 2		算例 3	
		C-RS	LIPP-RS	C-RS	LIPP-RS	C-RS	LIPP-RS
粗网格层	2	511	510	512	512	512	512
	3	224	251	197	193	134	130
	4	114	132	94	89	58	45
	5	46	67	49	45	31	24
粗网格总数		895	960	852	839	735	711
网格复杂度 σ^{Ω}		1.874	1.938	1.832	1.819	1.718	1.693
V 循环次数		53	50	22	22	39	39

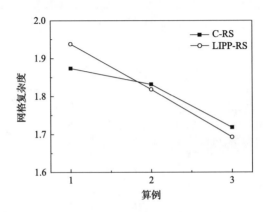

图 4.5.4　C-RS 和 LIPP-RS 的网格复杂度对比

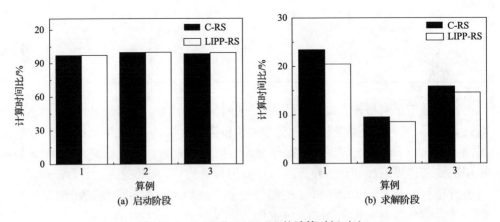

图 4.5.5　C-RS 和 LIPP-RS 的计算时间对比

由表 4.5.3 和图 4.5.4 可知,LIPP-RS 在不同的计算条件下相对于 C-RS 表现出不同的优势。在算例 1 中,LIPP-RS 的网格算子比 C-RS 网格算子略大,主要是由于算例 1 在整个计算区域上都呈现奇异性,LIPP-RS 在网格粗化时进行了整体的网格加密,使得粗网格数目比 C-RS 多。虽然 LIPP-RS 使得粗网格总数增加,但计算阶段的计算效率比 C-RS 高,主要原因是 LIPP-RS 使得粗网格分布更合理,从而计算阶段所用 V 循环次数更少。与算例 1 不同的是,算例 2 和 3 只在局部区域表现出奇异性,此种情况下,LIPP-RS 只需在局部区域进行粗化改进,此时网格复杂度比 C-RS 稍低。造成这种现象的原因主要是 LIPP-RS 只在局部区域调整粗网格时,影响了非奇异性区域的网格分布,使得非奇异性区域的粗网格点数有所减少。

以启动阶段的最长计算时间(算例 2 的 LIPP-RS 计算时间)为基准对启动阶段和求解阶段的计算时间进行归一化处理,结果如图 4.5.5 所示。由图可知:在启动阶段,C-RS 和 LIPP-RS 的计算时间基本相当;而在求解阶段,LIPP-RS 比 C-RS 计算效率高,约节约 5%。值得指出的是,计算中所采用网格点数相对较少,由于在 LIPP-RS 中需计算整体强连接系数或进行二次粗化判别,可以预知随着网格点数的增加,LIPP-RS 较 C-RS 在启动阶段的计算时间会稍多。但随着网格的加密,LIPP-RS 在计算阶段的优势也会越来越明显,因此,最细网格点数目和网格层数的选取需在启动阶段和求解阶段之间取得一个较优的权衡。

由此可见,基于局部信息优先原则的网格粗化策略能实现对网格点整体强连接关系的精确刻画。在网格粗化上,LIPP-RS 相对于 C-RS 在具有奇异性的问题中可有效优化网格粗化路径,使得网格粗化结果更加合理;计算效率上,LIPP-RS 在启动阶段的计算时间与 C-RS 基本相当;在求解阶段较 C-RS 计算时间少约 5%,具有一定的计算优势。

4.6　小　　结

本章介绍了几何多重网格和代数多重网格方法的基本实施步骤和主要注意事项,并对几何多重网格中的余量限定算子构造中的守恒原理、延拓松弛技术及代数多重网格中基于局部信息优先原则的网格粗化策略进行了详细阐述。主要结论如下。

(1) 无论离散方程的表达式如何,使多重网格方法加速效果最佳的余量限定算子应能使细网格上的能量不平衡量等量限定到粗网格上。

(2) 采用延拓松弛方法后,可明显提高多重网格求解单变量问题和多变量耦合非线性问题的计算效率,对于前者效果更显著。

(3) 与经典网格粗化策略相比,基于局部信息优先原则的网格粗化策略可精确表征网格点之间的整体强连接强度,有效优化网格粗化路径,并在一定程度上提高求解阶段的计算效率。

参 考 文 献

[1] Fedorenko R P. A relaxation method for solving elliptic difference equations. USSR Computational Mathematics & Mathematical Physics, 1961, 1(5): 922-927.

[2] Fedorenko R P. The speed of convergence of one iterative process. USSR Computational Mathematics & Mathematical Physics, 1964, 4(3): 227-235.

[3] Bakhvalov N S. On the convergence of a relaxation method with natural constraints on the elliptic operator. USSR Computational Mathematics & Mathematical Physics, 1966, 6(5): 101-135.

[4] 陶文铨. 数值传热学. 西安: 西安交通大学出版社, 2001.

[5] Brandt A. Multi-level adaptive technique(MLAT) for fast numerical solution to boundary value problems. Proceedings of the Third International Conference on Numerical Methods in Fluid Mechanics, Heidelberg, 1973: 82-89.

[6] Brandt A. Multi-level adaptive techniques(MALT), 1: the Multi-grid Method. IBM Research Report Rc6026, 1976.

[7] Brandt A. Multi-level adaptive solutions to boundary-value problems. Mathematics of Computation, 1977, 31(138): 333-390.

[8] Hackbusch W. Multi-Grid Methods and Applications. Berlin: Springer-Verlag, 1985.

[9] Brandt A, MacCormick S, Ruge J. Algebraic multigrid(AMG) for automatic multigrid solution with application to geodetic computations. Fort Collins: Institute for Computational Studies, 1982.

[10] McByan O. The supernum and genesis projects. Parallel Computing, 1994, 20(10-11): 1389-1396.

[11] Gärtel U, Ressel K. Parallel multigrid: Grid partitioning versus domain decomposition. Proceedings of the 10th International Conference on Computing Methods in Applied Sciences and Engineering, Commack: Ncva Science Publishers, 1991: 559-568.

[12] McBryan O A, Frederickson P O, Lindenand J, et al. Multigrid methods on parallel computers—A survey of recent developments. IMPACT of Computing in Science and Engineering, 1991, 3(1): 1-75.

[13] Ritzdorf H, Schüller A, Steckel B, et al. LiSS—An environment for the parallel multigrid solution of partial differential equations on general 2D domains. Parallel Computing, 1994, 20(10): 1559-1570.

[14] Schieweck F. A parallel multigrid algorithm for solving the Navier-Stokes equations. Impact of Computing in Science and Engineering, 1993, 5(4): 345-378.

[15] Cleary A J, Falgout R D, Henson V E, et al. Coarse-grid selection for parallel algebraic multigrid. 5th International Symposium on Solving Irregularly Structured Problems in Parallel, Berkeley, 1998: 104-115.

[16] Cleary A J, Falgout R D, Henson V E, et al. Robustness and scalability of algebraic multigrid. SIAM Journal on Scientific Computing, 2000, 21(5): 1886-1908.

[17] Krechel A, Stüben K. Parallel algebraic multigrid based on subdomain blocking. Parallel Computing, 2001, 27(8): 1009-1031.

[18] Briggs W L, Henson VE McCormick S F. A Multigrid Tutorial. Philadelphia: Society for Industrial and Applied Mathematics, 2000.

[19] Li J F, Yu B, Zhao Y, et al. Flux conservation principle on construction of residual restriction operators for multigrid method. International Communications in Heat and Mass Transfer, 2014, 54: 60-66.

［20］李瑞龙,宇波,李旺,等. 非线性多重网格的延拓松弛技术. 中国工程热物理年会传热传质分会,西安, 2011.

［21］Li R L,Yu B,Li W. A multigrid prolongation relaxation method for solving non-linear equations and its applications. Progress in Computational Fluid Dynamics,2013,13(3):202-211.

［22］Altas I,Burrage K. A high accuracy defect-correction multigrid method for the steady incompressible Navier-Stokes equations. Journal of Computational Physics,1994,114(2):227-233.

［23］李敬法,宇波,汤雅雯,等. 不同有界组合格式计算效率对比研究. 中国工程热物理年会传热传质分会, 重庆,2013.

［24］Li J F,Yu B,Wang Y,et al. Study on computational efficiency of composite schemes for convection-diffusion equations using single-grid and multigrid methods. Journal of Thermal Science and Technology, 2015,10(1):1-9.

［25］Versteeg H K,Malalasekera W. An Introduction to Computational Fluid Dynamics:The Finite Volume Method. London:Longman Scientific and Technical,2007.

［26］Brandt A,Yavneh I. Accelerated multigrid convergence and high-Reynolds recirculating flows. SIAM Journal on Scientific Computing,1993,14(3):607-626.

［27］Míka S,Vaněk P. A modification of the two-level algorithm with overcorrection. Applications of Mathematics,1992,37(1):13-28.

［28］Vaněk P. Fast multigrid solver. Applications of Mathematics,1995,40(1):1-20.

［29］Reusken A. Steplength optimization and linear multigrid methods. Numerische Mathematik,1990,58 (1):819-838.

［30］Liu Q,Zeng J. Convergence analysis of multigrid methods with residual scaling techniques. Journal of Computational and Applied Mathematics,2010,234(10):2932-2942.

［31］Brandt A. Guide to multigrid development. Multigrid Methods,1982,960:220-312.

［32］Shaw G J,Sivaloganathan S. On the smoothing properties of the SIMPLE pressure-correction algorithm. International Journal for Numerical Methods in Fluid,1988,8:441-461.

［33］Nishikawa H,Leer B. Optimal multigrid convergence by elliptic/hyperbolic splitting. Journal of Computational Physics,2003,190(1):52-63.

［34］Liu Q F,Zeng J P. Convergence analysis of multigrid methods with residual scaling techniques. Journal of Computational and Applied Mathematics,2010,234(10):2932-2942.

［35］Ruge J W,Stüben K. Algebraic multigrid(AMG)//McCormick,S F. Multigrid Methods. Philadelphia: Society for Indusrial and Applied Mathematics,1987.

［36］Trottenberg U,Oosterlee C W,Schuller A. Multigrid. London:Academic Press,2000.

［37］William L B,Van E H,Steve F M. A Multigrid Tutorial. Second edition. Philadelphia:Society for Industrial and Applied Mathematics,2000.

［38］Stüben K. A review of algebraic multigrid. Journal of Computational and Applied Mathematics,2001,128 (1):281-309.

［39］Falgout R D. An introduction to algebraic multigrid. Computing in Science & Engineering,2006,8(6): 24-33.

［40］Cleary A J,Falgout R D,Henson V E,et al. Coarse-grid selection for parallel algebraic multigrid. IRREGULAR '98 Proceedings of the 5th International Symposium on Solving Irregularly Structured Problems in Parallel,Berkeley,1998:104-115.

[41] Krechel A, Stüben K. Parallel algebraic multigrid based on subdomain blocking. Parallel Computing, 2001,27(8):1009-1031.

[42] Henson V E, Yang U M. BoomeAMG: A parallel algebraic multigrid solver and preconditioner. Applied Numerical Mathematics,2002,41(1):155-177.

[43] Griebel M, Metsch B, Oeltz D, et al. Coarse grid classification: A parallel coarsening scheme for algebraic multigrid methods. Numerical Linear Algebra with Applications,2006,13(2-3):193-214.

[44] Sterck H, Yang U M, Heys J J. Reducing complexity in parallel algebraic multigrid preconditioners. SIAM Journal on Matrix Analysis and Applications,2006,27(4):1019-1039.

[45] Alber D M. Modifying CLJP to select grid hierarchies with lower operator complexities and better performance. Numerical Linear Algebra with Applications,2006,13(2-3):87-104.

[46] De Sterck H, Yang U M, Heys J J. Reducing complexity in parallel algebraic multigrid preconditioners. SIAM Journal on Matrix Analysis and Applications,2006,27(4):1019-1039.

[47] Joubert W, Cullum J. Scalable algebraic multigrid on 3500 processors. Electronic Transactions on Numerical Analysis,2006,23:105-128.

[48] Brannick J, Zikatanov L. Algebraic multigrid methods based on compatible relaxation and energy minimization. Domain Decomposition Methods in Science and Engineering XVI,2007,55:15-26.

[49] Mo Z R, Xu X. Relaxed RS0 or CLJP coarsening strategy for parallel AMG. Parallel Computing,2007,33(3):174-185.

[50] Brannick J, Brezina M, MacLachlan S, et al. An energy-based AMG coarsening strategy. Numerical Linear Algebra with Applications,2006,13(2-3):133-148.

[51] Li J F, Yu B, Zhang X Y, et al. A grid coarsening strategy of algebraic muligrid method based on local information priority principle. The 5th Asian Symposium on Computational Heat Transfer and Fluid Flow, Busan,2015.

第 5 章　收敛标准和基准解

在计算流体力学和计算传热中,合理设置方程迭代计算的收敛标准对计算精度和计算效率的控制有着重要的意义。计算结束后,对数值结果正确与否进行考核是结果分析和讨论的前提,而基准解为这种考核提供了依据。下面简要介绍笔者提出的一种基于规正余量的收敛标准及在规则区域和非规则区域上流动与传热问题的基准解方面所做的工作。

5.1　基于规正余量的收敛标准

迭代法被广泛用于计算流体力学和计算传热学中求解由偏微分方程离散得到的代数方程组。为减小迭代计算误差,获得收敛的数值解,同时节省计算时间,需合理定义方程的收敛标准。一个较优的收敛标准应在正确反映方程数值解收敛程度的基础上,能在迭代误差和计算时间之间取得较优的权衡。1993 年,Freitas[1]在 *Journal of Fluids Engineering* 概括出的控制数值精度的十条规定中,有一条指出:应清楚地说明停止迭代计算的准则,并给出相应的收敛误差。由此可见,收敛标准的选取对数值计算精度的控制具有重要意义。然而,在如何选取收敛标准的问题上,到目前为止尚没有统一的规定和标准[2]。

在数值计算中,多数情况会以余量作为离散方程的收敛标准[3-8]。笔者在多年的数值传热学教学和研究中发现,有些计算问题,余量小于 10^{-6} 数量级时就已经收敛,而有的却在余量小于 10^{-12} 数量级时仍未收敛。即使对同一个物理问题,当其他计算条件完全相同时,仅网格疏密不同,要获得相同精度的数值解,需要设定的余量标准也可能会相差几个数量级。如何选取收敛标准这一问题曾一度使笔者很困惑,这促使笔者研究了影响余量大小的相关因素,并在此基础上提出了一种比较科学的停止迭代计算的收敛标准,即基于规正余量的收敛标准[9]。

5.1.1　影响余量大小的因素分析

流动与传热数值计算中,对流扩散方程的微分型和积分型通用表达形式分别为

$$\frac{\partial}{\partial t}(\rho\phi) + \nabla \cdot (\rho U \phi) = \nabla \cdot (\Gamma_\phi \nabla \phi) + S \qquad (5.1.1)$$

$$\int_{V_{P_0}} \frac{\partial}{\partial t}(\rho\phi)\cdot\mathrm{d}V + \int_A (\rho U\phi)\cdot\mathrm{d}A = \int_A (\Gamma_\phi\,\nabla\phi)\cdot\mathrm{d}A + \int_{V_{P_0}} S\cdot\mathrm{d}V$$

$$(5.1.2)$$

对上述方程,不论采用何种离散方法和离散格式,其离散方程均可写成如下通用表达形式:

$$a_0\phi_{P_0} = \sum_{i=1}^{N} a_i\phi_i + b_0 \qquad (5.1.3)$$

式中,a_0、a_i 分别为方程离散系数;ϕ_{P_0}、ϕ_i 为待求变量;b_0 为源项。

采用迭代法求解时,上述离散方程的余量、平均余量、最大余量分别为

$$\mathrm{res} = b_0 - a_0\phi_{P_0} + \sum_{i=1}^{N} a_i\phi_i \qquad (5.1.4)$$

$$\mathrm{res}_{\mathrm{ave}} = \frac{1}{N_{\mathrm{grid}}} \sum \left| b_0 - a_0\phi_{P_0} + \sum_{i=1}^{N} a_i\phi_i \right| \qquad (5.1.5)$$

$$\mathrm{res}_{\mathrm{max}} = \max\left\{ \left| b_0 - a_0\phi_{P_0} + \sum_{i=1}^{N} a_i\phi_i \right| \right\} \qquad (5.1.6)$$

1. 物理问题性质及计算参数的影响

不难发现,物理问题方程的余量受空间尺度、物理量的大小及物性等参数的影响,不同问题的这些量在量级上可能会有较大差异。例如,对于输油管道和微通道空气流动,显然都是管流问题,但两者的空间尺度分别是米级和微米级,相差 6 个数量级;管内压强的数量级分别是兆帕级和帕级,也相差 6 个数量级;两者管内介质的密度也相差近 3 个数量级。当均采用国际单位制和完全相同的数值离散方法时,虽然都是管道流动,两个物理问题的余量相差十个以上数量级。

2. 同一物理问题中不同因素的影响

即使对于同一个物理问题,方程余量亦会受多个因素的影响,如离散方程的表达形式、网格尺度、方程是否无量纲化处理及采用何种单位制等,这些因素对余量大小产生的影响亦是不可忽略的,下面进行详细分析。

1) 离散方程表达形式的影响

如果离散方程写成与式(5.1.1)类似的微分形式,则式(5.1.3)中源项 $b_0 = S_P$;若离散方程写成与式(5.1.2)类似的积分形式,则式(5.1.3)中源项 $b_0 = S_P \Delta V$。因此,积分型离散表达式的源项恰好为微分型离散表达式源项的 ΔV 倍,易知离散方程的系数也必然满足这种数学关系。若采用迭代法求解上述离散方程,在忽略计算机舍入误差的前提下,积分型离散方程的余量也必然是微分型离散方

程余量的 ΔV 倍。因此,离散方程不同表达形式对应的余量大小会有较大差异。

2) 网格尺度的影响

由离散方程表达形式对余量大小影响的分析还可看出,网格尺度对方程余量有较大影响,相同计算区域下粗网格和细网格对应的 ΔV 不同,离散方程表达形式造成的余量大小差异也不同。

3) 控制方程是否无量纲化的影响

余量还受单位制和控制方程是否无量纲化等因素的影响。由于目前绝大部分计算均采用国际单位制,下面仅分析控制方程是否无量纲化对余量大小的影响。无量纲的离散方程可写成如下形式:

$$a_0^* \, \phi_{P_0}^* = \sum_{i=1}^{N} a_i^* \, \phi_i^* + b_0^* \tag{5.1.7}$$

式中, a_0^*、a_i^* 为无量纲化的离散系数; $\phi_{P_0}^*$、ϕ_i^* 为无量纲化的待求变量; b_0^* 为无量纲化的源项。

无量纲待求变量和有量纲待求变量之间满足如下关系:

$$\phi^* = \eta\phi \tag{5.1.8}$$

式中, η 是由待求变量无量纲化产生的比例系数,对一般问题而言 $\eta = \dfrac{1}{\phi_r}$,其中 ϕ_r 为待求变量进行无量纲化时的参考值。

经量纲分析可知,无量纲的离散系数和源项与相应的有量纲值之间存在如下数学关系:

$$a_i^* = \zeta a_i \tag{5.1.9}$$
$$a_0^* = \zeta a_0 \tag{5.1.10}$$
$$b_0^* = \zeta\eta b_0 \tag{5.1.11}$$

式中, ζ 为离散系数无量纲化产生的比例系数。

将式(5.1.9)~式(5.1.11)代入无量纲方程式(5.1.7)中得

$$\zeta\eta a_0 \phi_{P_0} = \sum_{i=1}^{N} \zeta\eta a_i \phi_i + \zeta\eta b_0 \tag{5.1.12}$$

对比式(5.1.12)和式(5.1.3),无量纲方程相对有量纲方程整体上缩放 $\zeta\eta$ 倍。若忽略舍入误差的影响,对一般问题而言,采用迭代求解时无量纲方程的余量相对于有量纲该方程的余量同样缩放 $\zeta\eta$ 倍。

综上可发现,对于一般物理问题,同一物理问题中不同因素对余量大小的影响最终可用比例系数来表示,在积分型有量纲、微分型有量纲、积分型无量纲、微分型无量纲四种离散方程形式中比例系数的取值如表 5.1.1 所示。

表 5.1.1　比例系数在不同离散方程形式中的取值

离散方程 形式	积分型有量纲 （形式 1）	微分型有量纲 （形式 2）	积分型无量纲 （形式 3）	微分型无量纲 （形式 4）
比例系数	1	$1/\Delta V$	$\zeta\eta$	$\zeta\eta/\Delta V$

由表 5.1.1 可看出，对于同一物理问题，微分型无量纲离散方程的余量是积分型有量纲离散方程余量的 $\dfrac{\zeta\eta}{\Delta V}$ 倍，若取 $\Delta V = 10^{-6}$、$\zeta\eta = 10^{4}$，则微分型无量纲离散方程的余量将是积分型有量纲型离散方程余量的 10^{10} 倍，两者相差 10 个数量级，由此可见余量大小有显著差异。

由上述分析可得，以余量作为方程迭代计算的收敛标准是不科学的。影响方程余量大小的因素众多，余量量级的变化范围较宽，以余量作为方程迭代计算的收敛标准很难设定一个具体的收敛标准参考值，这就是 5.1 节开头提到的收敛标准与求解的问题有关。

5.1.2　基于规正余量的收敛标准

分析余量的组成可知，如果能将每一项都控制在一定的取值范围内，那么就可以将余量的取值范围限定。借鉴无量纲化和有界格式中变量规正化的思想[10,11]，我们将方程离散系数和变量进行规正化处理，使其取值介于[−1,1]。即令

$$\tilde{a} = \frac{a}{a_{\max}} \tag{5.1.13}$$

$$\tilde{\phi} = \frac{\phi}{\phi_{\max}} \tag{5.1.14}$$

式中，$\tilde{a}$、$\tilde{\phi}$ 分别为规正的离散系数和待求变量；$a_{\max} = \max(|a_0|,|a_i|)_{局部}$ 表示局部离散系数最大值；$\phi_{\max} = \max(|\phi_i|)_{全场}$ 表示整场的待求变量绝对值最大值。

将方程余量式(5.1.4)两边同除 $a_{\max}\phi_{\max}$，得到用规正变量和规正离散系数表达的余量，即

$$\tilde{res} = \tilde{b}_0 - \tilde{a}_0\tilde{\phi}_{P_0} + \sum_{i=1}^{N}\tilde{a}_i\tilde{\phi}_i \tag{5.1.15}$$

式中，$\tilde{a}_0$、$\tilde{a}_i$ 为规正的离散系数；$\tilde{\phi}_{P_0}$、$\tilde{\phi}_i$ 为规正的变量；$\tilde{res}$ 和 $\tilde{b}_0$ 为经过离散系数和变量规正化之后被无量纲化的余量和源项，其取值并不介于[−1,1]。规正后的 $\tilde{a}_0$、$\tilde{a}_i$、$\tilde{\phi}_{P_0}$ 和 $\tilde{\phi}_i$ 取值范围分别为

$$-1 \leqslant \widetilde{a}_0 = \frac{a_0}{a_{\max}} \leqslant 1, \quad -1 \leqslant \widetilde{a}_i = \frac{a_i}{a_{\max}} \leqslant 1 \tag{5.1.16}$$

$$-1 \leqslant \widetilde{\phi}_{P_0} = \frac{\phi_{P_0}}{\phi_{\max}} \leqslant 1, \quad -1 \leqslant \widetilde{\phi}_i = \frac{\phi_i}{\phi_{\max}} \leqslant 1 \tag{5.1.17}$$

由式(5.1.16)和式(5.1.17)可知,规正后的离散系数、待求变量取值均介于 $[-1,1]$,都是 1 的量级。假设离散系数、待求变量的数据类型均为双精度浮点数,若忽略舍入误差的影响,则迭代达到收敛状态时,$\widetilde{a}_0$、$\widetilde{a}_i$、$\widetilde{\phi}_{P_0}$ 和 $\widetilde{\phi}_i$ 均可达到 10^{-16} 数量级的计算精度。根据上述规正化思想对表 5.1.1 中不同离散方程形式实施规正化处理,可知规正的 $\widetilde{a}$ 和规正的 $\widetilde{\phi}$ 与式(5.1.15)中相应值完全相同,此时规正化处理消除了比例系数对余量的影响。即对于不同物理问题,只要控制方程相同,采用规正化思想得到的规正余量便不再受物理问题性质及计算参数、离散方程表达形式、方程是否无量纲化等因素的影响。可见基于规正余量的收敛标准对不同性质的物理问题和同一物理问题均适用。值得指出的是,为减少规正化处理带来的额外计算量,可每隔一定迭代步数计算一次规正余量,不必每一次迭代均进行规正化。

综合考查整个流场的平均余量和最大余量在迭代计算过程中的变化情况,从不同的角度全面监控方程的收敛情况,建议选取整个计算区域上的规正余量的平均值和最大值(均为绝对值)作为方程的收敛标准,只有这两个量均不大于收敛标准规定值时,才可认为计算收敛,即

$$r\widetilde{e}s_{ave} = \frac{1}{N_{网格}} \sum \left| \widetilde{b}_0 - \widetilde{a}_0 \widetilde{\phi}_{P_0} + \sum_{i=1}^{N} \widetilde{a}_i \widetilde{\phi}_i \right| \leqslant \varepsilon_1 \tag{5.1.18}$$

$$r\widetilde{e}s_{max} = \max \left\{ \left| \widetilde{b}_0 - \widetilde{a}_0 \widetilde{\phi}_{P_0} + \sum_{i=1}^{N} \widetilde{a}_i \widetilde{\phi}_i \right| \right\} \leqslant \varepsilon_2 \tag{5.1.19}$$

式中,$r\widetilde{e}s_{ave}$、$r\widetilde{e}s_{max}$ 分别为整场规正余量的平均值和最大值;ε_1、ε_2 分别为相应的收敛标准规定值。通过大量数值实验分析,ε_1、ε_2 可取值范围为 $10^{-16} \sim 10^{-19}$ 数量级,对不同的物理问题,ε_1、ε_2 会有所差异,而且最终设定的收敛标准规定值还取决于用户对数值计算精度的要求。

5.1.3　物理问题与结果分析

下面分别从物理问题性质及计算参数的影响和同一物理问题中不同因素的影响两个角度对比分析基于规正余量的收敛标准[式(5.1.18)和式(5.1.19)]相对于传统收敛标准[式(5.1.5)和式(5.1.6)]的优势。选取单变量和多变量耦合两类问题作为数值算例,其中单变量问题以稳态导热为例,多变量耦合问题以封闭方腔顶盖驱动流为例,计算区域示意图如图 5.1.1 所示。

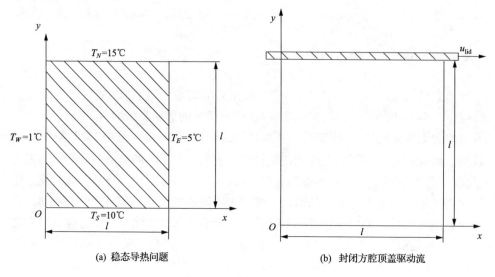

（a）稳态导热问题　　　　　　　　（b）封闭方腔顶盖驱动流

图 5.1.1　计算区域示意图

1. 物理问题性质及计算参数的影响

为说明当物理问题性质及计算参数不同时基于规正余量的收敛标准相对于传统收敛标准的优势，下面对图 5.1.1 所示的两类物理问题进行计算，计算条件如下。

（1）在稳态导热问题中，以空间尺度 l 和导热系数 λ 表征计算参数的影响。现设计如下两种参数取值：① $l=0.1\mathrm{m}$、$\lambda=10\mathrm{W/(m \cdot ℃)}$；② $l=10\mathrm{m}$、$\lambda=0.1\mathrm{W/(m \cdot ℃)}$。源项 $S=0$，边界条件：$T_N=15℃$、$T_S=10℃$、$T_E=5℃$、$T_W=1℃$。

（2）在方腔顶盖驱动流中，由于计算参数较多，这里仅以空间尺度 l 表征计算参数的影响，l 分别取：$0.1\mathrm{m}$ 和 $10\mathrm{m}$。其余参数为：$\rho=1\mathrm{kg/m^3}$；$\mu=0.001\mathrm{Pa \cdot s}$。边界条件 $u_{\mathrm{lid}}=1/l(\mathrm{m/s})$，其余边界为无滑移边界。

采用 SIMPLE 算法求解并以 U 动量方程为例进行说明。两物理问题的计算区域均划分为 50×50 的均分网格，对流项和扩散项均采用中心差分格式进行离散，控制方程的离散表达形式均以微分型有量纲离散方程（形式 2）为例进行说明。

在对数坐标下，采用传统收敛标准和基于规正余量的收敛标准时的平均余量和最大余量随迭代次数的变化曲线如图 5.1.2~图 5.1.5 所示，其中左图表示以传统收敛标准表示的余量平均值和余量最大值随迭代次数的变化趋势，右图表示以改进收敛标准表示的平均余量和最大余量随迭代次数的变化趋势。

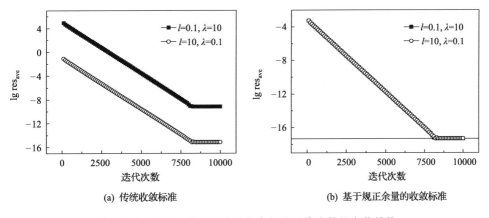

(a) 传统收敛标准　　　　　　　　　　(b) 基于规正余量的收敛标准

图 5.1.2　稳态导热问题中平均余量随迭代次数的变化趋势

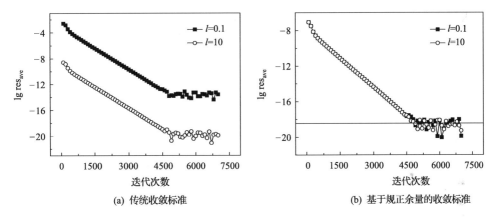

(a) 传统收敛标准　　　　　　　　　　(b) 基于规正余量的收敛标准

图 5.1.3　顶盖驱动流中平均余量随迭代次数的变化趋势

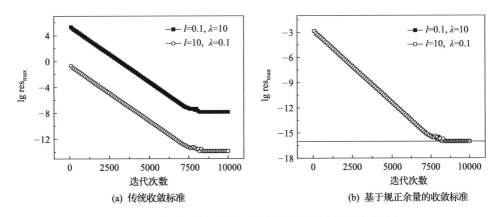

(a) 传统收敛标准　　　　　　　　　　(b) 基于规正余量的收敛标准

图 5.1.4　稳态导热问题中最大余量随迭代次数的变化趋势

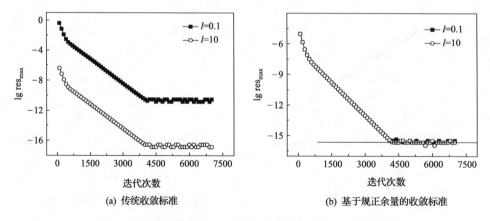

(a) 传统收敛标准　　　　　　　　　　(b) 基于规正余量的收敛标准

图 5.1.5　顶盖驱动流中最大余量随迭代次数的变化趋势

观察图 5.1.2～图 5.1.5 易知,无论是稳态导热还是方腔顶盖驱动流,当采用传统收敛标准时,不同计算参数对应的余量平均值和余量最大值随迭代次数的变化曲线在对数坐标下分别为两条近似平行的曲线,且达到收敛时的余量取值不在同一数量级上。而当采用基于规正余量的收敛标准时,不同计算参数对应的余量平均值随迭代次数的变化曲线几乎完全重合,余量最大值随迭代次数的变化亦表现出相同的规律,达到收敛时的规正余量取值几乎在同一数量级上。这说明基于规正化思想的收敛标准具有不受物理问题的性质及计算参数影响的优点。

2. 同一物理问题中不同因素的影响

由 5.1.1 节可知,对于一般问题,同一物理问题中不同因素的影响体现在不同离散方程形式上(表 5.1.1 中形式 1～形式 4),下面针对图 5.1.1 所示的两类物理问题,就这四种离散方程形式分别进行计算,以说明基于规正余量的收敛标准相对于传统收敛标准的优势,计算条件如下。

(1) 在稳态导热中,无量纲计算参数有:空间尺度 $X = 1$、$Y = 1$,边界条件 $T_N = 1$、$T_S = 2/3$、$T_E = 1/3$、$T_W = 1/15$,源项 $\widetilde{S} = 1/15$;有量纲计算参数有: $l = 1\text{m}, \lambda = 1\text{W}/(\text{m} \cdot \text{℃}), S = 1\text{W}/\text{m}^3$,边界条件同算例 1。

(2) 在方腔顶盖驱动流中,无量纲计算参数有 $Re = 1000$, $X = 1$、$Y = 1$;边界条件 $U_{\text{lid}} = 1$,其余边界为无滑移边界;有量纲计算参数有: $l = 0.1\text{m}, \rho = 1\text{kg}/\text{m}^3$, $\mu = 0.001\text{Pa} \cdot \text{s}$;边界条件 $u_{\text{lid}} = 10\text{m/s}$,其余边界为无滑移边界。

两计算区域的网格划分、控制方程离散格式等均与算例 1 相同,最终计算结果如图 5.1.6～图 5.1.9 所示。

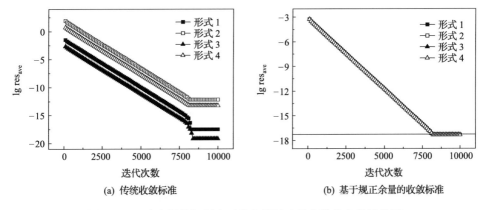

(a) 传统收敛标准　　　　　　　　　　(b) 基于规正余量的收敛标准

图 5.1.6　稳态导热问题中平均余量随迭代次数的变化趋势图

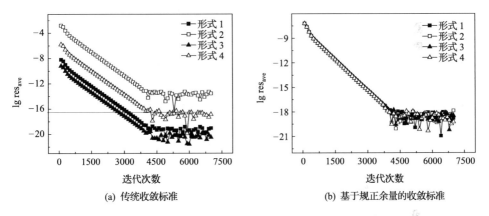

(a) 传统收敛标准　　　　　　　　　　(b) 基于规正余量的收敛标准

图 5.1.7　顶盖驱动流中平均余量随迭代次数的变化趋势图

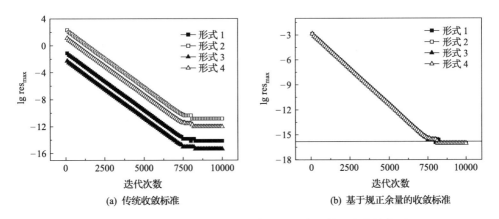

(a) 传统收敛标准　　　　　　　　　　(b) 基于规正余量的收敛标准

图 5.1.8　稳态导热问题中最大余量随迭代次数的变化趋势图

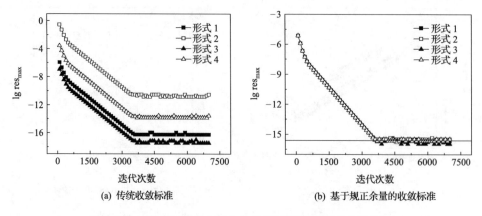

(a) 传统收敛标准　　　　　　　　(b) 基于规正余量的收敛标准

图 5.1.9　顶盖驱动流中最大余量随迭代次数的变化趋势图

图 5.1.6～图 5.1.9 表明,对于上述两类物理问题,当采用传统收敛标准时,无论余量平均值还是余量最大值,同一迭代步四种离散方程形式的数值计算结果随迭代次数的变化曲线在对数坐标下呈现相互平行的趋势,且计算收敛时的余量值相差较大的数量级。而采用基于规正余量的收敛标准时,四种离散方程形式对应的规正平均余量随迭代次数的变化曲线相互重合,且计算收敛时均几乎达到同一数量级,规正的最大余量随迭代次数的变化亦表现出相同的规律。

综上可知,基于规正余量的收敛标准具有不受物理问题性质及计算参数取值、离散方程表达形式、网格尺度、控制方程是否无量纲化等因素影响的优点,不同物理问题或同一物理问题不同离散方程形式的规正化余量均能下降到相近的数量级,有利于收敛标准规定值的设置。

5.2　规则计算区域上若干流动与传热问题的基准解

基准解问题是流动与传热数值计算中非常重要的一个课题。前人对规则计算区域上的流动和传热问题的基准解已进行了大量的研究,直角坐标系下的顶盖驱动流[12-16]、自然对流[17-23]等问题的基准解已得到验证和公认。圆柱坐标系和极坐标下的基准解研究也较多[24-26],但由于选取的计算网格数较少,与直角坐标系相比,这些基准解的精度较低。笔者针对这一现状,对圆柱坐标和极坐标系下的驱动流和自然对流的基准解进行了进一步研究。为对比方便,还给出了直角坐标系中类似条件下的基准解[16]。混合对流在电子设备冷却等工业领域中广泛存在,是一种常见的流动类型,但目前缺乏公认的基准解,基于此,笔者还对直角坐标系下方腔混合对流的基准解进行了一定研究[17]。下面给出了部分研究结果,读者可参考文献[27]和[28]。

5.2.1 物理问题与计算条件

本节将给出如图 5.2.1~图 5.2.3 所示的三种坐标系下的驱动流和自然对流的基准解,图中腔体的高宽比(h/l)分别取 1.0、2.0 和 3.0,圆柱坐标系下内外半径比(r_2/r_1)取 11。以腔体的宽度 l 作为特征尺寸,Re 和 Ra 的定义分别为 $Re = \dfrac{u_{\text{lid}}l}{\nu}$,$Ra = \dfrac{g\beta(T_{\text{h}} - T_{\text{c}})l^3}{a\nu}$。计算中驱动流的 Re 取 2500,自然对流的 Ra 取 10^6,Pr 取 0.71。对于 h/l 为 3.0 的圆柱坐标下的流动,网格数取 1312×1024,其他条件下网格数均取 1024×1024。

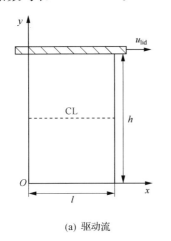

(a) 驱动流

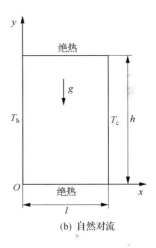

(b) 自然对流

图 5.2.1　直角坐标系下的物理模型

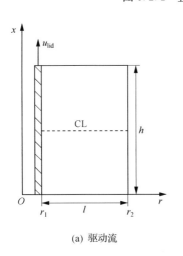

(a) 驱动流

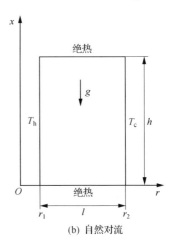

(b) 自然对流

图 5.2.2　圆柱坐标系下的物理模型

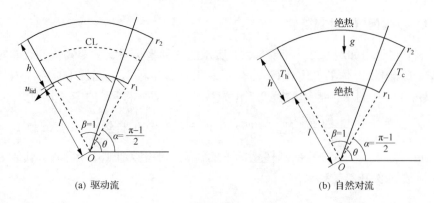

(a) 驱动流　　　　　　　　　　　　　(b) 自然对流

图 5.2.3　极坐标系下的物理模型

图 5.2.4 给出了直角坐标系下方腔混合对流示意图。以腔体的宽度作为特征尺寸,Gr 数和 Ri 数分别定义为:$Gr = \dfrac{g\beta(T_h - T_c)l^3}{\nu^2}$,$Ri = \dfrac{Gr}{Re^2}$,式中,$\nu$ 为运动黏度,计算中设 Gr 数分别取 10^5、10^6 和 10^7,Re 数取 1000(相当于 Ri 数分别取 0.1、1.0 和 10.0),Pr 取 0.71。计算网格数取 1024×1024。

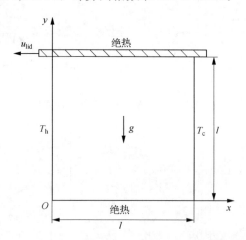

图 5.2.4　直角坐标系下的混合对流物理模型

本节采用涡量-流函数法求解腔体内的流函数值,并给出了流函数最小值、最大值的位置。

5.2.2　基准解

1. 直角坐标系基准解

1）驱动流基准解

图 5.2.5、表 5.2.1 和表 5.2.2 给出了直角坐标系下驱动流的部分计算结果。

(a) h/l=1.0

(b) h/l=2.0　　　　　　(c) h/l=3.0

图 5.2.5　直角坐标系下驱动流流线图（Re＝2500）

表 5.2.1　直角坐标系下驱动流流函数最小值、最大值的位置

Re	h/l	ψ_{min}	ψ_{max}
		(x/l, y/l)	(x/l, y/l)
	1.0	(0.52002, 0.54443)	(0.83350, 0.09033)
2500	2.0	(0.51904, 1.56738)	(0.43799, 0.70410)
	3.0	(0.51904, 2.56787)	(0.43311, 1.72412)

表 5.2.2　直角坐标系下驱动流计算区域中心线 CL 上的特征速度值

Re	h/l=1.0		h/l=2.0		h/l=3.0	
	x/l	u_y/u_{lid}	x/l	u_y/u_{lid}	x/l	u_y/u_{lid}
	0	0	0	0	0	0
	0.04346	0.32021	0.01807	−0.06271	0.05322	−0.00831
	0.10498	0.42312	0.0542	−0.11048	0.13525	−0.03601
	0.31104	0.21068	0.10693	−0.06414	0.21436	−0.04911
	0.50342	0.01243	0.18604	−0.00872	0.38428	−0.01843
2500	0.69287	−0.1864	0.28564	0.01294	0.56104	0.01912
	0.88525	−0.41383	0.36475	0.01649	0.72412	0.03513
	0.94092	−0.56198	0.55615	0.00861	0.83252	0.02951
	0.97705	−0.27818	0.82178	0.02564	0.93115	0.01802
	1.0	0	1.0	0	1.0	0

2）自然对流基准解

图 5.2.6、表 5.2.3 和表 5.2.4 给出了直角坐标系下自然对流的部分计算结果。

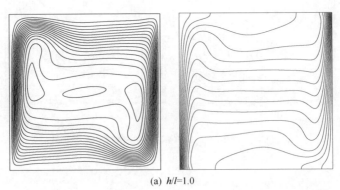

(a) h/l=1.0

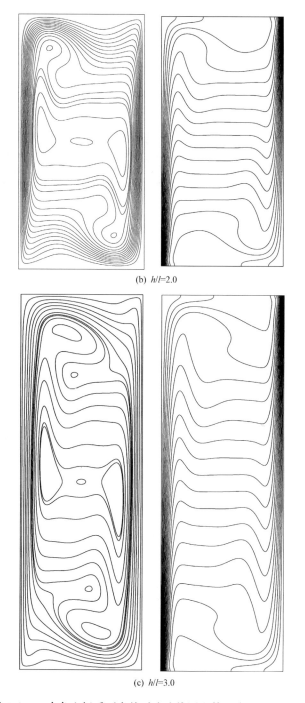

(b) h/l=2.0

(c) h/l=3.0

图 5.2.6 直角坐标系下自然对流流线图和等温线图(Ra=10^6)

左图为流线图,右图为等温线图

表 5.2.3　直角坐标系下自然对流流函数最小值、最大值的位置

Ra	h/l	ψ_{min}		ψ_{max}	
		$(x/l, y/l)$		$(x/l, y/l)$	
10^6	1.0	(0.15088, 0.54639)	(0.84912, 0.45361)	(0.00830, 0.00049)	(0.99170, 0.99951)
	2.0	(0.18018, 1.08887)	(0.81982, 0.91113)	(0.00342, 0.00098)	(0.99658, 1.99902)
	3.0	(0.19873, 1.63916)	(0.80127, 1.36084)	(0.00342, 0.00146)	(0.99658, 2.99854)

表 5.2.4　直角坐标系下自然对流高温边界的最大、最小和平均 *Nu* 值及其坐标

Ra	h/l	Nu_{max}	y_{max}/l	Nu_{min}	y_{min}/l	$\overline{Nu}$
10^6	1.0	17.54290	0.03955	0.97940	0.99976	8.82614
	2.0	19.18197	0.03809	0.64144	1.99951	7.90406
	3.0	19.33091	0.03662	0.52096	2.99927	7.26939

3）混合对流基准解

图 5.2.7、表 5.2.5 和表 5.2.6 给出了直角坐标系下混合对流的部分计算结果。

(a) *Re*=1000, *Ri*=0.1

(b) *Re*=1000, *Ri*=1.0

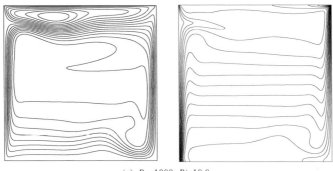

(c) Re=1000, Ri=10.0

图 5.2.7 直角坐标系下方腔混合对流的流线图和等温线图

左图为流线图,右图为等温线图

表 5.2.5 直角坐标系下混合对流流函数最小值、最大值的位置

Re	Ri	ψ_{min}	ψ_{max}
		$(x/l, y/l)$	$(x/l, y/l)$
1000	0.1	(0.16455, 0.12354)	(0.46631, 0.57959)
	1.0	(0.61377, 0.69385)	(0.20557, 0.86865)
	10.0	(0.14600, 0.76904)	(0.32861, 0.92822)

表 5.2.6 直角坐标系下混合对流高温边界的最大、最小和平均 Nu 值及其坐标

Re	Ri	Nu_{max}	y_{max}/l	Nu_{min}	y_{min}/l	$\overline{Nu}$
1000	0.1	103.22816	1.0	0.90853	0.22217	6.70104
	1.0	67.39571	1.0	1.72505	0.73682	9.39141
	10.0	53.98915	1.0	2.17542	0.88623	15.54231

2. 圆柱坐标系基准解

1) 驱动流基准解

图 5.2.8、表 5.2.7 和表 5.2.8 给出圆柱坐标系下驱动流的部分计算结果。

(a) $h/l=1.0$

(b) $h/l=2.0$　　　　　　　　(c) $h/l=3.0$

图 5.2.8　圆柱坐标系下驱动流流线图($Re=2500$)

表 5.2.7　圆柱坐标系下驱动流流函数最小值、最大值的位置

Re	h/l	$\psi_{\min}$	$\psi_{\max}$
		$(r/l, x/l)$	$(r/l, x/l)$
	1.0	(0.77725, 0.67334)	(1.00381, 0.12061)
2500	2.0	(0.77627, 1.64355)	(0.77725, 0.72363)
	3.0	(0.77529, 2.63300)	(0.78311, 1.69322)

表 5.2.8　圆柱坐标系下驱动流计算区域 CL 线上的特征速度值

Re	$h/l=1.0$		$h/l=2.0$		$h/l=3.0$	
	r/l	u_x/u_{lid}	r/l	u_x/u_{lid}	r/l	u_x/u_{lid}
	0.1	1.0	0.1	1.0	0.1	1.0
	0.11611	0.50344	0.12393	0.47604	0.12783	0.49335
	0.16201	0.05760	0.18447	0.03547	0.17373	0.12124
	0.24697	0.02322	0.27334	-0.02227	0.22354	0.00771
2500	0.35732	0.02664	0.41299	-0.02006	0.31143	-0.03821
	0.47646	0.02886	0.55361	-0.01474	0.52334	-0.02558
	0.63174	0.02078	0.68838	-0.00845	0.74795	-0.00211
	0.80166	-0.01340	0.82119	-0.00192	0.93936	0.00429
	0.95010	-0.04255	0.95791	0.00246	1.02041	0.00318
	1.1	0	1.1	0	1.1	0

2）自然对流基准解

图 5.2.9、表 5.2.9 和表 5.2.10 给出了圆柱坐标系下自然对流的部分计算结果。

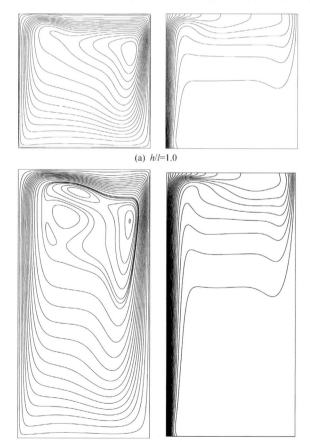

(a) $h/l=1.0$

(b) $h/l=2.0$

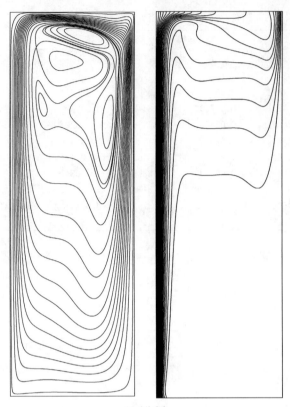

(c) $h/l=3.0$

图 5.2.9　圆柱坐标系下自然对流流线图和等温线图($Ra=10^6$)

左图为流线图，右图为等温线图

表 5.2.9　圆柱坐标系下自然对流流函数最小值、最大值的位置

Ra	h/l	ψ_{min}	ψ_{max}
		$(r/l, x/l)$	$(r/l, x/l)$
	1.0	(0.95107, 0.71924)	(0.10244, 0.99561)
10^6	2.0	(0.94619, 1.61621)	(1.09561, 1.99902)
	3.0	(0.72061, 2.81822)	(0.11904, 2.97828)

表 5.2.10　圆柱坐标系下自然对流高温边界最大、最小和平均 Nu 值及其坐标

Ra	h/l	Nu_{max}	x_{max}/l	Nu_{min}	x_{min}/l	$\overline{Nu}$
	1.0	27.20527	0.03467	4.85019	0.99976	17.96179
10^6	2.0	27.70227	0.03418	4.07338	1.99951	16.37255
	3.0	27.78245	0.03544	3.72231	2.99943	15.33071

3. 极坐标系基准解

1) 驱动流基准解

图 5.2.10、表 5.2.11 和表 5.2.12 给出了极坐标系下驱动流的部分计算结果。

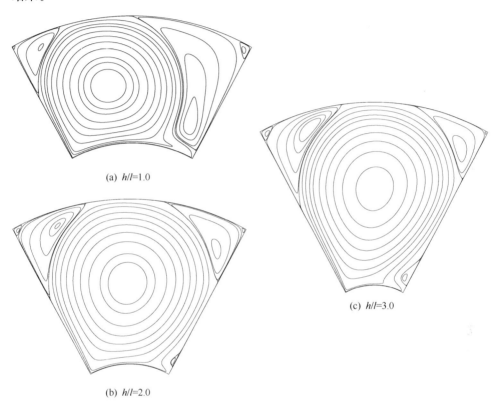

(a) $h/l=1.0$

(c) $h/l=3.0$

(b) $h/l=2.0$

图 5.2.10　极坐标系下驱动流流线图($Re=2500$)

表 5.2.11　极坐标系下驱动流流函数最小值、最大值的位置

Re	h/l	ψ_{min}	ψ_{max}
		$(r/l, \theta)$	$(r/l, \theta)$
	1.0	(1.46240, 1.70214)	(1.24658, 1.18945)
2500	2.0	(1.98145, 1.58496)	(2.81934, 1.88964)
	3.0	(2.58643, 1.57128)	(3.74365, 1.86230)

表 5.2.12　极坐标系下驱动流计算区域 CL 线上的特征速度值

Re	h/l=1.0		h/l=2.0		h/l=3.0	
	θ	u_r/u_{lid}	θ	u_r/u_{lid}	θ	u_r/u_{lid}
2500	1.07080	0	1.07080	0	1.07080	0
	1.15918	0.03118	1.11035	−0.20188	1.09472	−0.16472
	1.26855	−0.04511	1.17675	−0.29509	1.16308	−0.24361
	1.39355	−0.36459	1.37109	−0.16041	1.36523	−0.12592
	1.60156	−0.12201	1.57812	−0.00496	1.56152	−0.00745
	1.79882	0.12038	1.76855	0.14375	1.76757	0.11749
	1.98339	0.37652	1.97168	0.30372	1.96289	0.23088
	2.02441	0.51673	2.01269	0.39796	2.01171	0.30846
	2.04882	0.27944	2.04199	0.20363	2.04296	0.15539
	2.07080	0	2.07080	0	2.07080	0

2）自然对流基准解

图 5.2.11、表 5.2.13 和表 5.2.14 给出了极坐标系下自然对流的部分计算结果。

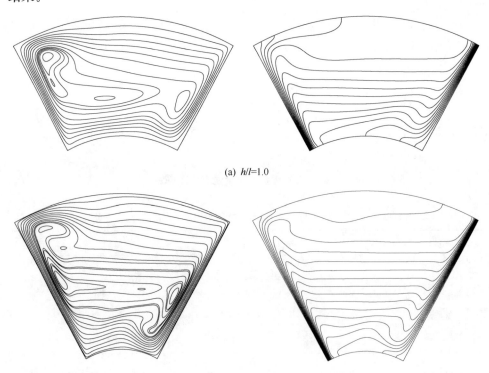

(a) h/l=1.0

(b) h/l=2.0

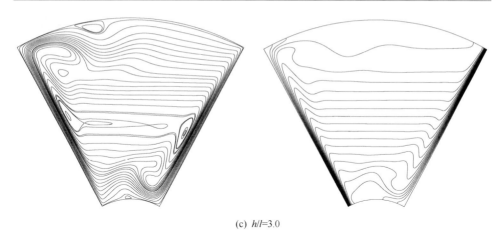

(c) $h/l=3.0$

图 5.2.11　极坐标系下自然对流流线图和等温线图($Ra=10^6$)

左图为流线图,右图为等温线图

表 5.2.13　极坐标系下自然对流流函数最小值、最大值的位置

Re	h/l	ψ_{min}	ψ_{max}
		$(r/l,\theta)$	$(r/l,\theta)$
	1.0	(1.79639,1.94824)	(1.99951,1.08300)
10^6	2.0	(2.05957,1.97949)	(2.99902,1.07812)
	3.0	(2.28174,1.16210)	(3.85791,1.72656)

表 5.2.14　极坐标系下自然对流高温边界的最大、最小和平均 Nu 值及其坐标

Ra	h/l	Nu_{max}	r_{max}/l	Nu_{min}	r_{min}/l	$\overline{Nu}$
	1.0	15.62878	1.04150	0.97775	2.0	8.19048
10^6	2.0	17.85653	1.03809	0.63322	3.0	7.54555
	3.0	18.85790	1.03955	0.50416	4.0	6.97595

5.3　非规则计算区域上若干流动与传热问题的基准解

工程实际和自然界中的流动与传热现象大多发生在非规则区域上,而非规则区域上的基准解只有少数文献涉及,代表性的有:Demirdžić等[29]给出了 45°和 30°夹角的斜方腔顶盖驱动流、45°夹角的斜方腔及圆筒形组合区域自然对流的基准解;Oosterlee 等[30]给出了 L 形腔顶盖驱动流的基准解。但这些基准解还存在一些不足:①所研究的 Re 较小,最大 Re 仅为 1000,未对高 Re 的基准解进行研究;②非规则区域的几何形状相对比较简单;③网格数偏少,最大网格数仅为 320×320[29]

和 $256 \times 256^{[30]}$；④目前还没有相关文献涉及非规则区域混合对流问题的基准解。针对这些不足，笔者设计了三个二维不规则区域，采用 512×512 和 1024×1024 两套网格计算了驱动流、自然对流和混合对流三种流动，并采用 Richardson 外推法得到了高精度的基准解，下面给出部分结果，读者可参考文献[31]。

5.3.1　物理问题与计算条件

图 5.3.1 给出了不规则计算区域示意图，其中图 5.3.1(c)左边界的 sine 形曲

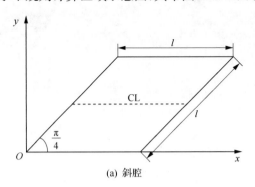

(a) 斜腔

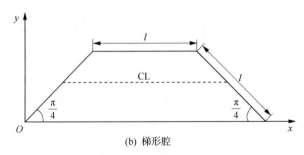

(b) 梯形腔

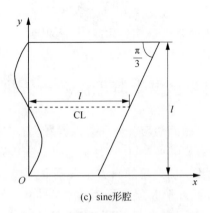

(c) sine形腔

图 5.3.1　二维不规则计算区域示意图

线的表达式为 $x(y) = 0.1\sin[\pi - 2\pi(y/l)]$。针对这三个计算区域,研究了驱动流、自然对流和混合对流三组流动形式,计算条件如表 5.3.1 所示,其中,无量纲特征数的定义分别为:$Re = \rho u_{lid} l/\mu, Gr = g\beta(T_h - T_c) l^3/\nu^2, Nu = h_f l/\lambda$ (式中 h_f 为对流换热系数)。

表 5.3.1　物理问题的边界条件和计算条件

物理问题	边界条件	计算条件
驱动流	北边界:$U=1$、$V=0$;其他:$U=V=0$	$Re=100,5000$
自然对流	所有边界:$U=V=0$; 西边界:$\Theta=\Theta_h$,东边界 $\Theta=\Theta_c$; 南北边界:$\partial\Theta/\partial Y = 0$	$Pr=10, Ra=10^6$
混合对流	北边界:$U=1$、$V=0$;其他:$U=V=0$; 西边界:$\Theta=\Theta_h$,东边界 $\Theta=\Theta_c$; 南北边界:$\partial\Theta/\partial Y = 0$	$Pr=0.71, Gr=10^7, Re=1000$

5.3.2　基准解

为方便进行定性对比,下面给出流线图和等温线图。值得指出的是,为画出所有的涡结构,流线图中的等值线并不是等间距的。为方便进行定量对比,对驱动流给出计算区域水平中线 CL 上若干体现流动特征的垂直方向的速度,对其他两种流动给出高温边界的若干局部 Nu 数值,且均给出流函数最大值、最小值的位置。

1. 顶盖驱动流

图 5.3.2、表 5.3.2 和表 5.3.3 给出了顶盖驱动流的部分计算结果。

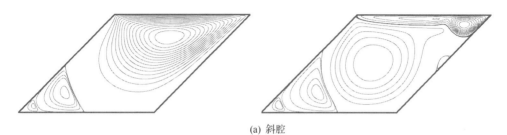

(a) 斜腔

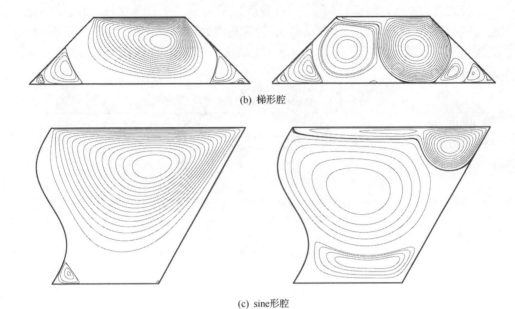

(b) 梯形腔

(c) sine形腔

图 5.3.2　顶盖驱动流的流线图(左图 $Re=100$,右图 $Re=5000$)

表 5.3.2　顶盖驱动流流函数最大值、最小值的位置

Re	计算区域	ψ_{max}	ψ_{min}
		$(x/l,y/l)$	$(x/l,y/l)$
100	斜腔	(0.34118,0.14294)	(1.1136,0.54621)
	梯形腔	(2.0880,0.14294)	(1.4521,0.45230)
	sine 形腔	(0.11441,0.06738)	(0.67577,0.75684)
5000	斜腔	(0.82501,0.36115)	(1.5075,0.63736)
	梯形腔	(0.81884,0.35701)	(1.5476,0.37082)
	sine 形腔	(0.43199,0.59278)	(1.0282,0.87402)

表 5.3.3 顶盖驱动流 CL 线上的垂直速度值

序号	斜腔 Re=100		斜腔 Re=5000		梯形腔 Re=100		梯形腔 Re=5000		sine 形腔 Re=100		sine 形腔 Re=5000	
	x/l	V	x/l	V	x/l	V	x/l	V	x/l	V	x/l	V
1	0.48344	0.016186	0.41508	−0.00018421	0.50799	0.015314	0.47175	−0.034113	0.044320	0.053153	0.0082171	−0.038986
2	0.54398	0.035563	0.45414	−0.019243	0.63077	0.056115	0.54368	−0.087201	0.093018	0.098201	0.024288	−0.084306
3	0.61429	0.062448	0.47758	−0.043275	0.76163	0.099909	0.68847	−0.035995	0.14710	0.13119	0.063752	−0.12707
4	0.68656	0.086198	0.49906	−0.068651	0.91364	0.12618	0.98339	0.049650	0.23148	0.14703	0.15101	−0.087492
5	0.76859	0.097719	0.54203	−0.095177	1.0651	0.14262	1.1151	0.080769	0.33628	0.12928	0.23336	−0.059787
6	0.85658	0.083862	0.60258	−0.068461	1.2274	0.13826	1.1557	0.19369	0.42581	0.093143	0.35119	−0.025592
7	0.91704	0.058394	0.68461	−0.040638	1.3303	0.10065	1.1775	0.31039	0.50462	0.046436	0.48392	0.010627
8	0.99516	0.0077321	0.77445	−0.013768	1.4529	0.0010866	1.2211	0.43781	0.58225	−0.012722	0.55186	0.029230
9	1.0479	−0.035782	0.87603	0.015303	1.5325	−0.10356	1.3272	0.29213	0.63192	−0.056805	0.61086	0.046041
10	1.0889	−0.070897	0.97367	0.043142	1.5873	−0.18602	1.6133	−0.085184	0.68778	−0.10953	0.67425	0.065122
11	1.1416	−0.11559	1.0245	0.057900	1.6394	−0.26420	1.8006	−0.33026	0.75397	−0.16658	0.73247	0.083464
12	1.2315	−0.15747	1.0928	0.069327	1.7190	−0.32817	1.8564	−0.39765	0.84683	−0.20658	0.78736	0.092441
13	1.2940	−0.12382	1.1592	0.056567	1.7937	−0.27462	1.8955	−0.50935	0.91515	−0.17121	0.85882	0.073202
14	1.3174	−0.087798	1.2061	0.033967	1.8423	−0.19617	1.9243	−0.26227	0.95174	−0.11736	0.91110	0.043631
15	1.3390	−0.041316	1.2745	0.0062552	1.9170	−0.077765	1.9830	0.020729	0.98454	−0.043339	0.97016	0.010041

2. 自然对流

图 5.3.3、表 5.3.4 和表 5.3.5 给出了自然对流的部分计算结果。

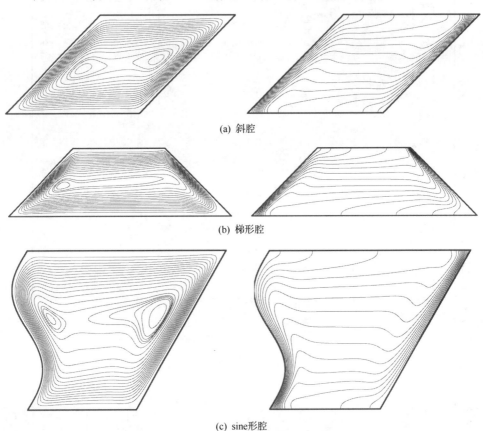

(a) 斜腔

(b) 梯形腔

(c) sine形腔

图 5.3.3　自然对流的流线图和等温线图

左图为流线图,右图为等温线图

表 5.3.4　自然对流流函数最大值、最小值的位置

Pr	计算区域	ψ_{max}	ψ_{min}
		$(x/l, y/l)$	$(x/l, y/l)$
	斜腔	$(1.7064, 0.70642)$	$(0.57598, 0.32110)$
10	梯形腔	$(1.9771, 0.43711)$	$(0.59000, 0.32110)$
	sine 形腔	$(1.1201, 0.70801)$	$(0.85625, 0.59668)$

表 5.3.5　自然对流高温边界局部 *Nu* 值

序号	斜腔		梯形腔		sine 形腔	
	y/l	Nu_h	y/l	Nu_h	y/l	Nu_h
1	0.010358	1.8691	0.0089769	1.4449	0.0048828	4.2989
2	0.021407	3.8634	0.020025	3.2240	0.012695	7.3575
3	0.033836	6.0683	0.032455	5.2014	0.024414	10.640
4	0.047647	8.2928	0.046266	7.2304	0.036133	13.150
5	0.066982	10.603	0.062839	9.1579	0.051758	15.477
6	0.11670	12.478	0.082174	10.552	0.10840	17.755
7	0.19266	11.624	0.12637	11.430	0.18262	16.740
8	0.26724	10.181	0.18023	11.040	0.25293	14.900
9	0.35148	8.5469	0.27276	9.7766	0.33301	12.302
10	0.43020	7.1137	0.37772	8.1821	0.40723	10.084
11	0.52550	5.3877	0.46335	6.7576	0.53223	7.4008
12	0.59179	4.0825	0.56140	4.8655	0.70801	4.7725
13	0.64427	2.9251	0.62493	3.4588	0.83887	3.3492
14	0.69399	1.9066	0.69399	1.9398	0.93066	2.0594
15	0.70504	3.0046	0.70504	3.0556	0.98340	1.2848

3. 混合对流

图 5.3.4、表 5.3.6 和表 5.3.7 给出了混合对流的部分计算结果。

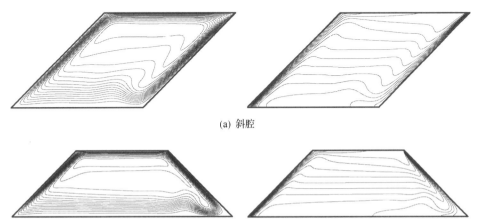

(a) 斜腔

(b) 梯形腔

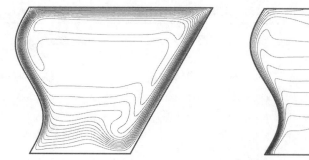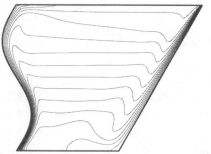

(c) sine形腔

图 5.3.4 混合对流的流线图和等温线图

左图为流线图,右图为等温线图

表 5.3.6 混合对流流函数最大值、最小值的位置

Gr	计算区域	ψ_{max} $(x/l, y/l)$	ψ_{min} $(x/l, y/l)$
10^7	斜腔		(0.81818, 0.59455)
	梯形腔	(1.8003, 0.61388)	(1.4479, 0.59041)
	sine 形腔	(1.1393, 0.74121)	(0.67958, 0.87207)

表 5.3.7 混合对流高温边界局部 Nu 值

序号	斜腔 y/l	Nu_h	梯形腔 y/l	Nu_h	sine 形腔 y/l	Nu_h
1	0.0062148	4.0968	0.0048337	2.9214	0.0029297	7.9453
2	0.011739	7.7408	0.010358	6.2571	0.0068359	12.867
3	0.018644	12.197	0.017263	10.364	0.010742	16.617
4	0.024169	15.457	0.024169	14.128	0.018555	22.401
5	0.033836	19.902	0.033836	18.206	0.026367	26.325
6	0.061458	23.986	0.065601	22.144	0.051758	30.172
7	0.11808	22.021	0.11394	20.571	0.14551	26.765
8	0.17194	19.935	0.18161	18.306	0.23926	24.171
9	0.26171	17.038	0.28105	15.786	0.32910	20.403
10	0.33629	14.869	0.39706	13.042	0.41699	16.631
11	0.41639	12.769	0.49097	10.949	0.51074	13.441
12	0.51445	10.576	0.57245	9.3693	0.65332	10.043
13	0.63184	8.2813	0.64565	7.8759	0.81348	8.2968
14	0.68984	6.6669	0.68984	6.6097	0.92480	6.9442
15	0.70504	8.8848	0.70504	8.8075	0.97949	5.3119

5.4　小　　结

本章对流动与传热数值计算中的收敛标准和基准解两个基本课题进行介绍，提出一种基于规正余量的收敛标准，该收敛标准具有不受物理问题性质、离散方程表达形式、网格尺度、控制方程是否无量纲化等因素影响的优点，不同物理问题或同一物理问题不同离散方程形式的规正余量均能下降到相近的数量级，有利于收敛标准的设置。基于有限容积法，给出了规则计算区域和非规则区域上不同计算条件下的驱动流、自然对流及混合对流等问题的基准解。

参 考 文 献

[1] Freitas C J. Editorial policy statement on the control of numerical accuracy. Journal of Fluids Engineering, 1993, 115(3): 339-340.

[2] Karniadakis G E. Toward a numerical error bar in CFD. Journal of Fluids Engineering, 1995, 117(1): 7-9.

[3] Ferziger J H. A note on numerical accuracy. International Journal of Numerical Methods Fluids, 1988, 8(9): 995-996.

[4] Roache P J. A method for uniform reporting of grid refinement studies. Journal of Fluids Engineering, 1993, 158: 109-109.

[5] Ferziger J H. Estimation and reduction of numerical error. American Society of Mechanical Engneers Fluids Engineering Division, 1993, 158: 1-1.

[6] Ruge J W. An evaluation of the grid convergence index for 1-D two-phase flow in porous media. American Society of Mechanical Engneers Fluids Engineering Division: Quantification of Uncertainty in Computational Fluid Dynamics, 1995, 213: 51-56.

[7] Pelletier D, Ignat L. On the accuracy of the grid convergence index and the Zhu-Zienkiewicz error estimator. ASME Fluids Engineering Division: Quantification of Uncertainty in Computational Fluid Dynamics, 1995, 213: 31-36.

[8] 陶文铨. 数值传热学. 西安:西安交通大学出版社, 2001.

[9] Li J F, Yu B, Zhang X Y, et al. An improved convergence criterion based on normalized residual for heat transfer and fluid flow numerical simulation. International Journal of Heat and Mass Transfer, 2015, 91: 246-254.

[10] 陶文铨. 计算传热学的近代进展. 北京:科学出版社, 2000.

[11] Leonard B P. Simple high-accuracy resolution program for convective modelling of discontinuities. International Journal for Numerical Methods in Fluids, 1988, 8(10): 1291-1318.

[12] Ghia U, Ghia K N, Shin C T. High-Resolutions for incompressible flow using the Navier-Stokes equations and a multigrid method. Journal of Computational Physics, 1982, 48(3): 387-411.

[13] Botella O, Peyret R. Benchmark spectral results on the lid-driven cavity flow. Computers & Fluids, 1998, 27(4): 421-433.

[14] Zhang J. Numerical simulation of 2D square driven cavity using fourth-order compact finite difference

schemes. Computers & Mathematics with Applications，2003，45(1)：43-52.

[15] Bruneau C H，Saad M. The 2D lid-driven cavity problem revisited. Computers & Fluids，2006，35(3)：326-348.

[16] Erturk E，Gökçöl C. Fourth-order compact formulation of Navier-Stokes equations and driven cavity flow at high Reynolds numbers. International Journal for Numerical Methods in Fluids，2006，50(4)：421-436.

[17] De Vahl Davis G. Natural convection of air in a square cavity：A bench mark numerical solution. International Journal for Numerical Methods in Fluids，1983，3(3)：249-264.

[18] De Vahl Davis G，Jones I P. Natural convection in a square cavity：A comparison exercise，International Journal for Numerical Methods in Fluids，1983，3(3)：227-248.

[19] Hortmann M，Perić M，Scheuerer G. Finite volume multigrid prediction of laminar natural convection：Bench-mark solutions. International Journal for Numerical Methods in Fluids，1990，11(2)：189-207.

[20] Le Quéré P. Accurate solutions to the square thermally driven cavity at high Rayleigh number. Computers & Fluids，1991，20(1)：29-41.

[21] Henkes R，Van Der Vlugt F F，Hoogendoorn C J. Natural-convection flow in a square cavity calculated with low-Reynolds-number turbulence models. International Journal of Heat and Mass Transfer，1991，34(2)：377-388.

[22] Barakos G，Mitsoulis E，Assimacopoulos D. Natural convection flow in a square cavity revisited：Laminar and turbulent models with wall functions. International Journal for Numerical Methods in Fluids，1994，18(7)：695-719.

[23] Wakashima S，Saitoh T S. Benchmark solutions for natural convection in a cubic cavity using the high-order time-space method. International Journal of Heat and Mass Transfer，2004，47(4)：853-864.

[24] Fuchs L，Tillmark N. Numerical and experimental study of driven flow in a polar cavity. International Journal for Numerical Methods in Fluids，1985，5(4)：311-329.

[25] Lee D，Tsuei Y M. A hybrid adaptive gridding procedure for recirculating fluid flow problems. Journal of Computational Physics，1993，108(1)：122-141.

[26] Kuehn T H，Goldstein R J. An experimental and theoretical study of natural convection in the annulus between horizontal concentric cylinders. Journal of Fluid mechanics，1976，74(04)：695-719.

[27] Wang M，Yu B，Li J F，et al. Study on the benchmark solution for mixed convection in a square cavity based on a finite volume multigrid procedure. The 4th Asian Symposium on Computational Heat Transfer and Fluid Flow，Hong Kong，2013.

[28] 王敏，宇波，李敬法，等. 二维圆柱坐标系中的驱动流和自然对流基准解研究. 中国工程热物理年会传热传质分会，重庆，2013.

[29] Demirdžić I，Lilek Ž，Perić M. Fluid flow and heat transfer test problems for non-orthogonal grids：Bench-mark solutions. International Journal for Numerical Methods in Fluids，1992，15(3)：329-354.

[30] Oosterlee C W，Wesseling P，Segal A，et al. Benchmark solutions for the incompressible Navier-Stokes equations in general co-ordinates on staggered grids. International Journal for Numerical Methods in Fluids，1993，17(4)：301-321.

[31] Li J F，Yu B，Wang M. Benchmark solutions for two-dimensional fluid flow and heat transfer problems in irregular regions using multigrid method. Submitted，2015.

第 6 章　POD 低阶模型及其应用

　　热流工程中的最优方案制定、基于可靠性的流动安全评价及反馈调节等问题往往要求高效的流动与传热计算,传统的计算方法难以满足要求,而 POD 低阶模型是解决该难题的有效方法之一。本章首先介绍 POD 的基本原理,然后介绍基于直角坐标系和贴体坐标系的 POD 导热低阶模型,最后介绍基于以上两种坐标系的POD 对流换热低阶模型。

6.1　POD 简介

　　最佳正交分解又称本征正交分解(proper orthogonal decomposition,简称POD)是一种有效分析高维数据的方法。这种方法本质上提供了一组满足最小二乘意义上能量最优的基函数,将这组基函数和对应谱系数进行线性组合即可实现对高维数据的低维描述。通常少数几个含能最高的 POD 基函数就包含了样本数据的本质信息,可以以较高的精度重构样本数据。由于 POD 具有这些性质,所以常被作为一种有效的数据处理与分析的工具[1,2]。在流动与传热领域,比较有代表性的应用是利用 POD 进行湍流流动结构的分析,最早由 Lumley[3]引入该领域中,用来提取湍流中的拟序结构。

　　POD 与插值法或 Galerkin 投影法的结合可以对高维度物理问题建立较低维度模型(即低阶模型),该模型可以在保证计算结果精度的前提下实现物理问题的高效求解。本章将着重介绍 POD 投影低阶模型,POD 插值低阶模型的应用可参考文献[4]～[7]。关于 POD 投影低阶模型,文献中大多是利用 POD 方法对有限元方法或有限容积方法计算得到的数据进行分析得到基函数,然后建立关于原物理问题的 POD 低阶 FEM 模型[8-11]或低阶 FVM 模型[12,13]。关于 POD 低阶模型研究的综述,可参考文献[14]和[15]。

　　POD 低阶模型的实施主要包括以下三个步骤:①对样本矩阵进行最佳正交分解得到 POD 基函数;②根据物理问题的实际情况,选取含能较高的几组基函数并计算对应的谱系数;③将基函数和谱系数进行线性叠加得到原物理场的近似场。以下将对上述步骤中涉及的 POD 基函数、样本矩阵和谱系数逐一进行介绍。

6.1.1　POD 基函数

　　任何一个函数都可以表示成如式(6.1.1)所示的一组正交基函数的线性叠加形式:

$$f(x,t) = \sum_{k=1}^{N} a_k(t)\phi_k(x) \tag{6.1.1}$$

式中,函数 $f(x,t)$ 可以表示温度场、速度场等;$\phi_k(x)$ 和 $a_k(t)$ 分别为基函数和谱系数,二者分别为空间和时间的函数;N 表示基函数的总数。

接下来寻找最能准确描述 $f(x,t)$ 的一组正交基函数,即寻找一组满足最小二乘意义上能量最优的基函数——POD 基函数,如式(6.1.2)所描述:

$$e = \left\langle \left\| f(x,t) - \sum_{k=1}^{M} a_k(t)\phi_k(x) \right\| \right\rangle, \qquad M \ll N \tag{6.1.2}$$

式中,$\|\cdot\|$ 为 L^2 范数 $[\|v\| = \sqrt{(v,v)}]$;$\langle \cdot \rangle$ 表示平均值运算;M 为用来近似描述 $f(x,t)$ 所使用的基函数个数。式(6.1.2)等价于 $f(x,t)$ 在基函数 ϕ 上的投影最大,在数学上该条件为

$$\max_{\phi}\langle (f,\phi)^2 \rangle \text{s. t. } (\phi,\phi) = 1 \tag{6.1.3}$$

式中,$(\cdot,\cdot)$ 表示 Hilbert 内积,如 $(f,\phi) = \int_{\Omega} f\phi \mathrm{d}\Omega$。采用拉格朗日数乘方法求解式(6.1.3),通过推导可知[16],使式(6.1.3)成立的充分条件为基函数 ϕ 满足如下的 Fredholm 积分方程:

$$\int_{\Omega}\langle f(x)f(x')\rangle\phi(x')\mathrm{d}\Omega' = \lambda\phi(x) \tag{6.1.4}$$

式(6.1.4)描述的是一个以 $K = \langle f(x)f(x')\rangle$ 为核的积分特征值问题。在数值算法(离散计算)中,若 $x \in \{x_1, x_2, \cdots, x_{N_t}\}$,则可以根据已知的样本数据计算得到自相关矩阵 $\boldsymbol{K}$,即

$$\boldsymbol{K} = \begin{bmatrix} K(x_1,x_1) & \cdots & K(x_1,x_{N_t}) \\ \vdots & \ddots & \vdots \\ K(x_{N_t},x_1) & \cdots & K(x_{N_t},x_{N_t}) \end{bmatrix} \tag{6.1.5}$$

对矩阵 $\boldsymbol{K}$ 进行正交分解即可得到基函数 ϕ 所对应的特征向量 $\boldsymbol{\phi} = [\phi(x_1) \quad \phi(x_2) \quad \cdots \quad \phi(x_{N_t})]^{\mathrm{T}}$。该过程即样本矩阵 $\boldsymbol{F}$[见式(6.1.13)]的奇异值分解(SVD)过程。也就是说,对样本矩阵 $\boldsymbol{F}$ 进行 SVD 分解即可得到这组最小二乘上能量最优的基函数,故称上述实施 POD 获得基函数的方法为 SVD 方法。

由于矩阵 $\boldsymbol{K}$ 的维度与离散点个数相同(网格点数),对于如湍流直接数值模拟等采用大量网格的问题,会消耗巨大的存储空间和计算时间,为此 Sirovich 提出了实施 POD 的"快照"(Snapshot)方法,克服了这一严重缺点,采用该方法求解 POD 基函数过程详见文献[17]。

以上求出的 POD 基函数具有以下性质：

$$(\boldsymbol{\phi}_i, \boldsymbol{\phi}_j) = \begin{cases} 0, & i \neq j \\ 1, & i = j \end{cases} \tag{6.1.6}$$

式中，$(\cdot, \cdot)$ 表示向量的内积。该性质在构建投影低阶模型时将会用到。

POD 低阶模型的应用中还有一个重要的概念是基函数的"含能"。下面以流体的平均动能为例介绍基函数"含能"的概念。

如果 $f(x, t)$ 表示流体的速度，则流体的平均动能可以表示为

$$E = \int_{\Omega} \langle f(x,t) f(x,t) \rangle \mathrm{d}\Omega = \int_{\Omega} \sum_{k=1}^{N} \sum_{l=1}^{N} \langle a_k(t) a_l(t) \rangle \phi_k(x) \phi_l(x) \mathrm{d}\Omega \tag{6.1.7}$$

由于谱系数与特征值 $\lambda_i (i = 1, 2, \cdots, N)$ 存在以下关系：

$$\langle a_i(t) a_j(t) \rangle = \delta_{ij} \lambda_i \tag{6.1.8}$$

式中，δ_{ij} 为 Kroneker 符号。

由式(6.1.6)～式(6.1.8)可以将流体的平均动能表示为

$$E = \sum_{i=1}^{N} \lambda_i \tag{6.1.9}$$

式(6.1.9)表明，流体的总体平均动能为所有特征值的和，特征值 λ_i 代表其对应的基函数的含能。为了从数量上表达基函数对总体能量的累积贡献程度，我们定义能量贡献率和累积能量贡献率两个参数，分别为

$$\zeta_i = \lambda_i \Big/ \sum_{k=1}^{N} \lambda_k \tag{6.1.10}$$

$$\eta_M = \sum_{i=1}^{M} \lambda_i \Big/ \sum_{i=1}^{N} \lambda_i, \qquad M \leqslant N \tag{6.1.11}$$

式中，参数 ζ_i 表示第 i 个基函数的贡献率；而 η_M 表示前 M 个基函数的累积能量贡献率。

将基函数按照其具有的能量进行从大到小排序，通常前 $M(M \ll N)$ 组基函数就占了绝大部分的能量，因此函数 $f(x, t)$ 就可以以较高的精度表示成如下形式：

$$f(x, t) \approx \sum_{k=1}^{M} a_k(t) \phi_k(x) \tag{6.1.12}$$

6.1.2　样本矩阵

　　样本矩阵通常是通过实验或数值模拟的方法得到的关于所研究物理问题的部分结果所组成的矩阵。

　　以二维问题为例,假设数值计算所采用的网格为结构化网格,网格在 x 方向共有 I 个节点,在 y 方向共有 J 个节点。$f(x_j,y_j,t_n)(i=1,2,\cdots,I;j=1,2,\cdots,J;n=1,2,\cdots,N)$ 为原问题有关物理量在不同时刻的数值解。现将不同时刻所有网格点上的数值存储在矩阵 $\boldsymbol{F}$ 的每一列中,构成如式(6.1.13)所示的矩阵。同样,不同的边界条件下的计算结果也可以与不同时刻的样本一起构成样本矩阵。

$$
\boldsymbol{F} = \begin{bmatrix}
f(x_1,y_1,t_1) & f(x_1,y_1,t_2) & \cdots & f(x_1,y_1,t_{N-1}) & f(x_1,y_1,t_N) \\
\cdot & \cdot & \cdots & \cdot & \cdot \\
f(x_I,y_1,t_1) & f(x_I,y_1,t_2) & \cdots & f(x_I,y_1,t_{N-1}) & f(x_I,y_1,t_N) \\
f(x_1,y_2,t_1) & f(x_1,y_2,t_2) & \cdots & f(x_1,y_2,t_{N-1}) & f(x_1,y_2,t_N) \\
\cdot & \cdot & \cdots & \cdot & \cdot \\
f(x_I,y_2,t_1) & f(x_I,y_2,t_2) & \cdots & f(x_I,y_2,t_{N-1}) & f(x_I,y_2,t_N) \\
\cdot & \cdot & \cdots & \cdot & \cdot \\
f(x_1,y_J,t_1) & f(x_1,y_J,t_2) & \cdots & f(x_1,y_J,t_{N-1}) & f(x_1,y_J,t_N) \\
\cdot & \cdot & \cdots & \cdot & \cdot \\
f(x_I,y_J,t_1) & f(x_I,y_J,t_2) & \cdots & f(x_I,y_J,t_{N-1}) & f(x_I,y_J,t_N)
\end{bmatrix}
$$

$$(6.1.13)$$

6.1.3　谱系数

　　谱系数的求解有两种方法,即插值法和投影法。前者通过已知物理场相应的谱系数进行线性与非线性插值来获得待求物理场的谱系数[7];后者采用 Galerkin 投影的方法将原物理问题的控制方程投影到基函数所张成的低维空间中,得到描述谱系数演化的方程,求解该方程即可得到待求物理场的谱系数。Wang X L 等[4]对比了不同的插值方法对插值低阶模型计算精度的影响。Wang Y 等[5]则对 POD 插值低阶模型与投影低阶模型进行了对比研究,发现投影低阶模型普遍优于插值低阶模型。本章接下来将对 POD 投影法进行详细介绍,POD 插值法请参阅相关文献。

6.2　导热 POD-Galerkin 低阶模型

笔者在应用导热 POD-Galerkin 低阶模型解决工程实际问题时发现,现有导热 POD-Galerkin 低阶模型存在两个问题:①缺乏对既适用于常物性又适用于变物性问题的界面基函数插值方法的研究;②现有的导热 POD-Galerkin 低阶模型只适用于固定形状求解域的快速预测。这极大地限制了低阶模型的应用范围,为此笔者开展了相关研究。本节首先介绍直角坐标下的导热 POD-Galerkin 低阶模型的建立与离散求解,着重介绍边界条件的处理及对常物性和变物性问题均适用的界面基函数调和平均插值方法;然后在此基础上介绍基于贴体坐标的导热 POD-Galerkin 低阶模型,该模型能够对不同形状(具有相同特征)区域内的导热问题进行快速计算。

6.2.1　直角坐标下导热 POD-Galerkin 低阶模型

下面以二维问题为例,介绍直角坐标下的导热 POD-Galerkin 低阶模型的建立和离散求解过程。

1. 低阶模型的建立

直角坐标系下二维非稳态导热问题的控制方程为

$$\frac{\partial(\rho c_p T)}{\partial t} = \frac{\partial}{\partial x}\left(\lambda\,\frac{\partial T}{\partial x}\right) + \frac{\partial}{\partial y}\left(\lambda\,\frac{\partial T}{\partial y}\right) + s \tag{6.2.1}$$

式中, s 表示源项。

由 POD 基函数的性质可知,温度场可以写成前 M 个基函数线性叠加的形式,即

$$T = \sum_{k=1}^{M} a_k \phi_k \tag{6.2.2}$$

将式(6.2.2)代入式(6.2.1)得

$$\frac{\partial}{\partial t}\left(\rho c_p \sum_{k=1}^{M} a_k \phi_k\right) = \frac{\partial}{\partial x}\left[\lambda\,\frac{\partial}{\partial x}\left(\sum_{k=1}^{M} a_k \phi_k\right)\right] + \frac{\partial}{\partial y}\left[\lambda\,\frac{\partial}{\partial y}\left(\sum_{k=1}^{M} a_k \phi_k\right)\right] + s \tag{6.2.3}$$

由于谱系数仅与时间有关,而基函数仅与空间坐标有关(ρ 和 c_p 为温度的函数时显式计算 ρ 和 c_p 的值),则式(6.2.3)可写成

$$\sum_{k=1}^{M} \frac{\mathrm{d}a_k}{\mathrm{d}t}\rho c_p\,\phi_k = \sum_{k=1}^{M} a_k\left[\frac{\partial}{\partial x}\left(\lambda\,\frac{\partial \phi_k}{\partial x}\right) + \frac{\partial}{\partial y}\left(\lambda\,\frac{\partial \phi_k}{\partial y}\right)\right] + s \tag{6.2.4}$$

将式(6.2.4)向前 M 个 POD 基函数张成的空间投影得

$$
\begin{aligned}
\sum_{k=1}^{M} \frac{\mathrm{d}a_k}{\mathrm{d}t}(\rho c_p \phi_k, \phi_i) &= \sum_{k=1}^{M} a_k \left(\frac{\partial}{\partial x}\left(\lambda \frac{\partial \phi_k}{\partial x}\right) + \frac{\partial}{\partial y}\left(\lambda \frac{\partial \phi_k}{\partial y}\right), \phi_i \right) \\
&+ (s, \phi_i), \qquad i = 1, 2, \cdots, M
\end{aligned}
\tag{6.2.5}
$$

式(6.2.5)包括非稳态项、扩散项及源项的投影，下面分别对这三项的投影进行推导。

非稳态项的投影为

$$
\sum_{k=1}^{M} \frac{\mathrm{d}a_k}{\mathrm{d}t}(\rho c_p \phi_k, \phi_i) = \sum_{k=1}^{M} \frac{\mathrm{d}a_k}{\mathrm{d}t} G_{ik}
\tag{6.2.6}
$$

式中，$G_{ik} = (\rho c_p \phi_k, \phi_i)$。

扩散项的投影为

$$
\begin{aligned}
&\sum_{k=1}^{M} a_k \left(\frac{\partial}{\partial x}\left(\lambda \frac{\partial \phi_k}{\partial x}\right) + \frac{\partial}{\partial y}\left(\lambda \frac{\partial \phi_k}{\partial y}\right), \phi_i \right) \\
&= \sum_{k=1}^{M} a_k \left\{ \int_{\Omega} \left[\frac{\partial}{\partial x}\left(\lambda \frac{\partial \phi_k}{\partial x}\right) + \frac{\partial}{\partial y}\left(\lambda \frac{\partial \phi_k}{\partial y}\right) \right] \phi_i \mathrm{d}\Omega \right\}
\end{aligned}
\tag{6.2.7}
$$

其中，Ω 为如图 6.2.1 所示的任意形状的求解域。应用格林公式，得

$$
\begin{aligned}
&\sum_{k=1}^{M} a_k \left\{ \int_{\Omega} \left[\frac{\partial}{\partial x}\left(\lambda \frac{\partial \phi_k}{\partial x}\right) + \frac{\partial}{\partial y}\left(\lambda \frac{\partial \phi_k}{\partial y}\right) \right] \phi_i \mathrm{d}\Omega \right\} \\
&= \sum_{k=1}^{M} a_k \left(\oint \lambda \frac{\partial \phi_k}{\partial x} \phi_i \mathrm{d}y - \lambda \frac{\partial \phi_k}{\partial y} \phi_i \mathrm{d}x \right) - \sum_{k=1}^{M} a_k \left[\int_{\Omega} \lambda \left(\frac{\partial \phi_k}{\partial x} \frac{\partial \phi_i}{\partial x} + \frac{\partial \phi_k}{\partial y} \frac{\partial \phi_i}{\partial y} \right) \mathrm{d}\Omega \right]
\end{aligned}
\tag{6.2.8}
$$

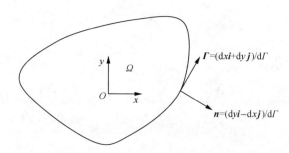

图 6.2.1　任意求解域示意图

为方便引入边界条件，将式(6.2.8)右端第一项写为

$$\sum_{k=1}^{M} a_k \left(\oint \lambda \frac{\partial \phi_k}{\partial x} \phi_i \mathrm{d}y - \lambda \frac{\partial \phi_k}{\partial y} \phi_i \mathrm{d}x \right)$$

$$= \oint \lambda \frac{\partial T}{\partial x} \phi_i \mathrm{d}y - \lambda \frac{\partial T}{\partial y} \phi_i \mathrm{d}x$$

$$= \oint \lambda \phi_i \left(\frac{\partial T}{\partial x} \boldsymbol{i} + \frac{\partial T}{\partial y} \boldsymbol{j} \right) \boldsymbol{\cdot} (\mathrm{d}y \boldsymbol{i} - \mathrm{d}x \boldsymbol{j}) \qquad (6.2.9)$$

$$= \oint \lambda \phi_i \left(\frac{\partial T}{\partial n} \boldsymbol{n} + \frac{\partial T}{\partial \Gamma} \boldsymbol{\Gamma} \right) \boldsymbol{\cdot} (\mathrm{d}y \boldsymbol{i} - \mathrm{d}x \boldsymbol{j})$$

式中,$\boldsymbol{n}$ 和 $\boldsymbol{\Gamma}$ 分别为图 6.2.1 所示的外法线方向和切线方向的单位矢量,$\boldsymbol{n} = (\mathrm{d}y \boldsymbol{i} - \mathrm{d}x \boldsymbol{j})/\mathrm{d}\Gamma$,$\boldsymbol{\Gamma} = (\mathrm{d}x \boldsymbol{i} + \mathrm{d}y \boldsymbol{j})/\mathrm{d}\Gamma$,$\mathrm{d}\Gamma = \sqrt{(\mathrm{d}x)^2 + (\mathrm{d}y)^2}$;$\frac{\partial T}{\partial n}$ 和 $\frac{\partial T}{\partial \Gamma}$ 分别为 $\boldsymbol{n}$ 和 $\boldsymbol{\Gamma}$ 方向的温度变化率;$\boldsymbol{i}$ 和 $\boldsymbol{j}$ 分别为 x 和 y 方向上的单位矢量。

将 $\boldsymbol{n}$ 和 $\boldsymbol{\Gamma}$ 的表达式代入式(6.2.9)得

$$\sum_{k=1}^{M} a_k \left(\oint \lambda \frac{\partial \phi_k}{\partial x} \phi_i \mathrm{d}y - \lambda \frac{\partial \phi_k}{\partial y} \phi_i \mathrm{d}x \right)$$

$$= \oint \lambda \phi_i \frac{\partial T}{\partial n} (\mathrm{d}y \boldsymbol{i} - \mathrm{d}x \boldsymbol{j})/\mathrm{d}\Gamma \boldsymbol{\cdot} (\mathrm{d}y \boldsymbol{i} - \mathrm{d}x \boldsymbol{j})$$

$$= \int_{\Gamma} \lambda \phi_i \left(\frac{\partial T}{\partial n} \right) \mathrm{d}\Gamma \qquad (6.2.10)$$

$$= - \int_{\Gamma} \phi_i q_{\mathrm{w}} \mathrm{d}\Gamma$$

式中,q_{w} 为边界上的热流密度;下角标 w 表示壁面。三类边界条件均可以通过该式以热流密度的形式引入,具体实施过程如下。

将式(6.2.10)代入式(6.2.8)得

$$\sum_{k=1}^{M} a_k \left\{ \int_{\Omega} \left[\frac{\partial}{\partial x} \left(\lambda \frac{\partial \phi_k}{\partial x} \right) + \frac{\partial}{\partial y} \left(\lambda \frac{\partial \phi_k}{\partial y} \right) \right] \phi_i \mathrm{d}\Omega \right\}$$

$$= - \int_{\Gamma} q_{\mathrm{w}} \phi_i \mathrm{d}\Gamma - \sum_{k=1}^{M} a_k \int_{\Omega} \lambda \left(\frac{\partial \phi_k}{\partial x} \frac{\partial \phi_i}{\partial x} + \frac{\partial \phi_k}{\partial y} \frac{\partial \phi_i}{\partial y} \right) \mathrm{d}\Omega \qquad (6.2.11)$$

源项的投影为

$$(s, \phi_i) = \int_{\Omega} \phi_i s \mathrm{d}\Omega = S_i \qquad (6.2.12)$$

将式(6.2.6)、式(6.2.11)和式(6.2.12)代入式(6.2.5),整理得

$$\sum_{k=1}^{M} \frac{\mathrm{d}a_k}{\mathrm{d}t} G_{ik} + \int_{\Gamma} q_{\mathrm{w}} \phi_i \mathrm{d}\Gamma + \sum_{k=1}^{M} a_k H_{ik} - S_i = 0, \qquad i = 1, 2, \cdots, M$$

$$(6.2.13)$$

式中，$H_{ik} = \left(\lambda \dfrac{\partial \phi_k}{\partial x}, \dfrac{\partial \phi_i}{\partial x} \right) + \left(\lambda \dfrac{\partial \phi_k}{\partial y}, \dfrac{\partial \phi_i}{\partial y} \right)$。

　　式(6.2.13)即为直角坐标下的非稳态导热问题 POD-Galerkin 低阶模型。为叙述方便，下文中将式(6.2.13)中左端各项依次称为非稳态项、边界条件项、空间导数内积项和源项。

　　令式(6.2.13)中等号左边的非稳态项等于零，则得到直角坐标下的稳态导热 POD-Galerkin 低阶模型：

$$\int_\Gamma q_{\mathrm{w}} \phi_i \mathrm{d}\Gamma + \sum_{k=1}^{M} a_k H_{ik} - S_i = 0, \qquad i = 1, 2, \cdots, M \qquad (6.2.14)$$

2. 低阶模型的离散求解

　　低阶模型的离散求解方法理论上讲可采用有限元、有限差分和有限容积等方法，但一般与获得样本矩阵数据的方法一致。下面介绍如何采用有限容积法离散求解式(6.2.13)。

　　1) 非稳态项的离散

　　将非稳态项的投影写成矩阵形式：

$$\sum_{k=1}^{M} \frac{\mathrm{d}a_k}{\mathrm{d}t} G_{ik} (i = 1, 2, \cdots, M) = \boldsymbol{G} \begin{bmatrix} \dfrac{\mathrm{d}a_1}{\mathrm{d}t} \\[2mm] \dfrac{\mathrm{d}a_2}{\mathrm{d}t} \\[1mm] \vdots \\[1mm] \dfrac{\mathrm{d}a_M}{\mathrm{d}t} \end{bmatrix} = \boldsymbol{G} \begin{bmatrix} \dfrac{a_1^{n+1} - a_1^n}{\Delta t} \\[2mm] \dfrac{a_2^{n+1} - a_2^n}{\Delta t} \\[1mm] \vdots \\[1mm] \dfrac{a_M^{n+1} - a_M^n}{\Delta t} \end{bmatrix} \qquad (6.2.15)$$

矩阵 $\boldsymbol{G}$ 中任一元素：

$$G_{ik} = (\rho c_p \phi_k, \phi_i) = \int_\Omega \rho c_p \phi_i \phi_k \mathrm{d}\Omega \qquad (6.2.16)$$

采用数值积分计算 G_{ik}：

$$G_{ik} = \sum_{l=1}^{N_t} \phi_i(l) \phi_k(l) \rho(l) c_p(l) V(l) \qquad (6.2.17)$$

式中，N_t 为控制容积的总数；$\phi(l)$、$\rho(l)$、$c_p(l)$、$V(l)$ 分别为编号为 l 的节点的基函数、密度、比热容和所在控制容积的体积。

　　2) 边界条件项的离散

　　边界条件项离散过程中的主要难点在于该项中热流密度 q_{w} 的处理。为方便

程序编写,将各类边界条件统一写成热流密度的形式,即

$$q_{\mathrm{w}} = -b_1\lambda\frac{\partial T}{\partial n} + b_2 q + b_3 h_{\mathrm{f}}(T_{\mathrm{w}} - T_{\mathrm{f}}) \tag{6.2.18}$$

式中, b_1、b_2 和 b_3 为常数,对于第一、第二和第三类边界条件,式(6.2.18)中 b_1、b_2、b_3 的取值分别为 $b_1 = 1, b_2 = 0, b_3 = 0; b_1 = 0, b_2 = 1, b_3 = 0; b_1 = 0, b_2 = 0, b_3 = 1$。 q_{w} 为第二类边界条件中的热流密度, T_{f} 为第三类边界条件中流体的温度。

在我们的研究中,确定边界邻点的位置时通常令边界点与边界邻点的连线垂直于边界,于是离散式(6.2.18)得

$$q_{\mathrm{w}} = -b_1\lambda\frac{T(N_0) - T(N_1)}{d} + b_2 q + b_3 h_{\mathrm{f}}(T(N_0) - T_{\mathrm{f}}) \tag{6.2.19}$$

式中, N_0 为边界节点的编号; N_1 为与 N_0 相邻的内部节点的编号; d 为 N_0 和 N_1 节点间的距离。

整理式(6.2.19)可得

$$q_{\mathrm{w}} = \left(\frac{b_1\lambda T(N_1)}{d} + b_3 h_{\mathrm{f}} T(N_0)\right) + \left(-\frac{b_1\lambda T(N_0)}{d} - b_3 h_{\mathrm{f}} T_{\mathrm{f}} + b_2 q\right)$$

$$\tag{6.2.20}$$

其中,右边第一项包含未知量;第二项不包含未知量。

将右边第一项中的 $T(N_1)$ 和 $T(N_0)$ 写成基函数线性叠加的形式,得

$$q_{\mathrm{w}} = \sum_{k=1}^{M} a_k\left(\frac{b_1\lambda\phi_k(N_1)}{d} + b_3 h_{\mathrm{f}}\phi_k(N_0)\right) + \left(-\frac{b_1\lambda T(N_0)}{d} - b_3 h_{\mathrm{f}} T_{\mathrm{f}} + b_2 q\right)$$

$$\tag{6.2.21}$$

将式(6.2.21)代入 $\int_\Gamma \phi_i q_{\mathrm{w}} \mathrm{d}\Gamma$ 得

$$\int_\Gamma \phi_i q_{\mathrm{w}} \mathrm{d}\Gamma = \int_\Gamma \phi_i(N_0)\left[\begin{array}{l}\sum_{k=1}^{M} a_k\left(\dfrac{b_1\lambda\phi_k(N_1)}{d} + b_3 h_{\mathrm{f}}\phi_k(N_0)\right) \\ + \left(-\dfrac{b_1\lambda T(N_0)}{d} - b_3 h_{\mathrm{f}} T_{\mathrm{f}} + b_2 q\right)\end{array}\right]\mathrm{d}\Gamma$$

$$= \sum_{k=1}^{M} a_k\int_\Gamma \phi_i(N_0)\left(\frac{b_1\lambda\phi_k(N_1)}{d} + b_3 h_{\mathrm{f}}\phi_k(N_0)\right)\mathrm{d}\Gamma$$

$$+ \int_\Gamma \phi_i(N_0)\left(-\frac{b_1\lambda T(N_0)}{d} - b_3 h_{\mathrm{f}} T_{\mathrm{f}} + b_2 q\right)\mathrm{d}\Gamma \tag{6.2.22}$$

将式(6.2.22)写成矩阵形式:

$$\int_{\Gamma} \phi_i q_w \mathrm{d}\Gamma (i = 1, 2, \cdots, M) = \mathbf{A} \begin{bmatrix} a_1 \\ a_2 \\ \vdots \\ a_M \end{bmatrix} + \mathbf{B} \qquad (6.2.23)$$

其中,矩阵 $\mathbf{A} \in \mathbf{R}^{M \times M}$,矩阵中任一元素 $A_{ik} = \int_{\Gamma} \phi_i(N_0) \left(\dfrac{b_1 \lambda \phi_k(N_1)}{d} + b_3 h_f \phi_k(N_0) \right) \mathrm{d}\Gamma$;

向量 $\mathbf{B} \in \mathbf{R}^{M \times 1}$,向量中任一元素 $B_i = \int_{\Gamma} \phi_i(N_0) \left(-\dfrac{b_1 \lambda T(N_0)}{d} - b_3 h_f T_f + b_2 q \right) \mathrm{d}\Gamma$。

A_{ik} 的值和 B_i 值可以由各自表达式采用数值积分计算得到。

3) 空间导数内积项的离散

空间导数内积项的离散关键在于基函数空间导数 $\partial \phi / \partial x$ 和 $\partial \phi / \partial y$ 的离散。无论在结构化网格还是非结构化网格中,基函数在任一节点 P 处的空间导数都可以根据高斯定理求得,即

$$\nabla \phi = \frac{\partial \phi}{\partial x} \mathbf{i} + \frac{\partial \phi}{\partial y} \mathbf{j} = \frac{\sum\limits_{i=1}^{N} \phi^i \mathbf{A}_i}{V_P} = \frac{\sum\limits_{i=1}^{N} \phi^i A_{ix} \mathbf{i} + \sum\limits_{i=1}^{N} \phi^i A_{iy} \mathbf{j}}{V_P} \qquad (6.2.24)$$

即

$$\frac{\partial \phi}{\partial x} = \sum_{i=1}^{N} \phi^i A_{ix} / V_P \qquad (6.2.25)$$

$$\frac{\partial \phi}{\partial y} = \sum_{i=1}^{N} \phi^i A_{iy} / V_P \qquad (6.2.26)$$

式中,N 和 V_P 分别为 P 控制容积的界面数和体积(二维问题为面积);$\mathbf{A}_i = A_{ix}\mathbf{i} + A_{iy}\mathbf{j}$ 为第 i 个界面的面积矢量;ϕ^i 为第 i 个界面上的基函数值。节点上的基函数值可以通过分解样本矩阵得到,界面上的基函数值则需要由节点的值插值得到。

通常采用线性插值得到界面基函数,但是对于变物性问题,线性插值会使低阶模型误差较大,而界面基函数值的调和平均插值则可以有效地解决这一问题[18]。

在图 6.2.2(a)所示正交结构化网格中,控制容积 P、E 的导热系数不相等,则根据界面上热流密度连续的原则,由 Fourier 定律可得

$$q_e = \frac{T_e - T_P}{\dfrac{(\delta x)_e^-}{\lambda_P}} = \frac{T_E - T_e}{\dfrac{(\delta x)_e^+}{\lambda_E}} \qquad (6.2.27)$$

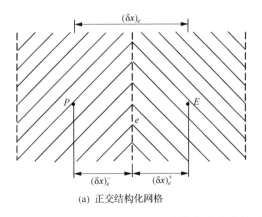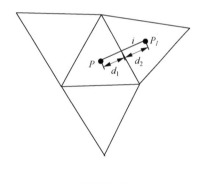

(a) 正交结构化网格　　　　　　　　　　(b) 非结构化网格

图 6.2.2　有限容积法中界面与相邻节点的位置关系

则

$$T_e = \left(\frac{(\delta x)_e^-}{\lambda_P} T_E + \frac{(\delta x)_e^+}{\lambda_E} T_P \right) \Big/ \left(\frac{(\delta x)_e^-}{\lambda_P} + \frac{(\delta x)_e^+}{\lambda_E} \right) \qquad (6.2.28)$$

式(6.2.28)为温度在界面上的调和平均插值,用基函数叠加的形式可表示为

$$\sum_{k=1}^M a_k \phi_k^e = \sum_{k=1}^M a_k \left(\frac{(\delta x)_e^-}{\lambda_P} \phi_k^E + \frac{(\delta x)_e^+}{\lambda_E} \phi_k^P \right) \Big/ \left(\frac{(\delta x)_e^-}{\lambda_P} + \frac{(\delta x)_e^+}{\lambda_E} \right) \quad (6.2.29)$$

要使式(6.2.29)恒成立,则需

$$\phi^e = \left(\frac{(\delta x)_e^-}{\lambda_P} \phi^E + \frac{(\delta x)_e^+}{\lambda_E} \phi^P \right) \Big/ \left(\frac{(\delta x)_e^-}{\lambda_P} + \frac{(\delta x)_e^+}{\lambda_E} \right) \qquad (6.2.30)$$

式(6.2.30)为界面基函数的调和平均插值公式,该式既适用于均匀物性问题又适用于变物性问题,对于均匀物性问题,式(6.2.30)与线性插值结果相同。

对于图 6.2.2(b)所示的非结构化网格,忽略热流密度的交叉项,同理可得

$$\phi^i = \left(\frac{d_1}{\lambda_P} \phi^{P_I} + \frac{d_2}{\lambda_{P_I}} \phi^P \right) \Big/ \left(\frac{d_1}{\lambda_P} + \frac{d_2}{\lambda_{P_I}} \right) \qquad (6.2.31)$$

将式(6.2.30)或式(6.2.31)代入式(6.2.25)和式(6.2.26)即可求得基函数空间导数的值,进而可以采用数值积分求得空间导数内积项中 H_{ik} 的值,将其写成矩阵形式,可得

$$\sum_{k=1}^M a_k H_{ik} (i = 1, 2, \cdots, M) = \boldsymbol{H} \begin{bmatrix} a_1 \\ a_2 \\ \vdots \\ a_M \end{bmatrix} \qquad (6.2.32)$$

其中，矩阵 $\boldsymbol{H} \in \boldsymbol{R}^{M \times M}$，$H_{ik} = \int_{\Omega} \lambda \left(\dfrac{\partial \phi_k}{\partial x} \dfrac{\partial \phi_i}{\partial x} + \dfrac{\partial \phi_k}{\partial y} \dfrac{\partial \phi_i}{\partial y} \right) \mathrm{d}\Omega$。

4）源项的离散

将源项写成向量形式：

$$S_i(i = 1, 2, \cdots, M) = \boldsymbol{S} = \left[\int_{\Omega} s\phi_1 \mathrm{d}\Omega \quad \int_{\Omega} s\phi_2 \mathrm{d}\Omega \quad \cdots \quad \int_{\Omega} s\phi_M \mathrm{d}\Omega \right]^{\mathrm{T}}$$

(6.2.33)

最后将式(6.2.15)、式(6.2.23)、式(6.2.32)和式(6.2.33)代入式(6.2.13)得

$$\boldsymbol{G} \begin{bmatrix} \dfrac{a_1^{n+1} - a_1^n}{\Delta t} \\ \dfrac{a_2^{n+1} - a_2^n}{\Delta t} \\ \vdots \\ \dfrac{a_M^{n+1} - a_M^n}{\Delta t} \end{bmatrix} + \boldsymbol{A} \begin{bmatrix} a_1 \\ a_2 \\ \vdots \\ a_M \end{bmatrix} + \boldsymbol{H} \begin{bmatrix} a_1 \\ a_2 \\ \vdots \\ a_M \end{bmatrix} + \boldsymbol{B} - \boldsymbol{S} = 0 \quad (6.2.34)$$

式(6.2.34)是一个以 M 个谱系数（ $a_1, a_2, \cdots, a_M$ ）为未知变量的线性代数方程组。对式(6.2.34)采用全隐格式离散，可得

$$\boldsymbol{G} \begin{bmatrix} \dfrac{a_1^{n+1} - a_1^n}{\Delta t} \\ \dfrac{a_2^{n+1} - a_2^n}{\Delta t} \\ \vdots \\ \dfrac{a_M^{n+1} - a_M^n}{\Delta t} \end{bmatrix} + \boldsymbol{A} \begin{bmatrix} a_1^{n+1} \\ a_2^{n+1} \\ \vdots \\ a_M^{n+1} \end{bmatrix} + \boldsymbol{H} \begin{bmatrix} a_1^{n+1} \\ a_2^{n+1} \\ \vdots \\ a_M^{n+1} \end{bmatrix} = -\boldsymbol{B} + \boldsymbol{S} \quad (6.2.35)$$

整理得

$$\left(\dfrac{\boldsymbol{G}}{\Delta t} + \boldsymbol{A} + \boldsymbol{H} \right) \begin{bmatrix} a_1^{n+1} \\ a_2^{n+1} \\ \vdots \\ a_M^{n+1} \end{bmatrix} = -\boldsymbol{B} + \boldsymbol{S} + \dfrac{\boldsymbol{G}}{\Delta t} \begin{bmatrix} a_1^n \\ a_2^n \\ \vdots \\ a_M^n \end{bmatrix} \quad (6.2.36)$$

根据初始条件可得

$$a_k^0 = (\boldsymbol{T}^0, \boldsymbol{\phi}_k), \qquad k = 1, 2, \cdots, M \quad (6.2.37)$$

式中，a_k^0 表示初始时刻的谱系数；T^0 表示初始时刻的温度场对应的向量；$\boldsymbol{\phi}_k$ 表示第 k 个基函数对应的向量；$(\cdot,\cdot)$ 表示向量的内积。求解方程组式(6.2.36)得到不同时刻的谱系数 a_k^t，然后通过式(6.2.2)计算得到温度场。

对式(6.2.34)采用全显格式可得

$$
\left(\frac{\boldsymbol{G}}{\Delta t}\right)
\begin{bmatrix} a_1^{n+1} \\ a_2^{n+1} \\ \vdots \\ a_M^{n+1} \end{bmatrix}
=\left(\frac{\boldsymbol{G}}{\Delta t}-\boldsymbol{A}-\boldsymbol{H}\right)
\begin{bmatrix} a_1^{n} \\ a_2^{n} \\ \vdots \\ a_M^{n} \end{bmatrix}
-\boldsymbol{B}+\boldsymbol{S}
\tag{6.2.38}
$$

对于均分网格下的均匀物性问题，$\rho c_p V$ 等于常数，式(6.2.38)可进一步简化为

$$
G_{ik}=(\rho c_p\,\boldsymbol{\phi}_k,\boldsymbol{\phi}_i)\approx\rho c_p V\delta_{ik}
\tag{6.2.39}
$$

即

$$
\boldsymbol{G}\approx\rho c_p V\boldsymbol{E}
\tag{6.2.40}
$$

式中，$\boldsymbol{E}$ 为单位矩阵。

将式(6.2.40)代入式(6.2.38)，得

$$
\boldsymbol{E}
\begin{bmatrix} a_1^{n+1} \\ a_2^{n+1} \\ \vdots \\ a_M^{n+1} \end{bmatrix}
\approx\frac{\Delta t}{\rho c_p V}\left(\frac{\rho c_p V}{\Delta t}\boldsymbol{E}-\boldsymbol{A}-\boldsymbol{H}\right)
\begin{bmatrix} a_1^{n} \\ a_2^{n} \\ \vdots \\ a_M^{n} \end{bmatrix}
-\frac{\Delta t}{\rho c_p V}(\boldsymbol{B}-\boldsymbol{S})
\tag{6.2.41}
$$

采用式(6.2.41)计算时可避免系数矩阵的求逆运算，增快计算速度，但应注意时间步长不宜过大。

3. 计算算例

低阶模型的实施过程主要包括三个步骤：取样获得样本矩阵；分解样本矩阵得到基函数；求解低阶模型获得谱系数，重构温度场并评价低阶模型的精度。接下来通过一个算例来说明此过程。

如图 6.2.3 所示的一非规则区域，其中 $l=h_2=10\mathrm{m}, h_1=1.5\mathrm{m}, d=0.813\mathrm{m}$。该区域内的非稳态导热问题包含三类边界条件，其中上边界和左边圆弧处为第三类边界条件，对流换热系数分别为 h_a 和 h_o，流体的温度分别为 T_a 和 T_o；左边界非圆弧处和右边界为绝热边界；下边界温度始终为 T_c。该区域内导热系数、密度和比热容分别为 λ、ρ 和 c_p。

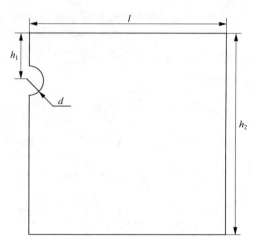

图 6.2.3　非规则区域导热问题

在上述边界条件和物性参数中,以下变量的值是固定的:$h_a = 12.5\text{W}/(\text{m}^2 \cdot \text{℃})$;$T_c = 10\text{℃}$;$\lambda = 1.4\text{W}/(\text{m} \cdot \text{℃})$;$\rho = 1000\text{kg}/\text{m}^3$;$c_p = 2000\text{J}/(\text{kg} \cdot \text{℃})$。该区域的初场为 $T_o = 50\text{℃}$、$h_o = 100\text{W}/(\text{m}^2 \cdot \text{℃})$ 和 $T_a = -5\text{℃}$ 时的稳态场,采用 POD-Galerkin 低阶模型快速计算 T_o、T_a 和 h_o 这三个参数值发生变化后该区域内温度场的变化过程。

首先取样并获得样本矩阵。样本矩阵中的数据应具有典型性和代表性,对于非稳态问题,为了全面并经济地捕捉到物理问题的本质信息,应在物理场变化剧烈的时间段多取样,变化平缓的时间段少取样。本问题取 4 个样本,其参数如表 6.2.1 所示。图 6.2.4 给出了采用非结构化网格有限容积法计算这四个样本得到的样本矩阵 $\boldsymbol{S}$,其中 $\boldsymbol{S}_i$ 为第 i 个样本计算结果组成的子样本矩阵,t_j 表示第 j 个具有代表性的时刻。

表 6.2.1　样本计算参数

样本编号	$T_o/\text{℃}$	$T_a/\text{℃}$	$h_o/[\text{W}/(\text{m}^2 \cdot \text{℃})]$
1	20.0	0.0	60.0
2	60.0	−20.0	100.0
3	30.0	−10.0	60.0
4	50.0	−10.0	80.0

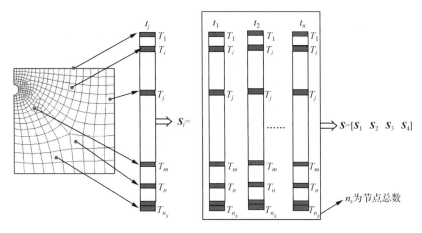

图 6.2.4 样本矩阵数据结构

然后,对样本矩阵进行最佳正交分解得到基函数,按照基函数具有的能量由大到小进行排序。从图 6.2.5 中可以看出,前 6 个基函数的能量和与总能量之比高达 99.93%,已经接近 100%,这说明前 6 个基函数已经捕捉到该物理问题的本质特征,可以用来构建低阶模型。图 6.2.6 给出了前 6 个基函数的云图。

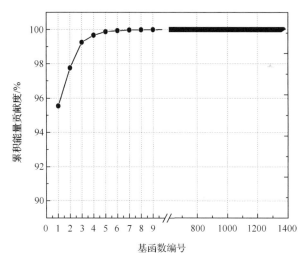

图 6.2.5 基函数的能量累积贡献度

最后,测试低阶模型的计算精度。取样时 T_o、h_o 和 T_a 均为常数,但在测试时它们均为时间的函数。T_o 呈现方波形变化,高温和低温分别为 60℃ 和 20℃,高温与低温每隔两天交替一次,h_o 为 T_o 的函数;$T_a = 5.8\sin\left(\dfrac{\pi}{12}t + \dfrac{\pi}{2}\right) - 8.6$,$t$ 的单位为 h。图 6.2.7 给出了测试算例下两个代表性时刻 POD 低阶模型的计算结果

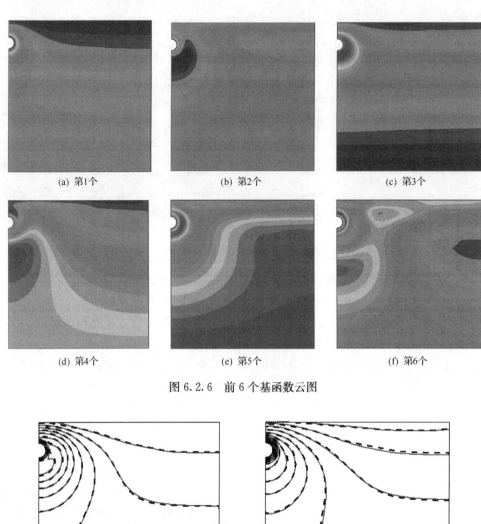

(a) 第1个　　　　　　　(b) 第2个　　　　　　　(c) 第3个

(d) 第4个　　　　　　　(e) 第5个　　　　　　　(f) 第6个

图 6.2.6　前 6 个基函数云图

(a) $t=4$天　　　　　　　　　　　(b) $t=16$天

图 6.2.7　POD 低阶模型与 FVM 等温线对比图

与 FVM 计算结果的对比,从图中可以看出,即使测试条件远远偏离取样条件,低阶模型仍然具有较高的精度。

事实上,上述非规则区域是典型的埋地热油管道横截面,该横截面温度场的计算是热油管道热力计算中最关键也是最耗时的部分。将横截面温度场的快速计算与油流换热方程结合起来即可实现埋地热油管道的快速热力计算。图 6.2.8 给出了采用 POD 低阶模型方法计算的冷热油交替输送和热油管道投产两种工况下沿线油温随时间的变化,并与 FVM 的计算结果进行了对比。从图中可看出,二者吻合良好,更多的比较参见文献[19]。

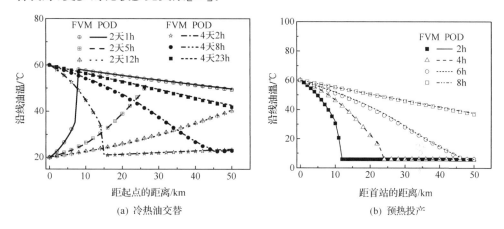

(a) 冷热油交替　　　　　　　　　　　(b) 预热投产

图 6.2.8　不同时刻 POD 低阶模型与 FVM 计算的沿线油温对比

6.2.2　基于贴体坐标的导热 POD-Galerkin 低阶模型

直角坐标下的 POD-Galerkin 低阶模型只能用于固定形状的求解域,而很多实际工程中通常需要快速计算不同形状求解域内的热力规律。贴体坐标将物理平面上不同形状的求解域转换为计算平面上相同的计算区域,从而建立起位于不同形状物理区域内网格点之间的一一映射关系,如图 6.2.9 所示,于是可以在计算平面内得到反映形状变化时物理问题本质特征的基函数,从而实现不同形状求解域内的快速热力计算。

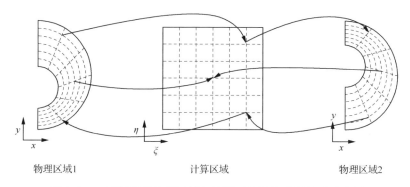

图 6.2.9　不同形状物理区域与计算区域间的映射关系示意图

下面以二维问题为例来说明基于贴体坐标的导热 POD-Galerkin 低阶模型。首先给出基于贴体坐标的非稳态导热问题的控制方程,然后推导得到贴体坐标下的导热 POD-Galerkin 低阶模型,最后以一个算例验证所建立的低阶模型。

1. 基于贴体坐标非稳态导热控制方程

贴体坐标下二维非稳态导热控制方程为

$$\frac{\partial(\rho c_p T)}{\partial t} = \frac{1}{J}\frac{\partial}{\partial\xi}\Big[\frac{\lambda}{J}(\alpha T_\xi - \beta T_\eta)\Big] + \frac{1}{J}\frac{\partial}{\partial\eta}\Big[\frac{\lambda}{J}(\gamma T_\eta - \beta T_\xi)\Big] + s$$

$$(6.2.42)$$

式中,$\alpha = x_\eta^2 + y_\eta^2$;$\beta = x_\xi x_\eta + y_\xi y_\eta$;$\gamma = x_\xi^2 + y_\xi^2$;$J = x_\xi y_\eta - x_\eta y_\xi$;$s$ 为源项;下角 ξ 和 η 分别为贴体坐标系的两个方向。

式(6.2.42)两边分别乘以 J 得

$$J\frac{\partial(\rho c_p T)}{\partial t} = \frac{\partial}{\partial\xi}\Big[\frac{\lambda}{J}(\alpha T_\xi - \beta T_\eta)\Big] + \frac{\partial}{\partial\eta}\Big[\frac{\lambda}{J}(\gamma T_\eta - \beta T_\xi)\Big] + Js$$

$$(6.2.43)$$

在样本的有限容积法数值模拟中,式(6.2.42)和式(6.2.43)没有本质的区别,但分别从式(6.2.42)和式(6.2.43)出发进行推导得到的两种低阶模型对离散数值计算的适应性则相差很大。通过研究发现,从式(6.2.43)出发进行推导得到的低阶模型具有更好的适应性[18]。下面给出基于式(6.2.43)建立低阶模型的详细过程。

2. 低阶模型的建立

将温度写成基函数叠加的形式,并代入式(6.2.43)得

$$J\rho c_p \sum_{k=1}^{M} \frac{\mathrm{d}a_k}{\mathrm{d}t}\phi_k = Js + \frac{\partial}{\partial\xi}\Big(\frac{\alpha\lambda}{J}\sum_{k=1}^{M} a_k\frac{\partial\phi_k}{\partial\xi} - \frac{\beta\lambda}{J}\sum_{k=1}^{M} a_k\frac{\partial\phi_k}{\partial\eta}\Big)$$
$$+ \frac{\partial}{\partial\eta}\Big(\frac{\gamma\lambda}{J}\sum_{k=1}^{M} a_k\frac{\partial\phi_k}{\partial\eta} - \frac{\beta\lambda}{J}\sum_{k=1}^{M} a_k\frac{\partial\phi_k}{\partial\xi}\Big)$$

$$(6.2.44)$$

将式(6.2.44)向前 M 组基函数构成的线性空间投影得

$$\Big(J\rho c_p \sum_{k=1}^{M}\frac{\mathrm{d}a_k}{\mathrm{d}t}\phi_k, \phi_i\Big) - (Js, \phi_i)$$
$$- \Big(\sum_{k=1}^{M} a_k\frac{\partial}{\partial\xi}\Big(\frac{\alpha\lambda}{J}\frac{\partial\phi_k}{\partial\xi} - \frac{\beta\lambda}{J}\frac{\partial\phi_k}{\partial\eta}\Big) + \sum_{k=1}^{M} a_k\frac{\partial}{\partial\eta}\Big(\frac{\gamma\lambda}{J}\frac{\partial\phi_k}{\partial\eta} - \frac{\beta\lambda}{J}\frac{\partial\phi_k}{\partial\xi}\Big), \phi_i\Big) = 0$$

$$(6.2.45)$$

对于非稳态项,有

$$\left(J\rho c_p \sum_{k=1}^{M} \frac{\mathrm{d}a_k}{\mathrm{d}t} \phi_k, \phi_i\right) = \sum_{k=1}^{M} \frac{\mathrm{d}a_k}{\mathrm{d}t}(J\rho c_p \phi_k, \phi_i) = \sum_{k=1}^{M} \frac{\mathrm{d}a_k}{\mathrm{d}t} G_{ik} \quad (6.2.46)$$

其中, $G_{ik} = (J\rho c_p \phi_k, \phi_i)$。

对于扩散项,有

$$\left(\sum_{k=1}^{M} a_k \frac{\partial}{\partial \xi}\left(\frac{\alpha\lambda}{J} \frac{\partial \phi_k}{\partial \xi} - \frac{\beta\lambda}{J} \frac{\partial \phi_k}{\partial \eta}\right) + \sum_{k=1}^{M} a_k \frac{\partial}{\partial \eta}\left(\frac{\gamma\lambda}{J} \frac{\partial \phi_k}{\partial \eta} - \frac{\beta\lambda}{J} \frac{\partial \phi_k}{\partial \xi}\right) \phi_i\right)$$

$$= \int_\Omega \left\{\sum_{k=1}^{M} a_k \left[\frac{\partial}{\partial \xi}\left(\frac{\alpha\lambda}{J} \frac{\partial \phi_k}{\partial \xi} - \frac{\beta\lambda}{J} \frac{\partial \phi_k}{\partial \eta}\right)\phi_i + \frac{\partial}{\partial \eta}\left(\frac{\gamma\lambda}{J} \frac{\partial \phi_k}{\partial \eta} - \frac{\beta\lambda}{J} \frac{\partial \phi_k}{\partial \xi}\right)\phi_i\right]\right\} \mathrm{d}\Omega$$

$$(6.2.47)$$

根据格林公式,式(6.2.47)可写成

$$\left(\sum_{k=1}^{M} a_k \frac{\partial}{\partial \xi}\left(\frac{\alpha\lambda}{J} \frac{\partial \phi_k}{\partial \xi} - \frac{\beta\lambda}{J} \frac{\partial \phi_k}{\partial \eta}\right) + \sum_{k=1}^{M} a_k \frac{\partial}{\partial \eta}\left(\frac{\gamma\lambda}{J} \frac{\partial \phi_k}{\partial \eta} - \frac{\beta\lambda}{J} \frac{\partial \phi_k}{\partial \xi}\right), \phi_i\right)$$

$$= \oint\left(\frac{\alpha\lambda}{J} \frac{\partial T}{\partial \xi} - \frac{\beta\lambda}{J} \frac{\partial T}{\partial \eta}\right)\phi_i \mathrm{d}\eta - \left(\frac{\gamma\lambda}{J} \frac{\partial T}{\partial \eta} - \frac{\beta\lambda}{J} \frac{\partial T}{\partial \xi}\right)\phi_i \mathrm{d}\xi$$

$$- \sum_{k=1}^{M} a_k \int_\Omega \left[\left(\frac{\alpha\lambda}{J} \frac{\partial \phi_k}{\partial \xi} - \frac{\beta\lambda}{J} \frac{\partial \phi_k}{\partial \eta}\right)\frac{\partial \phi_i}{\partial \xi} + \left(\frac{\gamma\lambda}{J} \frac{\partial \phi_k}{\partial \eta} - \frac{\beta\lambda}{J} \frac{\partial \phi_k}{\partial \xi}\right)\frac{\partial \phi_i}{\partial \eta}\right]\mathrm{d}\Omega$$

$$(6.2.48)$$

令

$$q^{(\xi)} = -\lambda \frac{\partial T}{\partial n^{(\xi)}} = -\lambda \frac{\alpha T_\xi - \beta T_\eta}{J\sqrt{\alpha}} \quad (6.2.49)$$

$$q^{(\eta)} = -\lambda \frac{\partial T}{\partial n^{(\eta)}} = -\lambda \frac{\gamma T_\eta - \beta T_\xi}{J\sqrt{\gamma}} \quad (6.2.50)$$

在左边界上 $q^{(\xi)} = -q_n^w$,在右边界 $q^{(\xi)} = q_n^w$;在下边界 $q^{(\eta)} = -q_n^w$,在上边界 $q^{(\eta)} = q_n^w$,其中 q_n^w 为边界上的热流密度。

则式(6.2.48)右端第一项为

$$\oint\left(\frac{\alpha\lambda}{J} \frac{\partial T}{\partial \xi} - \frac{\beta\lambda}{J} \frac{\partial T}{\partial \eta}\right)\phi_i \mathrm{d}\eta - \left(\frac{\gamma\lambda}{J} \frac{\partial T}{\partial \eta} - \frac{\beta\lambda}{J} \frac{\partial T}{\partial \xi}\right)\phi_i \mathrm{d}\xi$$

$$= -\left(\oint \sqrt{\alpha}q^{(\xi)}\phi_i \mathrm{d}\eta - \sqrt{\gamma}q^{(\eta)}\phi_i \mathrm{d}\xi\right)$$

$$(6.2.51)$$

将式(6.2.51)代入式(6.2.48)得

$$\left(\sum_{k=1}^{M} a_k \frac{\partial}{\partial \xi}\left(\frac{\alpha\lambda}{J}\frac{\partial\phi_k}{\partial\xi}-\frac{\beta\lambda}{J}\frac{\partial\phi_k}{\partial\eta}\right)+\sum_{k=1}^{M}a_k\frac{\partial}{\partial\eta}\left(\frac{\gamma\lambda}{J}\frac{\partial\phi_k}{\partial\eta}-\frac{\beta\lambda}{J}\frac{\partial\phi_k}{\partial\xi}\right),\phi_i\right)$$

$$=-\left(\oint\sqrt{\alpha}q^{(\xi)}\phi_i\mathrm{d}\eta-\sqrt{\gamma}q^{(\eta)}\phi_i\mathrm{d}\xi\right)$$

$$-\sum_{k=1}^{M}a_k\int_{\Omega}\left[\left(\frac{\alpha\lambda}{J}\frac{\partial\phi_k}{\partial\xi}-\frac{\beta\lambda}{J}\frac{\partial\phi_k}{\partial\eta}\right)\frac{\partial\phi_i}{\partial\xi}+\left(\frac{\gamma\lambda}{J}\frac{\partial\phi_k}{\partial\eta}-\frac{\beta\lambda}{J}\frac{\partial\phi_k}{\partial\xi}\right)\frac{\partial\phi_i}{\partial\eta}\right]\mathrm{d}\Omega$$

$$(6.2.52)$$

对于源项,有

$$(Js,\phi_i)=\int_{\Omega}Js\phi_i\mathrm{d}\Omega=S_i \qquad (6.2.53)$$

将式(6.2.46)、式(6.2.52)和式(6.2.53)代入式(6.2.45)得

$$\sum_{k=1}^{M}\frac{\mathrm{d}a_k}{\mathrm{d}t}G_{ik}+\sum_{k=1}^{M}a_kH_{ik}+\oint\sqrt{\alpha}q^{\xi}\phi_i\mathrm{d}\eta-\sqrt{\gamma}q^{\eta}\phi_i\mathrm{d}\xi-S_i=0 \qquad (6.2.54)$$

其中, $H_{ik}=\left(\dfrac{\alpha\lambda}{J}\dfrac{\partial\phi_k}{\partial\xi}-\dfrac{\beta\lambda}{J}\dfrac{\partial\phi_k}{\partial\eta},\dfrac{\partial\phi_i}{\partial\xi}\right)+\left(\dfrac{\gamma\lambda}{J}\dfrac{\partial\phi_k}{\partial\eta}-\dfrac{\beta\lambda}{J}\dfrac{\partial\phi_k}{\partial\xi},\dfrac{\partial\phi_i}{\partial\eta}\right)$。

式(6.2.54)即为基于贴体坐标非稳态导热 POD-Galerkin 低阶模型。式(6.2.54)的离散求解与式(6.2.13)类似,详见文献[20]。

3. 计算算例

下面以一个非稳态变物性问题来说明基于贴体坐标导热 POD-Galerkin 低阶模型可以对物理区域几何形状、边界条件和导热系数等都发生变化的导热问题进行快速准确预测。更多的算例见文献[18]。

图 6.2.10 所示为一包含三类边界条件,初场为 0℃ 的变物性非稳态导热问题。该问题包含导热系数为 λ_1、λ_2 和 λ_3 的三个区域,其特征几何参数主要有 l、h、r_1、r_2、δ_1 和 δ_2,这些参数可以变化形成不同形状的求解域。该问题中上边界和左下角圆弧处为第三类边界条件,对流换热系数分别为 h_a 和 h_o,流体的温度分别为 T_a 和 T_o;左边界非圆弧处和下边界为绝热边界,右边界(包含右上角的圆弧处)的温度始终为 T_r。

该导热问题中的参数分为固定参数和变化参数两类,如表 6.2.2 所示。下面给出采用所发展的 POD 低阶模型对该问题进行计算的详细过程。

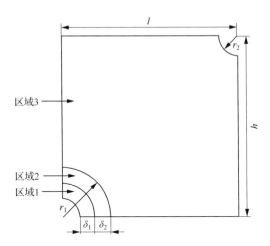

图 6.2.10　非稳态不规则区域变物性导热问题

表 6.2.2　物理问题参数

固定参数	变化参数
$r_2 = 0.3\text{m}, h = 1.2\text{m}, \delta_1 = 0.055\text{m},$	$r_1 \in [0.2\text{m}, 0.6\text{m}], l \in [1.0\text{m}, 2.0\text{m}],$
$\delta_2 = 0.022\text{m}, \lambda_1 = 50\text{W}/(\text{m} \cdot \text{℃}),$	$T_\text{o} \in [15\text{℃}, 35\text{℃}], T_\text{a} \in [-15\text{℃}, 15\text{℃}],$
$\lambda_2 = 0.15\text{W}/(\text{m} \cdot \text{℃}), h_\text{o} = 75\text{W}/(\text{m}^2 \cdot \text{℃}),$	
$h_\text{a} = 15\text{W}/(\text{m}^2 \cdot \text{℃})$	

　　首先,采用 FVM 方法对该物理问题在 16 个取样条件下进行计算,建立样本矩阵。这 16 个取样条件由取样参数 $r_1 = \{0.2\text{m}, 0.4\text{m}\}, l = \{1.2\text{m}, 1.6\text{m}\},$ $T_\text{o} = \{-20\text{℃}, 20\text{℃}\}, T_\text{a} = \{-10\text{℃}, 10\text{℃}\}, \lambda_3 = 1.2\text{W}/(\text{m} \cdot \text{℃})$ 排列组合得到。

　　然后,分解样本矩阵在计算平面上提取基函数。与直角坐标下 POD-Galerkin 低阶模型的算例类似,前 6 个基函数就占据了总能量的绝大部分,但在该问题中需要选用更多的基函数来进行预测(本研究选取 22 个),原因在于排在后面的基函数总体能量虽小但是会在边界形状发生剧烈变化的区域集中一些能量,必须将这些能量加以考虑才能准确地描述形状发生变化时物理问题的本质特征。

　　最后,采用如下三个测试条件来评价所建立的低阶模型。①测试 1: $r_1 = 0.3\text{m}, l = 1.4\text{m}, T_\text{o} = 15\text{℃}, T_\text{a} = -5\text{℃}, \lambda_3 = 1.2\text{W}/(\text{m} \cdot \text{℃})$;②测试 2: $r_1 = 0.6\text{m}, l = 2.0\text{m}, T_\text{o} = 35\text{℃}, T_\text{a} = -15\text{℃}, \lambda_3 = 1.2\text{W}/(\text{m} \cdot \text{℃})$;③测试 3: $r_1 = 0.3\text{m}, l = 1.0\text{m}, T_\text{o} = 25\text{℃}, T_\text{a} = -5\text{℃}, \lambda_3 = 1.3 + 0.02T\text{ W}/(\text{m} \cdot \text{℃})$。需要特别指出的是,样本条件中 λ_3 是固定的,但条件③中导热系数在时间和空间上均是变化的。

　　图 6.2.11 对比了以上测试条件下代表性时刻 POD 和 FVM 计算得到的温度

场。从图中可看出,尽管求解域形状、边界条件及物性都大大偏离了样本,POD 预测结果和 FVM 计算结果吻合良好。

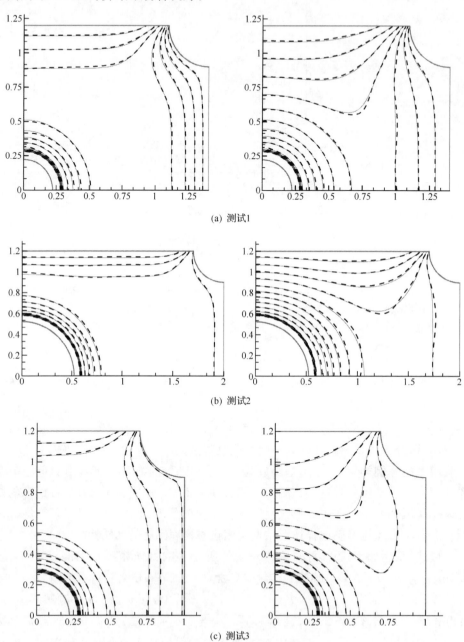

(a) 测试1

(b) 测试2

(c) 测试3

图 6.2.11　等温线对比图

左图时间为 8.33h,右图时间为 27.78h,实线为 FVM,虚线为 POD

　　表 6.2.3 给出了 POD 低阶模型和 FVM 的计算耗时,数据表明,POD 低阶模型计算速度是 FVM 计算速度的上百倍。测试 3 中 POD 低阶模型加速倍数远低于测试 1 和测试 2 的原因是,测试 1 和测试 2 中 H_{ik} 与时间无关只需要计算一次,而测试 3 中每个时步均进行计算。

表 6.2.3　POD 低阶模型与 FVM 计算耗时对比

测试	FVM/s	POD 低阶模型/s	FVM/POD
1	58.33	0.11	530
2	47.45	0.14	339
3	239.48	6.0	40

6.3　对流换热 POD-Galerkin 低阶模型

　　本节首先介绍直角坐标下的不可压缩牛顿流体对流换热问题 POD-Galerkin 低阶模型。然后在此基础上介绍笔者发展的基于贴体坐标的对流换热 POD-Galerkin 低阶模型,该低阶模型最大的优点在于能够对不同形状(具有相同特征)求解域内对流换热进行快速计算。

6.3.1　直角坐标下的对流换热 POD-Galerkin 低阶模型

　　下面以二维不可压缩流体对流换热问题为例,介绍直角坐标下对流换热 POD-Galerkin 低阶模型。

　　对流换热问题的控制方程如下。

连续性方程:

$$\frac{\partial u}{\partial x} + \frac{\partial v}{\partial y} = 0 \tag{6.3.1}$$

动量方程:

$$\frac{\partial(\rho u)}{\partial t} + \frac{\partial(\rho uu)}{\partial x} + \frac{\partial(\rho vu)}{\partial y} = -\frac{\partial p}{\partial x} + \frac{\partial}{\partial x}\left(\mu \frac{\partial u}{\partial x}\right) + \frac{\partial}{\partial y}\left(\mu \frac{\partial u}{\partial y}\right) + s_u \tag{6.3.2}$$

$$\frac{\partial(\rho v)}{\partial t} + \frac{\partial(\rho uv)}{\partial x} + \frac{\partial(\rho vv)}{\partial y} = -\frac{\partial p}{\partial y} + \frac{\partial}{\partial x}\left(\mu \frac{\partial v}{\partial x}\right) + \frac{\partial}{\partial y}\left(\mu \frac{\partial v}{\partial y}\right) + s_v \tag{6.3.3}$$

能量方程:

$$\frac{\partial(\rho c_p T)}{\partial t} + \frac{\partial(\rho c_p u T)}{\partial x} + \frac{\partial(\rho c_p v T)}{\partial y} = \frac{\partial}{\partial x}\left(\lambda \frac{\partial T}{\partial x}\right) + \frac{\partial}{\partial y}\left(\lambda \frac{\partial T}{\partial y}\right) + s_T$$

(6.3.4)

根据基函数的性质可知

$$u = \sum_{k=1}^{M} a_k \phi_k^u, \quad v = \sum_{k=1}^{M} a_k \phi_k^v$$

(6.3.5)

$$T = \sum_{k=1}^{N} b_k \vartheta_k$$

(6.3.6)

式中，a_k 为速度谱系数；ϕ_k^u 为 u 速度基函数；ϕ_k^v 为 v 速度基函数；b_k 为温度谱系数；ϑ_k 为温度基函数；M 为用来描述流场的速度基函数个数；N 为用来描述温度场的温度基函数个数。

由于任意一个速度基函数均满足连续性方程[3]：

$$\frac{\partial \phi_k^u}{\partial x} + \frac{\partial \phi_k^v}{\partial y} = 0$$

(6.3.7)

速度基函数的任何组合都能使重构得到的速度满足连续性方程，低阶模型的构建中不需要考虑连续性方程的投影。下面分别将动量方程和能量方程向基函数张成的空间投影建立动量方程和能量方程的 POD-Galerkin 低阶模型。

1. 动量方程的 POD-Galerkin 低阶模型

将式(6.3.5)分别代入式(6.3.2)和式(6.3.3)得

$$\frac{\partial\left(\rho \sum_{k=1}^{M} a_k \phi_k^u\right)}{\partial t} + \frac{\partial\left(\rho \sum_{k=1}^{M} a_k \phi_k^u \times \sum_{l=1}^{M} a_l \phi_l^u\right)}{\partial x} + \frac{\partial\left(\rho \sum_{k=1}^{M} a_k \phi_k^v \times \sum_{l=1}^{M} a_l \phi_l^u\right)}{\partial y}$$

$$= -\frac{\partial p}{\partial x} + \frac{\partial}{\partial x}\left(\mu \frac{\partial \sum_{k=1}^{M} a_k \phi_k^u}{\partial x}\right) + \frac{\partial}{\partial y}\left(\mu \frac{\partial \sum_{k=1}^{M} a_k \phi_k^u}{\partial y}\right) + s_u$$

(6.3.8)

$$\frac{\partial\left(\rho \sum_{k=1}^{M} a_k \phi_k^v\right)}{\partial t} + \frac{\partial\left(\rho \sum_{k=1}^{M} a_k \phi_k^u \times \sum_{l=1}^{M} a_l \phi_l^v\right)}{\partial x} + \frac{\partial\left(\rho \sum_{k=1}^{M} a_k \phi_k^v \times \sum_{l=1}^{M} a_l \phi_l^v\right)}{\partial y}$$

$$= -\frac{\partial p}{\partial y} + \frac{\partial}{\partial x}\left(\mu \frac{\partial \sum_{k=1}^{M} a_k \phi_k^v}{\partial x}\right) + \frac{\partial}{\partial y}\left(\mu \frac{\partial \sum_{k=1}^{M} a_k \phi_k^v}{\partial y}\right) + s_v$$

(6.3.9)

式(6.3.8)和式(6.3.9)中的对流项可分别写成

$$
\begin{aligned}
&\frac{\partial\left(\rho\sum_{k=1}^{M}a_k\phi_k^u\times\sum_{l=1}^{M}a_l\phi_l^u\right)}{\partial x}+\frac{\partial\left(\rho\sum_{k=1}^{M}a_k\phi_k^v\times\sum_{l=1}^{M}a_l\phi_l^u\right)}{\partial y}\\
&=\frac{\partial\left(\sum_{k=1}^{M}\sum_{l=1}^{M}\rho a_k a_l\phi_k^u\phi_l^u\right)}{\partial x}+\frac{\partial\left(\sum_{k=1}^{M}\sum_{l=1}^{M}\rho a_k a_l\phi_k^v\phi_l^u\right)}{\partial y}
\end{aligned}
\tag{6.3.10}
$$

$$
\begin{aligned}
&\frac{\partial\left(\rho\sum_{k=1}^{M}a_k\phi_k^u\times\sum_{l=1}^{M}a_l\phi_l^v\right)}{\partial x}+\frac{\partial\left(\rho\sum_{k=1}^{M}a_k\phi_k^v\times\sum_{l=1}^{M}a_l\phi_l^v\right)}{\partial y}\\
&=\frac{\partial\left(\sum_{k=1}^{M}\sum_{l=1}^{M}\rho a_k a_l\phi_k^u\phi_l^v\right)}{\partial x}+\frac{\partial\left(\sum_{k=1}^{M}\sum_{l=1}^{M}\rho a_k a_l\phi_k^v\phi_l^v\right)}{\partial y}
\end{aligned}
\tag{6.3.11}
$$

将式(6.3.10)与式(6.3.11)分别代入式(6.3.8)和式(6.3.9)中并考虑到谱系数仅与时间相关,基函数仅与空间相关,得

$$
\begin{aligned}
&\sum_{k=1}^{M}\rho\phi_k^u\frac{\mathrm{d}a_k}{\mathrm{d}t}+\sum_{k=1}^{M}\sum_{l=1}^{M}a_k a_l\left(\frac{\partial(\rho\phi_k^u\phi_l^u)}{\partial x}+\frac{\partial(\rho\phi_k^v\phi_l^u)}{\partial y}\right)\\
&=-\frac{\partial p}{\partial x}+\sum_{k=1}^{M}a_k\left[\frac{\partial}{\partial x}\left(\mu\frac{\partial\phi_k^u}{\partial x}\right)+\frac{\partial}{\partial y}\left(\mu\frac{\partial\phi_k^u}{\partial y}\right)\right]+s_u
\end{aligned}
\tag{6.3.12}
$$

$$
\begin{aligned}
&\sum_{k=1}^{M}\rho\phi_k^v\frac{\mathrm{d}a_k}{\mathrm{d}t}+\sum_{k=1}^{M}\sum_{l=1}^{M}a_k a_l\left(\frac{\partial(\rho\phi_k^u\phi_l^v)}{\partial x}+\frac{\partial(\rho\phi_k^v\phi_l^v)}{\partial y}\right)\\
&=-\frac{\partial p}{\partial y}+\sum_{k=1}^{M}a_k\left[\frac{\partial}{\partial x}\left(\mu\frac{\partial\phi_k^v}{\partial x}\right)+\frac{\partial}{\partial y}\left(\mu\frac{\partial\phi_k^v}{\partial y}\right)\right]+s_v
\end{aligned}
\tag{6.3.13}
$$

将式(6.3.12)和式(6.3.13)分别向由 ϕ_i^u 和 ϕ_i^v 张成的子空间投影得

$$
\begin{aligned}
&\sum_{k=1}^{M}\frac{\mathrm{d}a_k}{\mathrm{d}t}(\rho\phi_k^u,\phi_i^u)+\sum_{k=1}^{M}\sum_{l=1}^{M}a_k a_l\left(\frac{\partial(\rho\phi_k^u\phi_l^u)}{\partial x}+\frac{\partial(\rho\phi_k^v\phi_l^u)}{\partial y},\phi_i^u\right)\\
&=\left(-\frac{\partial p}{\partial x},\phi_i^u\right)+\sum_{k=1}^{M}a_k\left(\frac{\partial}{\partial x}\left(\mu\frac{\partial\phi_k^u}{\partial x}\right)+\frac{\partial}{\partial y}\left(\mu\frac{\partial\phi_k^u}{\partial y}\right),\phi_i^u\right)+(s_u,\phi_i^u)
\end{aligned}
\tag{6.3.14}
$$

$$
\begin{aligned}
&\sum_{k=1}^{M}\frac{\mathrm{d}a_k}{\mathrm{d}t}(\rho\phi_k^v,\phi_i^v)+\sum_{k=1}^{M}\sum_{l=1}^{M}a_k a_l\left(\frac{\partial(\rho\phi_k^u\phi_l^v)}{\partial x}+\frac{\partial(\rho\phi_k^v\phi_l^v)}{\partial y},\phi_i^v\right)\\
&=\left(-\frac{\partial p}{\partial y},\phi_i^v\right)+\sum_{k=1}^{M}a_k\left(\frac{\partial}{\partial x}\left(\mu\frac{\partial\phi_k^v}{\partial x}\right)+\frac{\partial}{\partial y}\left(\mu\frac{\partial\phi_k^v}{\partial y}\right),\phi_i^v\right)+(s_v,\phi_i^v)
\end{aligned}
$$

$$
\tag{6.3.15}
$$

根据 6.2 节中式(6.2.11)可知

$$\sum_{k=1}^{M} a_k \left(\frac{\partial}{\partial x} \left(\mu \frac{\partial \phi_k^u}{\partial x} \right) + \frac{\partial}{\partial y} \left(\mu \frac{\partial \phi_k^u}{\partial y} \right), \phi_i^u \right)$$

$$= \int_{\Gamma} \mu \frac{\partial u}{\partial n^w} \phi_i^u \mathrm{d}\Gamma - \sum_{k=1}^{M} a_k (\mu \nabla \phi_k^u, \nabla \phi_i^u) \tag{6.3.16}$$

$$\sum_{k=1}^{M} a_k \left(\frac{\partial}{\partial x} \left(\mu \frac{\partial \phi_k^v}{\partial x} \right) + \frac{\partial}{\partial y} \left(\mu \frac{\partial \phi_k^v}{\partial y} \right), \phi_i^v \right)$$

$$= \int_{\Gamma} \mu \frac{\partial v}{\partial n^w} \phi_i^v \mathrm{d}\Gamma - \sum_{k=1}^{M} a_k (\mu \nabla \phi_k^v, \nabla \phi_i^v) \tag{6.3.17}$$

将式(6.3.16)和式(6.3.17)分别代入式(6.3.14)和式(6.3.15),并相加得

$$\sum_{k=1}^{M} \frac{\mathrm{d}a_k}{\mathrm{d}t} \left[(\rho \phi_k^u, \phi_i^u) + (\rho \phi_k^v, \phi_i^v) \right]$$

$$+ \sum_{k=1}^{M} \sum_{l=1}^{M} a_k a_l \left[\left(\frac{\partial (\rho \phi_k^u \phi_l^u)}{\partial x} + \frac{\partial (\rho \phi_k^v \phi_l^u)}{\partial y}, \phi_i^u \right) + \left(\frac{\partial (\rho \phi_k^u \phi_l^v)}{\partial x} + \frac{\partial (\rho \phi_k^v \phi_l^v)}{\partial y}, \phi_i^v \right) \right]$$

$$= \left(-\frac{\partial p}{\partial x}, \phi_i^u \right) + \left(-\frac{\partial p}{\partial y}, \phi_i^v \right) + \int_{\Gamma} \mu \left(\frac{\partial u}{\partial n^w} \phi_i^u + \frac{\partial v}{\partial n^w} \phi_i^v \right) \mathrm{d}\Gamma$$

$$- \sum_{k=1}^{M} a_k (\mu \nabla \phi_k^u, \nabla \phi_i^u) - \sum_{k=1}^{M} a_k (\mu \nabla \phi_k^v, \nabla \phi_i^v) + (s_u, \phi_i^u) + (s_v, \phi_i^v) \tag{6.3.18}$$

根据格林公式,式(6.3.18)中包含压力的项可写成

$$\left(-\frac{\partial p}{\partial x}, \phi_i^u \right) + \left(-\frac{\partial p}{\partial y}, \phi_i^v \right)$$

$$= -\left(\oint p \phi_i^u \mathrm{d}y - p \phi_i^v \mathrm{d}x \right) + \left(p, \frac{\partial \phi_i^u}{\partial x} + \frac{\partial \phi_i^v}{\partial y} \right) \tag{6.3.19}$$

$$= -\left(\oint p \phi_i^u \mathrm{d}y - p \phi_i^v \mathrm{d}x \right)$$

对于大部分的闭口流,式(6.3.19)可证明其值为 0;而对于开口问题,则近似认为其值为 0。

于是式(6.3.18)可写成

$$\sum_{k=1}^{M} \frac{\mathrm{d}a_k}{\mathrm{d}t} G_{ik} + \sum_{k=1}^{M} \sum_{l=1}^{M} a_k a_l D_{ilk} + \sum_{k=1}^{M} a_k H_{ik} + B_i - S_i = 0, \qquad i = 1, \cdots, M$$

$$\tag{6.3.20}$$

其中

$$G_{ik} = (\rho \phi_k^u, \phi_i^u) + (\rho \phi_k^v, \phi_i^v)$$

$$D_{ilk} = \left(\frac{\partial(\rho \phi_k^u \phi_l^u)}{\partial x} + \frac{\partial(\rho \phi_k^v \phi_l^u)}{\partial y}, \phi_i^u \right) + \left(\frac{\partial(\rho \phi_k^u \phi_l^v)}{\partial x} + \frac{\partial(\rho \phi_k^v \phi_l^v)}{\partial y}, \phi_i^v \right)$$

$$H_{ik} = (\mu \nabla \phi_k^u, \nabla \phi_i^u) + (\mu \nabla \phi_k^v, \nabla \phi_i^v), \quad B_i = -\int_{\Gamma} \mu \left(\frac{\partial u}{\partial n^w} \phi_i^u + \frac{\partial v}{\partial n^w} \phi_i^v \right) d\Gamma$$

$$S_i = (s_u, \phi_i^u) + (s_v, \phi_i^v)$$

式(6.3.20)为直角坐标下非稳态动量方程的 POD-Galerkin 低阶模型。令式 (6.3.20)中的非稳态项投影等于 0,即可得到稳态动量方程的 POD-Galerkin 低阶 模型,即

$$\sum_{k=1}^{M} \sum_{l=1}^{M} a_k a_l D_{ilk} + \sum_{k=1}^{M} a_k H_{ik} + B_i - S_i = 0, \qquad i = 1, \cdots, M \quad (6.3.21)$$

2. 能量方程的 POD-Galerkin 低阶模型

将式(6.3.5)和式(6.3.6)代入式(6.3.4)并向温度基函数空间投影可得

$$\sum_{k=1}^{N} \frac{db_k}{dt} (\rho c_p \vartheta_k, \vartheta_i) + \sum_{k=1}^{M} \sum_{l=1}^{N} a_k b_l \left(\frac{\partial(\rho c_p \phi_k^u \vartheta_l)}{\partial x} + \frac{\partial(\rho c_p \phi_k^v \vartheta_l)}{\partial y}, \vartheta_i \right)$$

$$= \sum_{k=1}^{N} b_k \left(\frac{\partial}{\partial x} \left(\lambda \frac{\partial \vartheta_k}{\partial x} \right) + \frac{\partial}{\partial y} \left(\lambda \frac{\partial \vartheta_k}{\partial y} \right), \vartheta_i \right) + (s_T, \vartheta_i)$$

$$(6.3.22)$$

即

$$\sum_{k=1}^{N} \frac{db_k}{dt} G_{ik}^E + \sum_{k=1}^{M} \sum_{l=1}^{N} a_k b_l D_{ilk}^E + \sum_{k=1}^{N} b_k H_{ik}^E + B_i^E - S_i^E = 0, \qquad i = 1, \cdots, N$$

$$(6.3.23)$$

其中,$G_{ik}^E = (\rho c_p \vartheta_k, \vartheta_i)$,$D_{ilk}^E = \left(\frac{\partial(\rho c_p \phi_k^u \vartheta_l)}{\partial x} + \frac{\partial(\rho c_p \phi_k^v \vartheta_l)}{\partial y}, \vartheta_i \right)$,$H_{ik}^E = (\lambda \nabla \vartheta_k,$ $\nabla \vartheta_i)$,$B_i^E = \int_{\Gamma} q_n^w \vartheta_i d\Gamma$,$S_i^E = (s_T, \vartheta_i)$。

若流场对温度场有影响,而温度对流场无影响,则式(6.2.20)和式(6.2.23)即 为该类对流换热问题低阶模型的最终形式。

若流场和温度场二者互有影响,如自然对流问题,则需要对动量方程低阶模型 进一步推导。通常把温度对流场的影响写入动量方程的源项中,则低阶模型中,有

$$S_i = (s_u(T), \phi_i^u) + (s_v(T), \phi_i^v) \tag{6.3.24}$$

将源项线性化后可得

$$S_i = (s_c^u + s_p^u T, \phi_i^u) + (s_c^v + s_p^v T, \phi_i^v) \tag{6.3.25}$$

即

$$
\begin{aligned}
S_i &= \sum_{k=1}^{N} b_k \big[(s_p^u \vartheta_k, \phi_i^u) + (s_p^v \vartheta_k, \phi_i^v) \big] + (s_c^u, \phi_i^u) + (s_c^v, \phi_i^v) \\
&= \sum_{k=1}^{N} b_k F_{ik} + C_i
\end{aligned} \tag{6.3.26}
$$

其中，$F_{ik} = (s_p^u \vartheta_k, \phi_i^u) + (s_p^v \vartheta_k, \phi_i^v)$，$C_i = (s_c^u, \phi_i^u) + (s_c^v, \phi_i^v)$。

若已知 $s_u(T)$ 和 $s_v(T)$ 的表达式即可以求得 F_{ik} 和 C_i 的值，如对于一个纯自然对流问题，重力方向为 y 轴的负向，$s_p^u = 0, s_c^u = 0, s_p^v = \rho g \beta, s_c^v = -\rho g \beta T_c$，则

$$F_{ik} = (\rho g \beta \vartheta_k, \phi_i^v) \tag{6.3.27}$$

$$C_i = (-\rho g \beta T_c, \phi_i^v) \tag{6.3.28}$$

式中，T_c 为参考温度；β 为体积膨胀系数。

对流换热低阶模型离散后是一个多元非线性方程组，通常可采用 Newton-Raphson 方法进行迭代求解，相关算例见文献[21]。

6.3.2　基于贴体坐标的对流换热 POD-Galerkin 低阶模型

1. 基于贴体坐标的对流换热控制方程

贴体坐标下的二维不可压缩对流换热控制方程如下。

连续性方程：

$$\frac{\partial U}{\partial \xi} + \frac{\partial V}{\partial \eta} = 0 \tag{6.3.29}$$

动量方程：

$$
\begin{aligned}
J \frac{\partial(\rho u)}{\partial t} + \frac{\partial(\rho U u)}{\partial \xi} + \frac{\partial(\rho V u)}{\partial \eta} &= -(P_\xi y_\eta - P_\eta y_\xi) \\
+ \frac{\partial}{\partial \xi}\Big[\frac{\mu}{J}(\alpha u_\xi - \beta u_\eta) \Big] &+ \frac{\partial}{\partial \eta}\Big[\frac{\mu}{J}(\gamma u_\eta - \beta u_\xi) \Big] + J s_u
\end{aligned} \tag{6.3.30}
$$

$$
\begin{aligned}
J \frac{\partial(\rho v)}{\partial t} + \frac{\partial(\rho U v)}{\partial \xi} + \frac{\partial(\rho V v)}{\partial \eta} &= -(-P_\xi x_\eta + P_\eta x_\xi) \\
+ \frac{\partial}{\partial \xi}\Big[\frac{\mu}{J}(\alpha v_\xi - \beta v_\eta) \Big] &+ \frac{\partial}{\partial \eta}\Big[\frac{\mu}{J}(\gamma v_\eta - \beta v_\xi) \Big] + J s_v
\end{aligned} \tag{6.3.31}
$$

能量方程:

$$J\frac{\partial(\rho c_p T)}{\partial t}+\frac{\partial(\rho c_p UT)}{\partial \xi}+\frac{\partial(\rho c_p VT)}{\partial \eta}=\frac{\partial}{\partial \xi}\Big[\frac{\lambda}{J}(\alpha T_\xi-\beta T_\eta)\Big]$$

$$+\frac{\partial}{\partial \eta}\Big[\frac{\lambda}{J}(\gamma T_\eta-\beta T_\xi)\Big]+Js_T$$

$$(6.3.32)$$

式中, U 和 V 为速度逆变分量; u 和 v 为速度直角分量,二者具有如下关系:

$$U=uy_\eta-vx_\eta \tag{6.3.33}$$

$$V=vx_\xi-uy_\xi \tag{6.3.34}$$

为了方便,将式(6.3.29)~式(6.3.32)写成如下的简洁形式:

$$\nabla\cdot \boldsymbol{U}=0 \tag{6.3.35}$$

$$J\frac{\partial(\rho u)}{\partial t}+\nabla\cdot (\rho \boldsymbol{U}u)=-(\boldsymbol{g}_1\cdot \nabla)p+\nabla\cdot (\mu \diamondsuit u)+Js_u \tag{6.3.36}$$

$$J\frac{\partial(\rho v)}{\partial t}+\nabla\cdot (\rho \boldsymbol{U}v)=-(\boldsymbol{g}_2\cdot \nabla)p+\nabla\cdot (\mu \diamondsuit v)+Js_v \tag{6.3.37}$$

$$J\frac{\partial(\rho c_p T)}{\partial t}+\nabla\cdot (\rho c_p \boldsymbol{U}T)=\nabla\cdot (\lambda \diamondsuit T)+Js_T \tag{6.3.38}$$

式中, $\nabla=\dfrac{\partial}{\partial \xi}\boldsymbol{i}+\dfrac{\partial}{\partial \eta}\boldsymbol{j}$; $\diamondsuit$ 为自定义算子, $\diamondsuit=\dfrac{\partial}{\partial n_f^\xi}\boldsymbol{i}+\dfrac{\partial}{\partial n_f^\eta}\boldsymbol{j}$,对于任意函数 f ,有

$\dfrac{\partial}{\partial n_f^\xi}(f)=\dfrac{\alpha f_\xi-\beta f_\eta}{J}$, $\dfrac{\partial}{\partial n_f^\eta}(f)=\dfrac{\gamma f_\eta-\beta f_\xi}{J}$;且 $\boldsymbol{g}_1=y_\eta \boldsymbol{i}-y_\xi \boldsymbol{j}$, $\boldsymbol{g}_2=-x_\eta \boldsymbol{i}+x_\xi \boldsymbol{j}$ 。

2. 速度基函数的求取

速度的直角坐标分量 u 和 v 可以写成

$$u=\sum_{k=1}^{M}a_k\phi_k^u \tag{6.3.39}$$

$$v=\sum_{k=1}^{M}a_k\phi_k^v \tag{6.3.40}$$

由式(6.3.33)和(6.3.34)可知

$$U=\sum_{k=1}^{M}a_k(\phi_k^u y_\eta-\phi_k^v x_\eta) \tag{6.3.41}$$

$$V=\sum_{k=1}^{M}a_k(\phi_k^v x_\xi-\phi_k^u y_\xi) \tag{6.3.42}$$

令

$$\psi_k^u = \phi_k^u y_\eta - \phi_k^v x_\eta \tag{6.3.43}$$

$$\psi_k^v = \phi_k^v x_\xi - \phi_k^u y_\xi \tag{6.3.44}$$

式中，ϕ_k^u 和 ϕ_k^v 为基函数的直角坐标分量；ψ_k^u 和 ψ_k^v 为基函数的逆变分量。

　　由于控制方程中速度存在两种不同形式，可以直观得到基函数的三种求取方法。

　　方法 1：根据速度的直角坐标分量 u、v 样本矩阵和速度的逆变分量 U、V 样本矩阵分别直接求得 ϕ_k^u、ϕ_k^v 和 ψ_k^u、ψ_k^v。

　　方法 2：根据 u、v 样本矩阵求得 ϕ_k^u、ϕ_k^v，然后根据式（6.3.43）和（6.3.44）计算得到 ψ_k^u、ψ_k^v。

　　方法 3：根据 U、V 样本矩阵求得 ψ_k^u、ψ_k^v，然后根据式（6.3.43）和（6.3.44）计算得到 ϕ_k^u、ϕ_k^v。

　　那么这三种方法是否均可行呢？经研究发现，对于固定形状的求解域，这三者是等价的。而对于形状发生变化的求解域（样本条件和预测条件之间具有不同形状的求解域），只有方法 3 是合适的。主要原因在于，对于形状发生变化的求解域，方法 1 求得的基函数不能使得式（6.3.43）和式（6.3.44）成立，而方法 2 求得的基函数不能满足连续性方程，详见文献[22]。

3. 动量方程 POD-Galerkin 低阶模型

将 $u = \sum_{k=1}^{M} a_k \phi_k^u$，$U = \sum_{k=1}^{M} a_k \psi_k$ 代入式（6.3.36），并向任意一个基函数 ϕ_i^u 进行投影，得

$$\sum_{k=1}^{M} \frac{\mathrm{d}a_k}{\mathrm{d}t}(J\rho\phi_k^u, \phi_i^u) + \sum_{k=1}^{M}\sum_{l=1}^{M} a_k a_l (\nabla \cdot (\rho\psi_k\phi_l^u), \phi_i^u) = -((\boldsymbol{g}_1 \cdot \nabla)p, \phi_i^u)$$
$$+ \sum_{k=1}^{M} a_k (\nabla \cdot (\mu\diamondsuit\phi_k^u), \phi_i^u) + (Js_u, \phi_i^u)$$

$$\tag{6.3.45}$$

对式（6.3.37）进行类似运算可得

$$\sum_{k=1}^{M} \frac{\mathrm{d}a_k}{\mathrm{d}t}(J\rho\phi_k^v, \phi_i^v) + \sum_{k=1}^{M}\sum_{l=1}^{M} a_k a_l (\nabla \cdot (\rho\psi_k\phi_l^v), \phi_i^v) = -((\boldsymbol{g}_2 \cdot \nabla)p, \phi_i^v)$$
$$+ \sum_{k=1}^{M} a_k (\nabla \cdot (\mu\diamondsuit\phi_k^v), \phi_i^v) + (Js_v, \phi_i^v)$$

$$\tag{6.3.46}$$

将式(6.3.45)与式(6.3.46)相加得

$$\sum_{k=1}^{M}\frac{\mathrm{d}a_k}{\mathrm{d}t}(J\rho\boldsymbol{\phi}_k,\boldsymbol{\phi}_i)+\sum_{k=1}^{M}\sum_{l=1}^{M}a_k a_l\big[(\nabla\cdot(\rho\boldsymbol{\psi}_k\phi_l^u),\phi_i^u)+(\nabla\cdot(\rho\boldsymbol{\psi}_k\phi_l^v),\phi_i^v)\big]$$

$$=(J\boldsymbol{s},\boldsymbol{\phi}_i)-((\boldsymbol{g}_1\cdot\nabla)p,\phi_i^u)-((\boldsymbol{g}_2\cdot\nabla)p,\phi_i^v)$$

$$+\sum_{k=1}^{M}a_k\big[(\nabla\cdot(\mu\diamondsuit\phi_k^u),\phi_i^u)+(\nabla\cdot(\mu\diamondsuit\phi_k^v),\phi_i^v)\big]$$

$$(6.3.47)$$

为了处理压力项和引入边界条件,对式(6.3.47)中的压力项及扩散项投影进一步推导。

压力项投影有

$$-((\boldsymbol{g}_1\cdot\nabla)p,\phi_i^u)-((\boldsymbol{g}_2\cdot\nabla)p,\phi_i^v)$$

$$=-(P_\xi y_\eta-P_\eta y_\xi,\phi_i^u)-(P_\eta x_\xi-P_\xi x_\eta,\phi_i^v)$$

$$=(P_\xi,-y_\eta\phi_i^u)+(P_\eta,y_\xi\phi_i^u)-(P_\eta,x_\xi\phi_i^v)+(P_\xi,x_\eta\phi_i^v)$$

$$=-(P_\xi,\psi_i^u)-(P_\eta,\psi_i^v)$$

$$(6.3.48)$$

根据格林公式,式(6.3.48)可以写为

$$-((\boldsymbol{g}_1\cdot\nabla)p,\phi_i^u)-((\boldsymbol{g}_2\cdot\nabla)p,\phi_i^v)$$

$$=\left(P,\frac{\partial\psi_i^u}{\partial\xi}+\frac{\partial\psi_i^v}{\partial\eta}\right)-\oint P\psi_i^u\mathrm{d}\eta-P\psi_i^v\mathrm{d}\xi$$

$$=-\left(\oint P\psi_i^u\mathrm{d}\eta-P\psi_i^v\mathrm{d}\xi\right)$$

$$(6.3.49)$$

与直角坐标下类似,近似认为该项值为 0。

扩散项投影有

$$\sum_{k=1}^{M}a_k\big[(\nabla\cdot(\mu\diamondsuit\phi_k^u),\phi_i^u)+(\nabla\cdot(\mu\diamondsuit\phi_k^v),\phi_i^v)\big]$$

$$=\oint\mu(\phi_i^u\diamondsuit u+\phi_i^v\diamondsuit v)\cdot\mathrm{d}\boldsymbol{\ell}-\sum_{k=1}^{M}a_k\big[(\mu\diamondsuit\phi_k^u,\nabla\phi_i^u)+(\mu\diamondsuit\phi_k^v,\nabla\phi_i^v)\big]$$

$$(6.3.50)$$

式中,$\mathrm{d}\boldsymbol{\ell}=\mathrm{d}\eta\boldsymbol{i}-\mathrm{d}\xi\boldsymbol{j}$。

将式(6.3.49)和式(6.3.50)代入式(6.3.47)并整理得

$$\sum_{k=1}^{M}\frac{\mathrm{d}a_k}{\mathrm{d}t}G_{ik}+\sum_{k=1}^{M}\sum_{l=1}^{M}a_k a_l D_{ilk}+\sum_{k=1}^{M}a_k H_{ik}+B_i-S_i=0,\qquad i=1,2,\cdots M$$

$$(6.3.51)$$

式中

$$G_{ik} = (J\rho\boldsymbol{\phi}_k, \boldsymbol{\phi}_i), \quad D_{ilk} = (\nabla \cdot (\rho\boldsymbol{\psi}_k\phi_l^u), \phi_i^u) + (\nabla \cdot (\rho\boldsymbol{\psi}_k\phi_l^v), \phi_i^v)$$

$$H_{ik} = (\mu\Diamond\phi_k^u, \nabla\phi_i^u) + (\mu\Diamond\phi_k^v, \nabla\phi_i^v)$$

$$B_i = -\oint \mu(\phi_i^u\Diamond u + \phi_i^v\Diamond v) \cdot d\boldsymbol{\ell}, \quad S_i = (Js, \boldsymbol{\phi}_i)$$

在上述各项中,边界条件由 B_i 引入,其具体过程与扩散问题相同。

4. 能量方程 POD-Galerkin 低阶模型

将 $U = \sum\limits_{k=1}^{M} a_k\boldsymbol{\psi}_k, T = \sum\limits_{k=1}^{N} b_k\vartheta_k$ 代入方程(6.3.38),并向任一温度基函数 ϑ_i 投影,并经过推导得到其低阶模型为

$$\sum_{k=1}^{N} \frac{db_k}{dt}G_{ik}^E + \sum_{k=1}^{M}\sum_{l=1}^{N} a_k b_l D_{ilk}^E + \sum_{k=1}^{N} b_k H_{ik}^E + B_i^E - S_i^E = 0, \qquad i = 1,2,\cdots,N$$

$$(6.3.52)$$

式中

$$G_{ik}^E = (J\rho c_p\vartheta_k, \vartheta_i), \quad D_{ilk}^E = (\nabla \cdot (\rho c_p\boldsymbol{\psi}_k\vartheta_l), \vartheta_i)$$

$$H_{ik}^E = (\lambda\Diamond\vartheta_k, \nabla\vartheta_i), \quad B_i^E = \oint \sqrt{\alpha}q^\xi\vartheta_i d\eta - \sqrt{\gamma}q^\eta\vartheta_i d\xi$$

$$S_i^E = (Js_T, \vartheta_i)$$

基于贴体坐标动量方程低阶模型与能量方程低阶模型之间的耦合处理与前述直角坐标下的低阶模型耦合类似,不再赘述。

5. 提高稳态对流换热低阶模型计算精度的修正方法

为了叙述方便,这里将上述过程建立的低阶模型称为"标准低阶模型"。当采用基于贴体坐标标准 POD 低阶模型快速计算不同形状求解域的对流换热时,发现某些问题中在形状参数跨度较大时,标准低阶模型预测精度较差。为了解决这一问题,笔者基于贴体坐标的修正 POD 低阶模型,下面以动量方程低阶模型为例对其进行介绍。

采用所建立的标准低阶模型式(6.3.51)对样本的流场进行重构或者对非样本流场进行预测时的误差 ε_i 为

$$\varepsilon_i = \sum_{k=1}^{M}\sum_{l=1}^{M} a_k^e a_l^e D_{ilk} + \sum_{k=1}^{M} a_k^e H_{ik} + B_i - S_i, \qquad i = 1,2,\cdots,M$$

$$(6.3.53)$$

式中，M 为用来描述流场的基函数个数；a^e 是由已知的速度场向量向基函数向量投影得到的。在有些预测条件下 ε_i 值则过大，低阶模型计算精度较低，用引入补偿矩阵 C 的方法来减小 $\varepsilon_i^{[23]}$，即

$$\sum_{k=1}^{M}\sum_{l=1}^{M} a_k^e a_l^e D_{ilk} + \sum_{k=1}^{M} a_k^e (H_{ik}+C_{ik}) + B_i - S_i = 0, \qquad i=1,2,\cdots,M$$

(6.3.54)

修正低阶模型的关键就是补偿矩阵的求解，接下来介绍如何通过已知的样本数据和基函数来求 $C_{ik}(i\in\{1,2,\cdots,M\};k\in\{1,2,\cdots,M\})$。

样本总数为 N，对于第 j 个样本，其对应的谱系数可以写为

$$a_k^e(j) = (\boldsymbol{u}_j,\boldsymbol{\phi}_k^u) + (\boldsymbol{v}_j,\boldsymbol{\phi}_k^v), \qquad k=1,2,\cdots,M;j=1,2,\cdots,N$$

(6.3.55)

式中，$\boldsymbol{u}_j$ 和 $\boldsymbol{v}_j$ 为第 j 个样本速度直角坐标分量对应的向量；$\boldsymbol{\phi}_k^u$ 和 $\boldsymbol{\phi}_k^v$ 为速度基函数直角坐标分量对应的向量；$(\cdot,\cdot)$ 表示向量内积。

将计算得到的谱系数值代入式(6.3.54)可得

$$\sum_{k=1}^{M} a_k^e(j)C_{ik} = b_i(j), \qquad i=1,2,\cdots,M;j=1,2,\cdots,N \quad (6.3.56)$$

式中，$b_i(j) = -\sum_{k=1}^{M}\sum_{l=1}^{M} a_k^e(j)a_l^e(j)D_{ilk} - \sum_{k=1}^{M} a_k^e(j)H_{ik} - B_i + S_i$。

把式(6.3.56)写成矩阵形式可得

$$\boldsymbol{C}_{M\times M}\boldsymbol{A}_{M\times N} = \boldsymbol{B}_{M\times N} \tag{6.3.57}$$

如果 $M=N$，则可以直接求得矩阵 C 的准确解，即

$$\boldsymbol{C}_{N\times N} = \boldsymbol{B}_{N\times N}(\boldsymbol{A}_{N\times N})^{-1} \tag{6.3.58}$$

如果 $M<N$，则修正矩阵 $\boldsymbol{C}_{M\times N}$ 为 $\boldsymbol{C}_{N\times N}$ 的子矩阵，如图 6.3.1 所示。

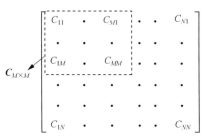

图 6.3.1　补偿矩阵

求得补偿矩阵后即可得稳态动量方程的基于贴体坐标的修正 POD 低阶模型，即

$$\sum_{k=1}^{M}\sum_{L=1}^{M}a_k a_l D_{ilk} + \sum_{k=1}^{M}a_k(H_{ik}+C_{ik}) + B_i - S_i = 0, \qquad i=1,2,\cdots,M$$

(6.3.59)

同理，可建立稳态能量方程基于贴体坐标的修正 POD 低阶模型，不再详述，关于修正低阶模型与标准低阶模型之间的对比，见文献[22]。

6. 物理问题与结果分析

对于如图 6.3.2 所示的偏心圆环区域，其内圆半径为 r_2，外圆半径为 r_1，内外圆的偏心距为 h，以 r_1 为特征长度无量纲化得 $R_1 = r_1/r_1 = 1, R_2 = r_2/r_1, H = h/r_1$。下面采用基于贴体坐标 POD-Galerkin 低阶模型快速计算该环形区域内的驱动流[22]和自然对流[24]。

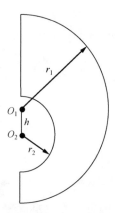

图 6.3.2　偏心圆环区域示意图

在驱动流中，图 6.3.2 中内圆壁面以角速度 ω 旋转，其余各壁面皆为静止壁面，$Re = \rho\omega r_1^2/\mu$；在自然对流中，图 6.3.2 所示区域中各壁面均为静止壁面，内半圆为高温壁面，外半圆为低温壁面，其余两个壁面为绝热边界，$Gr = g\beta\Delta T r_1^3/\nu^2$。

采用 POD-Galerkin 低阶模型分别计算 99 个不同条件下的驱动流和 80 个不同条件下的自然对流，图 6.3.3 给出了低阶模型的计算误差分布。

从图中可以看出，无论是对于驱动流的计算还是自然对流的计算，POD-Galerkin 低阶模型都具有较高的精度。为了更加形象地展示低阶模型的计算精度，图 6.3.4 和图 6.3.5 分别给出了驱动流和自然对流中代表性计算条件下低阶

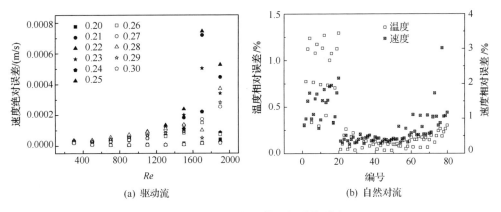

(a) 驱动流　　　　　　　　　　　　　(b) 自然对流

图 6.3.3　POD 低阶模型的计算误差

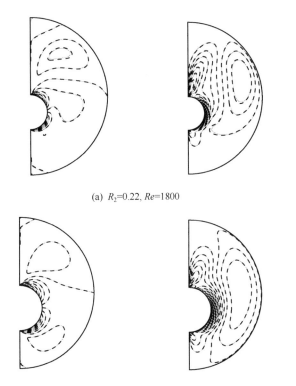

(a) R_2=0.22, Re=1800

(b) R_2=0.30, Re=300

图 6.3.4　驱动流问题中 POD 低阶模型与 FVM 计算的速度场对比

左图为 u 速度场,右图为 v 速度场;实线为 FVM,虚线为 POD

模型与 FVM 计算结果对比。从图中可以看出低阶模型的计算结果与 FVM 的计算结果吻合良好。

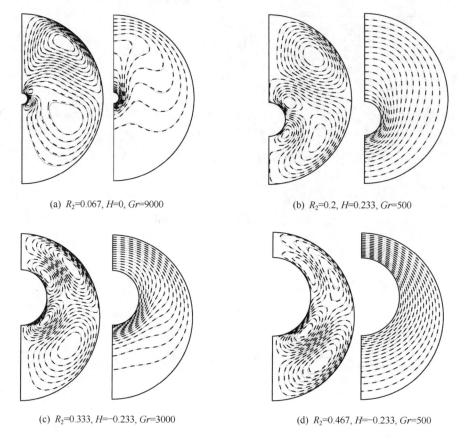

(a) $R_2=0.067$, $H=0$, $Gr=9000$　　　　　(b) $R_2=0.2$, $H=0.233$, $Gr=500$

(c) $R_2=0.333$, $H=-0.233$, $Gr=3000$　　　(d) $R_2=0.467$, $H=-0.233$, $Gr=500$

图 6.3.5　自然对流问题中 POD 低阶模型与 FVM 计算结果对比
左图为 u 速度场，右图为温度场；实线为 FVM，虚线为 POD

　　通过以上两个算例可以说明，基于贴体坐标的对流换热 POD 低阶模型可以快速计算不同形状区域内的流动与换热，并且具有较高的精度。计算表明，在上述两个计算算例中，低阶模型计算速度为 FVM 方法的 100 倍以上。

6.4　小　　结

　　本章对 POD 方法进行了简单介绍，在此基础上介绍了直角坐标下及贴体坐标下导热和对流换热 POD-Galerkin 低阶模型；推导得到低阶模型中各类边界条件的统一处理方法，大大方便了程序的编写；发展了既适用于均匀物性又适用于变物性问题的界面基函数调和平均插值方法；在基于贴体坐标的 POD 对流换热低阶模型中只有根据 U、V 样本矩阵求得 φ_k^u、φ_k^v，然后根据基函数逆变分量和基函数直角分量之间的关系计算得到 ϕ_k^u、ϕ_k^v，才能保证基函数满足连续性方程；发展了能够提高稳态对流换热 POD-Galerkin 低阶模型精度的"修正方法";计算表明,基于贴体坐标的 POD-Galerkin 低阶模型能够快速计算不同形状(具有相同特征)求解域内的导热和对流换热,并且具有较高的精度。

参 考 文 献

[1] Person K. On lines and planes of closest fit to systems of points in space. Philosophical Magazine, 1901, 2(6): 559-572.

[2] Kirby M, Sirovich L. Application of the Karhunen-Loeve procedure for the characterization of human faces. Pattern Analysis and Machine Intelligence, IEEE Transactions on, 1990, 12(1): 103-108.

[3] Lumley J L. The structure of inhomogeneous turbulent flows. Atmospheric Turbulence and Radio Wave Propagation, 1967, 1967: 166-178.

[4] Wang X L, Wang Y, Cao Z Z, et al. Comparison study on linear interpolation and cubic B-spline interpolation proper orthogonal decomposition methods. Advances in Mechanical Engineering, 2013, 2013: 1-10.

[5] Wang Y, Yu B, Cao Z Z, et al. A comparative study of POD interpolation and POD projection methods for fast and accurate prediction of heat transfer problems. International Journal of Heat and Mass Transfer, 2012, 55(17): 4827-4836.

[6] 王莺歌, 李正农, 官博, 等. 定日镜表面风压的重构与预测. 空气动力学学报, 2009, 27(5): 586-591.

[7] Ding P, Wu X H, He Y L, et al. A fast and efficient method for predicting fluid flow and heat transfer problems. Journal of Heat Transfer, 2008, 130(3): 1-17.

[8] Fic A, Białecki R A, Kassab A J. Solving transient nonlinear heat conduction problems by proper orthogonal decomposition and the finite-element method. Numerical Heat Transfer, Part B: Fundamentals, 2005, 48(2): 103-124.

[9] Białecki R A, Kassab A J, Fic A. Proper orthogonal decomposition and modal analysis for acceleration of transient FEM thermal analysis. International Journal for Numerical Methods in Engineering, 2005, 62(6): 774-797.

[10] Banerjee S, Cole J V, Jensen K F. Nonlinear model reduction strategies for rapid thermal processing systems. Semiconductor Manufacturing, IEEE Transactions on, 1998, 11(2): 266-275.

[11] Białecki R A, Kassab A J, Fic A. Reduction of the dimensionality of transient FEM solutions using proper orthogonal decomposition. Proceedings of 36th AIAA Thermophysics Conference, Orlando, 2003.

[12] Raghupathy A P, Ghia U, Ghia K, et al. Boundary-condition-independent reduced-order modeling of complex electronic packages by POD-Galerkin methodology. Components and Packaging Technologies, IEEE Transactions on, 2010, 33(3): 588-596.

[13] Astrid P. Reduction of Process Smulation models: A proper orthogonal decomposition approach. The Netherlands: TechnischeUniversiteit Eindhoven, 2004.

[14] Lucia D J, Beran P S, Silva W A. Reduced-order modeling: New approaches for computational physics. Progress in Aerospace Sciences, 2004, 40(1): 51-117.

[15] Kerschen G, Golinval J, Vakakis A F, et al. The method of proper orthogonal decomposition for dynamical characterization and order reduction of mechanical systems: An overview. Nonlinear Dynamics, 2005, 41(1-3): 147-169.

[16] 丁鹏. 低阶模型在玻璃厚度的实时控制及传热反问题求解中的应用. 西安: 西安交通大学博士学位论

文，2009.

[17] Sirovich L. Turbulence and the dynamics of coherent structures. Part I: Coherent structures. Quarterly of Applied Mathematics, 1987, 45(3): 561-590.

[18] Han D X, Yu B, Zhang X Y. Study on a BFC-based POD-Galerkin reduced-order model for the unsteady-state variable-property heat transfer problem. Numerical Heat Transfer, Part B: Fundamentals, 2014, 65(3): 256-281.

[19] Yu B, Yu G J, Cao Z Z, et al. Fast calculation of the soil temperature field around a buried oil pipeline using a body-fitted coordinates-based POD-Galerkin reduced-order model. Numerical Heat Transfer, Part A: Applications, 2013, 63(10): 776-794.

[20] Han D X, Yu B, Yu G J, et al. Study on a BFC-based POD-Galerkin ROM for the steady-state heat transfer problem. International Journal of Heat and Mass Transfer, 2014, 69: 1-5.

[21] 吴学红，陶文铨，吕彦力，等. 不可压缩流动问题快速计算的降阶模型. 中国电机工程学报，2010，30(26): 69-74.

[22] Han D X, Yu B, Wang Y, et al. POD reduced order model for steady laminar flow based on body fitted coordinate. submitted 2015.

[23] Galletti B, Bruneau C H, Zannetti L, et al. Low-order modelling of laminar flow regimes past a confined square cylinder. Journal of Fluid Mechanics, 2004, 503: 161-170.

[24] Han D X, Yu B, Chen J J, et al. POD reduced-order model for steady natural convection based on a body-fitted coordinate. The 5th Asian Symposium on Computational Heat Transfer and Fluid Flow, Busan, 2015.

附　　录

在中国石油大学(北京)研究生教育质量与创新工程中,笔者开展了《数值传热学》"应用导向"型教学方法研究改革。在该教改中,采用随堂测试和大作业答辩相结合的考核方式,前者的目的在于加深学生对基本概念的理解,后者在于强化学生编程解决实际问题的能力,从而为学以致用打下基础。附录 1 给出笔者设计的随堂测试题,主要来源于授课过程中对学生不易理解、容易混淆乃至犯错的问题的整理;附录 2 给出部分大作业编程题。

附录 1　随堂测试题

随堂测试题包括七个部分:控制方程、边界条件及计算区域的离散;离散方程的误差与物理特性;扩散方程的离散;对流-扩散方程的离散;压力-速度耦合求解算法;离散方程的求解;贴体坐标与非结构化网格。

附录 1.1　控制方程、边界条件及计算区域的离散

1. 试写出采用数值计算方法求解流动与传热问题的基本步骤。

2. 流动与传热数值计算中采用通用控制方程有何优点? 传统通用控制方程有何局限性? 通用控制方程的新形式与传统形式有何区别?

3. 流动与传热数值计算中,采用无量纲方程求解有何优点?

4. 方程无量纲化时应如何选取速度、温度、压力等的特征尺度?

5. 试由以下守恒型通用控制方程推导非守恒型通用控制方程。

守恒型通用控制方程:$\dfrac{\partial(\rho\phi)}{\partial t} + \nabla \cdot (\rho \boldsymbol{U}\phi) = \nabla \cdot (\Gamma_\phi \nabla\phi) + S_\phi$

6. 写出对流换热的通用控制方程中对流项、扩散项在三维直角坐标系下具体展开形式。

7. 试写出圆柱坐标系下采用通用控制方程时动量方程和能量方程的源项。

8. 试由流函数定义:$u = \dfrac{\partial \psi}{\partial y}, v = -\dfrac{\partial \psi}{\partial x}$ 及涡量的定义:$\omega = \dfrac{\partial u}{\partial y} - \dfrac{\partial v}{\partial x}$ 推导如下流函数 Poisson 方程:

$$\frac{\partial^2 \psi}{\partial x^2} + \frac{\partial^2 \psi}{\partial y^2} - \omega = 0$$

9. 对二维方腔顶盖驱动流、方腔自然对流、方腔混合对流的控制方程及边界条件进行无量纲化：

(1) 顶盖驱动流问题，引入无量纲量：$X = \dfrac{x}{l}, Y = \dfrac{y}{l}, U = \dfrac{u}{u_{\text{lid}}}, V = \dfrac{v}{u_{\text{lid}}}, P = \dfrac{p}{\rho u_{\text{lid}}^2}$；

(2) 方腔自然对流问题，引入无量纲量：$X = \dfrac{x}{l}, Y = \dfrac{y}{l}, U = \dfrac{u}{(\mu/\rho l)}, V = \dfrac{v}{(\mu/\rho l)}, P = \dfrac{p}{\rho(\mu/\rho l)^2}$ 和 $\Theta = \dfrac{(T - T_c)}{(T_h - T_c)}$；

(3) 方腔混合对流问题，引入无量纲量：$X = \dfrac{x}{l}, Y = \dfrac{y}{l}, U = \dfrac{u}{u_{\text{lid}}}, V = \dfrac{v}{u_{\text{lid}}}, P = \dfrac{p}{\rho u_{\text{lid}}^2}$ 和 $\Theta = \dfrac{(T - T_c)}{(T_h - T_c)}$。

10. 试用无量纲的二维不可压缩流体 N-S 方程：

$$\frac{\partial U}{\partial t} + U\frac{\partial U}{\partial X} + V\frac{\partial U}{\partial Y} = -\frac{\partial P}{\partial X} + \frac{1}{Re}\left(\frac{\partial^2 U}{\partial X^2} + \frac{\partial^2 U}{\partial Y^2}\right)$$

$$\frac{\partial V}{\partial t} + U\frac{\partial V}{\partial X} + V\frac{\partial V}{\partial Y} = -\frac{\partial P}{\partial Y} + \frac{1}{Re}\left(\frac{\partial^2 V}{\partial X^2} + \frac{\partial^2 V}{\partial Y^2}\right)$$

(1) 推导无量纲压力泊松方程：

$$\frac{\partial^2 P}{\partial X^2} + \frac{\partial^2 P}{\partial Y^2} = 2\left(\frac{\partial U}{\partial X}\frac{\partial V}{\partial Y} - \frac{\partial U}{\partial Y}\frac{\partial V}{\partial X}\right)$$

(2) 推导无量纲涡量方程：

$$\frac{\partial \Omega}{\partial t} + \frac{\partial (U\Omega)}{\partial X} + \frac{\partial (V\Omega)}{\partial Y} = \frac{1}{Re}\left(\frac{\partial^2 \Omega}{\partial X^2} + \frac{\partial^2 \Omega}{\partial Y^2}\right)$$

11. 如下图所示，左右边界的温度均为 T_w，流体温度为 T_f，对流换热系数为 h_f，请分别写出左右边界处第三类边界条件的表达式，并比较异同。

第 11 题图

12. 如下图所示,埋地热油管道土壤温度场的求解可以抽象为不规则区域内的导热问题,试写出各边界的边界条件。

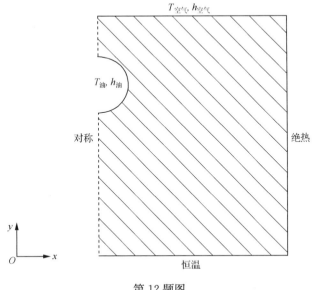

第 12 题图

13. 几何形状和边界形状均对称的问题是否一定能采用对称边界条件? 为什么? 试举例说明。

14. 写出有限容积内节点法和外节点法的区别。

15. 当采用外节点法时,试画出下图中节点 P 的控制容积。

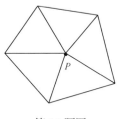

第 15 题图

16. 在何种情况下需采用非均分网格离散计算区域? 与均分网格相比,采用非均分网格有何优点? 相邻两网格同一方向的网格尺度为何不能相差过大?

17. 网格是不是划分得越密越好? 为什么?

附录 1.2　离散方程的误差与物理特性

1. 数值解的误差有哪些来源?

2. 截断误差、离散误差、舍入误差有何区别?

3. 初值问题的稳定性与舍入误差是否有必然联系？为什么？

4. 对于不稳定的格式，如果计算中不引入误差，计算就不会发散，这一观点是否正确？

5. 数值计算中为何要考虑离散方程差分格式的相容性？

6. 试分析内点采用隐式格式而边界显式处理，以及待求变量采用隐式格式而物性采用显式更新带来的相容性问题的根本原因，并概括何时会产生相容性问题。

7. 试说明利用傅里叶分析法求波动方程 $\dfrac{\partial \phi}{\partial t} + c \dfrac{\partial \phi}{\partial x} = 0$ 采用如下两种差分格式时的稳定性条件。

(1) $\dfrac{\phi_i^{n+1} - \phi_i^n}{\Delta t} + c \dfrac{3\phi_i^n - 4\phi_{i-1}^n + \phi_{i-2}^n}{2\Delta x} = 0$；

(2) $\dfrac{\phi_i^{n+1} - \dfrac{1}{2}(\phi_{i+1}^n + \phi_{i-1}^n)}{\Delta t} + c \dfrac{\phi_{i+1}^n - \phi_{i-1}^n}{2\Delta x} = 0$。

8. 试证明离散方程 $\dfrac{T_i^{n+1} - T_i^n}{\Delta t} = a\left(\dfrac{1}{2} \dfrac{T_{i+1}^{n+1} - 2T_i^{n+1} + T_{i-1}^{n+1}}{\Delta x^2} + \dfrac{1}{2} \dfrac{T_{i+1}^n - 2T_i^n + T_{i-1}^n}{\Delta x^2} \right)$ 是绝对稳定的。采用该离散格式是否一定能得到具有物理意义的解？为什么？如果不能，请给出能得到有物理意义解的条件？

9. 已知误差的离散傅里叶级数复数形式：

$$\varepsilon_j = \varepsilon(x_j) = \sum_{m=-N}^{N} A_m e^{i\theta_m j}$$

试采用欧拉公式 $e^{i\theta} = \cos\theta + i\sin\theta$ 将其转化为三角函数的形式。

10. 对一维非稳态导热方程采用以下两种格式进行离散：

(1) $\dfrac{T_i^{n+1} - T_i^n}{\Delta t} = a \dfrac{T_{i+1}^n - 2T_i^n + T_{i-1}^n}{\Delta x^2}$；

(2) $\dfrac{T_i^{n+1} - T_i^n}{\Delta t} = a \dfrac{T_{i+1}^n - 2T_i^{n+1} + T_{i-1}^n}{\Delta x^2}$。

这两种离散方程均可以显式求解。通过傅里叶分析可证明：式(1)是条件稳定的，式(2)是绝对稳定的。是否说明式(2)优于式(1)？为什么？

11. 如何保证离散方程具有守恒性？

12. 对流与扩散现象有何本质区别？

附录 1.3 扩散方程的离散

1. 有限差分法和有限容积法有何区别？

2. 在应用有限容积法建立离散方程时，应遵循哪些基本原则？

3. 在差分表达式中，分子各项系数的代数和为何等于零？

4. 显式和隐式格式各有何优缺点?

5. 源项的线性化有何优点?

6. 附加源项法的核心思想是什么? 有何优点?

7. 试写出 $i+1$ 节点处 ϕ 的一阶偏导数在 $n+1$ 时层的中心差分表达式。

8. 在均分网格下,试推导一阶偏导数 $\dfrac{\partial \phi}{\partial x}$ 在 i 节点处的四阶中心差分表达式。

9. 对一维柱坐标系稳态导热方程 $\dfrac{1}{r}\dfrac{\partial}{\partial r}\left(r\lambda\dfrac{\partial T}{\partial r}\right)+S=0$:

(1) 试推导出基于局部解析解的有限容积法的离散表达式;

(2) 试推导出基于坐标变换的控制方程并对其进行离散。

10. 对二维球坐标系稳态导热方程 $\dfrac{1}{r^2}\dfrac{\partial}{\partial r}\left(\lambda r^2\dfrac{\partial \phi}{\partial r}\right)+\dfrac{1}{r^2\sin\theta}\dfrac{\partial}{\partial \theta}\left(\lambda\sin\theta\dfrac{\partial \phi}{\partial \theta}\right)+S$ $=0$,试推导出基于坐标变换的控制方程并对其进行离散。

11. 试推导非均匀网格二阶导数三点中心差分格式的表达式。

12. 对非稳态方程 $\dfrac{\partial \phi}{\partial t}=f(\phi)$ 采用 $\dfrac{\phi^n-\phi^{n-1}}{\Delta t}=\dfrac{3}{2}f(\phi^{n-1})-\dfrac{1}{2}f(\phi^{n-2})$ 格式离散,试证明该格式在时间上具有二阶截差精度。

13. 证明导热方程 $\dfrac{\partial T}{\partial t}=a\dfrac{\partial^2 T}{\partial x^2}$ 采用 Crank-Nicolson 格式离散时在时间上具有二阶截差精度。

14. 分析采用 $\dfrac{T_{i+2,j}-2T_{i,j}+T_{i-2,j}}{4\Delta x^2}+\dfrac{T_{i,j+2}-2T_{i,j}+T_{i,j-2}}{4\Delta y^2}=0$ 离散导热方程 $\dfrac{\partial^2 T}{\partial x^2}+\dfrac{\partial^2 T}{\partial y^2}=0$ 的缺陷。

附录 1.4　对流扩散方程的离散

1. 何为假扩散现象? 造成假扩散的原因有哪些? 如何克服假扩散?

2. 对流项离散格式的迁移性与其稳定性有何关系?

3. 向前差分、向后差分与迎风格式、背风格式有何区别?

4. 对流扩散离散方程中 $i+1$ 点的离散系数 $a_{w,i+1}$ 和 i 点的离散系数 $a_{E,i}$ 有何关系?

5. 一阶迎风格式和一阶向后差分格式是否都能保证对流项的稳定性? 为什么?

6. 有限差分法中的一阶迎风格式、中心差分格式及二阶迎风格式和有限容积法中的相应格式有何区别?

7. 如何理解正型系数法?

8. 何为延迟修正技术？采用延迟修正技术有何优点？

9. 延迟修正技术能否改变对流离散格式的稳定性？为什么？

10. 对于稳态对流扩散问题,对流项采用高阶有界格式并采用延迟修正法实施,试问在空间步长较大的条件下能否一定得到有物理意义的解？

11. 计算对流扩散问题时,对流项采用中心差分,第一次计算能得到既不发散也不振荡的解,第二次计算时,仅加大空间步长,得到收敛但振荡的解,试分析原因。

12. 计算非稳态问题时,第一次计算能得到收敛的解,第二次计算时,仅减小空间步长,导致了解的发散,试分析原因。

13. 为何出口边界条件是最难处理的边界条件？应如何选取出口边界条件？

14. 为何存在出口边界条件的物理问题往往难收敛？

15. 出口边界条件可采用局部单向化处理,认为下游对上游没有影响,采用附加源项法实施时不需要边界处 ϕ 值,因此对 ϕ 为 u、v、T 等变量时均可在迭代中不求出口边界值,待到计算收敛时,可插值得到其值。对 $\dfrac{\partial \phi}{\partial x}$ 这种处理是否正确？为什么？

16. 试在规正变量图上画出一阶迎风、QUICK 格式、中心差分、二阶迎风及 MINMOD 格式的型线。

17. SMART 格式中有 $\tilde{\phi}_f = 3\tilde{\phi}_C\left(0 \leqslant \tilde{\phi}_C \leqslant \dfrac{1}{6}\right)$,试将 $\tilde{\phi}_f$ 还原为规正化之前的表达式。

18. 对流格式的有界性和稳定性有何区别？为何有界的格式一定是绝对稳定的格式？

19. 对于均分网格系统,所有具有二阶截差精度的格式在规正变量图上为何全都通过点 $(0.5, 0.75)$？

20. 试在规正变量图中标出满足对流有界准则的范围及具有二阶截差精度的范围。

21. 在极值点附近,有界格式具有几阶截差精度？

22. 试全面对比低阶格式(一阶迎风格式、乘方格式、混合格式)、二阶精度格式(中心差分、二阶迎风)和二阶有界格式的优缺点。

23. 二阶精度的有界格式在计算纯对流问题时的计算效率相差较大,但在计算工程中常见的对流-扩散问题时计算效率相当,为什么？

24. 假设 $u_e > 0$,试推导 e 界面处一阶迎风、二阶迎风、中心差分和 QUICK 格式。

25. 如下图所示,对于外节点法和内节点法,此时控制容积界面 e 处一阶导数的计算精度分别为几阶截差精度。

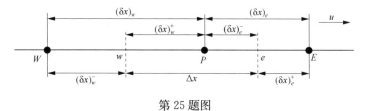

第 25 题图

26. 试比较下列三式有什么不同：

$$\frac{\partial \phi}{\partial x}\Big|_i^n = \frac{\phi_{i+1} - \phi_i}{\Delta x} + O(\Delta x), \qquad \frac{\partial \phi}{\partial x}\Big|_{i+1}^n = \frac{\phi_{i+1} - \phi_i}{\Delta x} + O(\Delta x),$$

$$\frac{\partial \phi}{\partial x}\Big|_{i+\frac{1}{2}}^n = \frac{\phi_{i+1} - \phi_i}{\Delta x} + O(\Delta x^2)$$

27. 试采用 Taylor 展开法离散如下一维非稳态对流扩散方程：

$$\frac{\partial \phi}{\partial t} + c\,\frac{\partial \phi}{\partial x} = a\,\frac{\partial^2 \phi}{\partial x^2} \quad (c > 0, a > 0)$$

要求：(1)采用 Crank-Nicolson 格式；(2)均分网格；(3)对流项采用三阶迎风格式（上游取两个点，下游取一个点），扩散项采用二阶中心差分格式；(4)写出详细的离散过程。

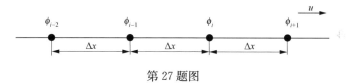

第 27 题图

28. 试采用有限容积法离散一维非稳态对流-扩散方程：$\dfrac{\partial(\rho\phi)}{\partial t} + \dfrac{\partial(\rho u\phi)}{\partial x} = \dfrac{\partial}{\partial x}\Big(\Gamma\dfrac{\partial\phi}{\partial x}\Big) + S$，其中时间项采用隐式格式，对流项采用二阶迎风格式，扩散项采用二阶中心差分格式。

29. 对一维模型 $\dfrac{\partial \phi}{\partial t} + c\,\dfrac{\partial \phi}{\partial x} = a\,\dfrac{\partial^2 \phi}{\partial x^2}(c > 0, a > 0)$ 对流项采用三阶迎风格式（上游取两个点，下游取一个点），扩散项采用二阶中心差分格式，求其有物理意义解时满足的条件。

附录 1.5　压力速度耦合求解算法

1. 简述 MAC 算法的实施步骤。

2. 在同位网格中,采用中心差分格式离散压力梯度项时,为何会出现非物理意义的振荡压力场?

3. 在均分交错网格中,压力梯度项的离散式 $\left(\dfrac{\partial p}{\partial x}\right)_e = \dfrac{p_E - p_P}{(\delta x)_e}$ 具有几阶截差精度? 为什么?

4. 在 MAC 和 SIMPLE 算法中,压力边界条件是第几类边界条件? 边界上的压力在计算中是否用到? 能否求解出唯一的压力场? 为什么?

5. 在应用 MAC 算法和 SIMPLE 算法求解顶盖驱动流问题时,计算中是否考虑重力对压力场和速度场分布的影响?

6. SIMPLE 算法中引入了哪些简化假设? 这些简化假设是否会影响计算结果? 为什么?

7. 求解动量方程时将亚松弛因子组织到代数方程的求解中有何优点?

8. 写出 SIMPLE、SIMPLER、PISO 和 IDEAL 算法的求解步骤,并比较这些算法的异同点。

9. 动量插值的核心思想是什么?

10. 证明 Rhie-Chow 动量插值计算结果与时间相关。并解释在时间步长较小时,为何会出现压力振荡解?

11. 在动量方程和连续性方程中采用动量插值,而在能量方程中采用线性插值是否可行? 为什么?

12. 在同位网格上采用 MAC 算法进行计算是否可行? 为什么?

13. MAC 算法中采用动量插值思想能否消除非物理意义的压力振荡? 为什么?

14. 流固耦合问题的流动传热模型整体计算时应在 MAC 类算法和 SIMPLE 类算法中采取哪些措施?

15. 可采取哪些措施加快 SIMPLE 系列算法的迭代收敛过程?

16. 现在常用的 CFD 商业软件有哪些? 它们的共同特点是什么?

附录 1.6　离散方程的求解

1. 已知某控制方程离散后的表达式为 $a_P\phi_P = a_{WW}\phi_{WW} + a_W\phi_W + a_E\phi_E +$

$a_{EE}\phi_{EE}$。当迭代顺序从左至右时,分别写出采用 Gauss-Seidel 和 Jacobi 迭代法进行求解时的迭代表达式。

2. 简述 TDMA 方法的求解过程。

3. 当边界条件为第二类或第三类边界条件,边界条件的离散采用的是二阶截差精度的差分格式,能用 TDMA 算法求解出一维物理问题所对应的代数方程组吗? 为什么?

4. 采用迭代法求解离散方程有何优点?

5. 试比较 Jacobi、Gauss-Seidel、TDMA、ADI-TDMA、CGS 和 MG 方法的优缺点。

6. 简述初值问题的不稳定性、对流离散格式的不稳定性和离散方程迭代求解的不稳定性三者之间的区别。

7. 已知离散表达式: $a_P\phi_P = a_W\phi_W + a_E\phi_E + a_N\phi_N + a_S\phi_S$,写出代数方程 $A\phi = b$ 中的系数矩阵 A。

8. 何为方程的余量? 采用基于规正余量的迭代收敛标准有何优点?

9. 何为网格无关解? 何为基准解? Richardson 外推法有何作用?

10. 何为多重网格方法? 其核心思想是什么? 与其他迭代法相比有何优点?

11. 多重网格中,光顺次数是不是越多越好? 为什么?

12. 当最细层网格数一定时,多重网格的层数是不是越多越好? 为什么?

13. 请写出限定算子、延拓算子的符号;确定限定算子和延拓算子的方法有哪些? 确定这两种算子时应考虑哪些因素?

14. 在 CS 格式多重网格中,为何粗网格上的前光顺初场设为零场。

15. 试简述 CS 格式和 FAS 格式多重网格的区别。

16. 实施几何多重网格时应注意哪些事项?

17. 实施代数多重网格时应注意哪些事项?

附录 1.7　贴体坐标与非结构化网格

1. 试比较非结构化网格和结构化网格的优缺点。

2. 非结构化四边形网格与非结构化三角形网格相比有何优点?

3. 非结构化三角形网格的内外节点法在计算精度和收敛性方面是否相同? 为什么?

4. 试写出采用贴体坐标求解流动与传热问题的一般步骤。

5. 对一个不规则区域,采用非结构化网格和贴体坐标网格进行离散求解,各有何优缺点？

6. 生成贴体坐标网格的方法有哪些？各有何优缺点？

7. 与非结构化网格相比,贴体坐标网格有何特点？

8. 试把直角坐标中的涡量-流函数方程转换到计算平面上。

9. 在基于贴体坐标系的同位网格 SIMPLE 算法中,计算平面上动量方程的求解变量采用直角速度分量、计算平面上的连续性方程采用逆变速度分量时有何优点？

10. 在贴体坐标系中实施多重网格方法时需要注意的问题有哪些？

11. 贴体坐标系中,界面上的物理量为何应在物理平面上进行插值计算？

12. 何为法向扩散通量？何为交叉扩散通量,其来源是什么？何种情况下交叉扩散通量为零？

附录 2　编程训练题及要求

流动与传热数值计算是一门实践性很强的课程,编程训练能促进学生对问题的理解,是教学中很重要的一个环节。本部分附录给出了《数值传热学》教学中设计的部分编程训练题。这些编程训练题分别考查不同的知识点:第 1 题主要检测学生对基于广义扩散系数和广义密度的通用控制方程的理解;第 2 题强化学生在圆柱坐标系和球坐标系中应用坐标变换思想的技巧;第 3 题主要探索离散方程的相容性;第 4 题针对若干对流差分格式进行对比研究;第 5 题和第 6 题分别对多重网格方法中余量限定算子的构建及延拓松弛方法进行训练;第 7 题主要探讨基于规正余量的收敛标准;第 8~11 题分别考查采用 MAC 算法和 SIMPLE 算法获得不同物理问题的基准解;第 12 题测试学生采用 Poisson 法生成贴体坐标网格的能力;第 13 和 14 题主要强调采用贴体坐标网格和非结构化网格求解同一物理问题时的区别。每道题编程训练由 2~4 名同学组成一组协作完成。

附录 2.1　编程训练题

1. 阅读本书 2.1 节通用控制方程,再现书中给定物理问题的计算结果。

2. 再现本书 2.3 节中基于坐标变换思想的圆柱坐标系和球坐标系扩散问题的计算结果。

3. 再现本书 3.1 节中关于一维非稳态导热问题相容性的两个物理问题的计算结果。

4. 采用均分网格对边界条件为 $x=0, \phi=\phi_0; x=l, \phi=\phi_l$ 的一维稳态对流扩散方程 $\dfrac{\mathrm{d}}{\mathrm{d}x}(\rho u \phi) = \dfrac{\mathrm{d}}{\mathrm{d}x}\left(\Gamma \dfrac{\mathrm{d}\phi}{\mathrm{d}x}\right)$ 进行离散,扩散项采用二阶中心差分格式,试对比对流项采用一阶迎风、一阶背风、二阶迎风、中心差分、QUICK、MINMOD、SMART、HOAB 等格式在 $Pe_\Delta = 0.5、1、2、5、10$ 时的计算结果,并分析这些格式的稳定性。

5. 阅读本书 4.2 节内容,了解限定算子确定中的能量守恒原理,再现书中利用多重网格方法求解金属棒导热的计算结果。并对该问题采用 Jacobi 迭代、Gauss-Seidel 迭代和 TDMA 方法进行计算,比较与多重网格方法计算效率的差异。

6. 阅读本书 4.3 节内容,再现书中第一个物理问题的计算结果。

7. 再现 5.1 节中二维稳态导热问题的计算结果。

8. 采用 MAC 算法对 5.2 节中直角坐标系下的顶盖驱动流、自然对流、混合对流问题进行求解,并与书中的基准解进行比较。

9. 采用 MAC 算法对 5.2 节中圆柱坐标系和极坐标系下的顶盖驱动流、自然对流问题进行求解,并与书中的基准解进行比较。

10. 采用交错网格 SIMPLE 算法对 5.2 节中直角坐标系下的顶盖驱动流、自然对流和混合对流问题进行求解,并与书中的基准解进行比较。

11. 采用同位网格 SIMPLE 算法对 5.2 节中直角坐标系下的顶盖驱动流、自然对流和混合对流问题进行求解,并与书中的基准解进行比较。

12. 采用 Poisson 法生成如下图所示偏心半圆环区域的计算网格。

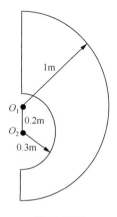

第 12 题图

13. 已知下图所示为无内热源的二维稳态导热问题,试采用如下图所示的贴体坐标网格进行求解,并画出等温线图和中心线上的温度分布曲线。

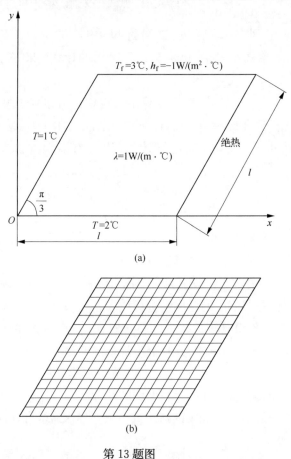

(a)

(b)

第 13 题图

14. 对 13 题采用如下图所示的正三角形网格进行求解。

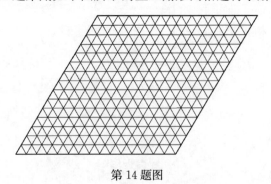

第 14 题图

附录 2.2　编程训练要求

1. 写出控制方程的详细离散过程和求解方法。

2. 画出程序流程框图,编程并详细注释程序以反映编程思路。

3. 与解析解、基准解或文献数据进行比较,考核程序的正确性。

4. 除非特别说明,应考核时间步长和空间步长对计算结果的影响,并给出网格无关解。

5. 详细分析计算结果并写出编程体会和心得。

附录 2.3　编程训练答辩要求

1. 每道题以小组为单位答辩,每组准备一份答辩 PPT,内容包括题目、离散求解方法、程序流程图、计算结果与分析、组员贡献、心得体会。

2. 答辩时间总共 20 分钟,其中 PPT 汇报 7 分钟,程序讲解 5 分钟,回答问题 8 分钟。

3. 答辩时讲解 PPT 和程序的汇报人员随机抽取。

4. 答辩后,每人提交一份大作业报告,同组成员方程离散过程与程序可以共享,其他部分独立完成。

5. 编程训练的具体评分见下表。

随堂测试及编程训练评分表

具体项目		总分	得分
随堂测试		40	
编程训练报告	物理问题描述及分析	5	
	离散过程及算法分析	10	
	计算结果及分析	10	
	源代码	10	
编程训练答辩	PPT	10	
	回答问题	15	
总分		100	